高职高专规划教材

# 有色金属挤压与拉拔

主　编　白星良
副主编　陆凤君　潘　辉
主　审　杨意萍　王庆义

北　京
冶金工业出版社
2010

# 内 容 提 要

本书以培养技能型人才为目的,以有色金属挤压与拉拔生产为主线,系统介绍了有色金属挤压与拉拔理论、工具、设备以及生产工艺等。

全书共分10章,主要内容包括有色金属挤压与拉拔的理论、工具、设备、生产工艺等。

本书可作为大专院校和职业技术学院金属材料加工专业的教学用书,也可作为有色金属加工企业职业培训教材或有关人员的参考书。

**图书在版编目(CIP)数据**

有色金属挤压与拉拔/白星良主编. —北京:冶金工业出版社,2010.2
高职高专规划教材
ISBN 978-7-5024-4977-3

Ⅰ.①有… Ⅱ.①白… Ⅲ.①有色金属—挤压—高等学校:技术学校—教材 ②有色金属—拉拔—高等学校:技术学校—教材 Ⅳ.①TG379 ②TG359

中国版本图书馆 CIP 数据核字(2010)第 013628 号

出 版 人 曹胜利
地　　址　北京北河沿大街嵩祝院北巷 39 号,邮编 100009
电　　话　(010)64027926　电子信箱　postmaster@cnmip.com.cn
责任编辑　俞跃春　美术编辑　李 新　版式设计　张 青
责任校对　侯 琤　责任印制　牛晓波
ISBN 978-7-5024-4977-3
北京印刷一厂印刷;冶金工业出版社发行;各地新华书店经销
2010 年 2 月第 1 版,2010 年 2 月第 1 次印刷
787mm×1092mm　1/16;15.25 印张;407 千字;231 页;1-3000 册
**32.00** 元
冶金工业出版社发行部　电话:(010)64044283　传真:(010)64027893
冶金书店　地址:北京东四西大街 46 号(100711)　电话:(010)65289081
(本书如有印装质量问题,本社发行部负责退换)

# 前　言

　　本书是为适应职业教育发展的需要，根据高职高专的教学要求编写的，为金属材料加工类专业教学用书，也可作为有色金属加工企业工程技术人员、工人的技能培训教材。本书共分10章，主要内容包括有色金属挤压与拉拔的理论、工具、设备、生产工艺等。

　　通过本书的学习，读者可以了解和掌握各类有色金属挤压与拉拔产品的生产原理、生产工具、生产设备、生产工艺等，并熟悉有色金属挤压与拉拔的一些新工艺、新技术、新设备，从而使读者具备初步分析、解决生产技术问题，以及操作有色金属及合金挤压与拉拔设备的能力。

　　参加本书编写的人员有山东工业职业学院白星良（第1、2、10章）、潘辉（第3、4章）、杨金良（第6章）、陆凤君（第8、9章），山西工程职业技术学院段小勇，天津冶金职业技术学院董琦（第7章），中国铝业公司山东分公司马月辉（第5章）。全书由白星良担任主编，陆凤君、潘辉担任副主编；山东工业职业学院杨意萍副教授、王庆义教授担任主审。

　　由于编者水平有限，书中不妥之处，敬请读者批评指正。

编　者

2009 年 10 月

# 目　录

# 1 挤压概述

## 1.1 挤压的基本方法

### 1.1.1 挤压的定义

所谓挤压,就是对放在容器中的锭坯的一端施加以压力,使之通过模孔流出而成为具有一定形状、尺寸和性能的制品的一种金属塑性加工方法。盛放锭坯的容器称为挤压筒,挤压杆通过挤压垫推动金属锭坯的前进。金属从挤压模子上的模孔流出,模孔的形状和尺寸决定了流出金属制品的形状和尺寸。

挤压方法主要用于生产断面形状复杂、尺寸精确、表面质量较高的有色金属管、棒、型材,也可以生产钢制品,比如用挤压法生产无缝钢管。有时生产薄壁和超厚壁断面复杂的管材、型材及脆性材料时,挤压是唯一可行的塑性加工方法。

### 1.1.2 挤压的分类

挤压方法有许多,并且可以根据不同的特征进行分类:按挤压时金属的温度可分为热挤压与冷挤压;按坯料不同可分为锭挤压、坯挤压、粉末挤压和液态金属挤压;按被挤压的金属材料种类可分为黑色金属挤压和有色金属挤压;按金属流向可分为正挤压、反挤压和横向挤压等。

#### 1.1.2.1 按金属的流向分类

挤压最基本的方法是根据金属的流向(挤压过程中金属流动方向与挤压杆的运动方向的关系)来分类的,最常用的是正挤压法和反挤压法,如图1-1所示。

在正挤压时,金属的流动方向与挤压杆的运动方向相同。其最主要的特征是在挤压过程中,金属锭坯与挤压筒内壁之间有相对滑动,且二者之间又存在着很大的正压力,所以二者之间存在着很大的外摩擦,也就是锭坯与挤压筒内壁之间存在着很大的摩擦力,因此挤压力很大。

在反挤压时,金属的流动方向与挤压杆的运动方向相反,其特点是金属与挤压筒内壁间无相对运动,继而也就无外摩擦。因此在同等情况下,反挤压比正挤压时的挤压力要小,金属废料也少。正挤压与反挤压的不同特点对挤压过程、产品质量和生产效率等都有着极大的影响。

除正挤压和反挤压外,还有横向挤压,

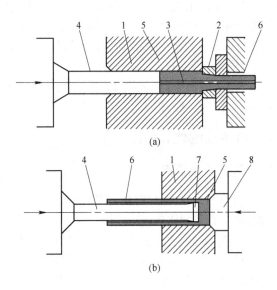

图1-1　管材的挤压方法
(a)正挤压管材;(b)套轴反挤压管材
1—挤压筒;2—模子;3—穿孔针;
4—挤压轴;5—锭坯;6—管材;
7—垫片;8—堵头

但较少采用。在横向挤压时,模具与金属坯料轴线呈90°放置,作用在坯料上的力与其轴线一致,被挤压的制品以与挤压力成90°方向由模孔流出。在这种挤压条件下,制品的纵向性能差异较小,材料性能得以提高。

### 1.1.2.2  按材质分类

按照被挤压金属材料的材质,可分为黑色金属挤压和有色金属挤压,其中后者应用最为广泛。按照有色金属的分类方法,其挤压制品又可以分为轻有色金属挤压制品、重有色金属挤压制品和稀贵金属挤压制品。

轻有色金属挤压制品主要包括铝及铝合金挤压制品和镁合金挤压制品,比如建筑用铝合金型材、铝线坯、铝合金管材等;重有色金属挤压制品,包括铅、锌、铜、镍等,以铜及铜合金应用最为广泛,比如铜线坯、紫铜管、黄铜管等;稀贵金属主要包括钛合金挤压制品,以及钨、钼、钽、铌等金属及合金的挤压制品。

### 1.1.2.3  按制品断面形状分类

按挤压制品的断面形状特征,可以分为管材、棒型材及线坯等。

### 1.1.2.4  按温度分类

挤压按挤压时的温度分类,有热挤压、温挤压及冷挤压。热挤压和冷挤压是挤压的两大分支,在冶金工业系统中主要采用热挤压,而在机械工业中,主要采用冷挤压。

挤压法是生产有色金属及合金管、棒型材以及线坯的主要方法。挤压法生产管材如图1-1所示,最常用正挤压法。所用的锭坯一般为实心的,在某些情况下也用空心的锭坯,这主要取决于设备的结构和金属的性质。挤压时,穿孔针与模孔形成一环行间隙,在挤压杆压力作用下,金属由此间隙中流出形成管材。

用反挤压法生产管材目前较少采用,只有在挤压直径$\phi300 \sim 500mm$或更大的管材,在现有的设备上用正挤压法不能生产时,才采用反挤压法生产。

棒型材挤压应用比较广泛。用挤压法生产的棒型材,有的可以直接使用,比如目前广泛应用的建筑用铝合金型材;有的作为拉拔或冷轧的原料,继续加工,生产断面更小的成品,比如常见的圆棒坯、方棒坯等。

线坯也是挤压法生产的常见产品。线坯主要用作拉拔的原料,供生产有色金属及合金的线材和细丝,比如常见的铝线、铜线、钨钼丝等。

## 1.2  挤压法的优、缺点

### 1.2.1  挤压法的优点

作为生产管、棒、型材以及线坯的挤压法与其他金属压力加工方法,如型材轧制、管材斜轧穿孔、型线坯锻造等相比较,具有以下一些优点:

(1)具有比轧制更为强烈的三向压应力状态图,金属可以发挥其最大的塑性。因此用挤压法可加工用轧制或锻造加工有困难甚至无法加工的金属材料。对于要进行轧制或锻造的脆性材料,如钨和钼等,为了改善其组织和性能,也可采用挤压法先对锭坯进行开坯,再用其他的方法进行生产。

(2)挤压法不只是可以在一台设备上生产形状简单的管、棒和型材,而且还可以生产断面形状复杂的,以及变断面的管材和型材。这些产品一般用轧制方法生产是非常困难的,甚至是不可能的,或者虽可用其他方法生产,但是很不经济。

用挤压法生产的部分型材断面形状,如图1-2所示。

(3)具有极大的生产灵活性。在同一台设备上能够生产出很多的产品品种和规格。当从一种品种或规格改换生产另一种品种或规格时,操作极为方便、简单,只需要更换相应的模具即可,且所占的时间很短。因此,挤压法非常适合于生产小批量、多品种和多规格的产品。

(4)产品尺寸精确,表面质量高。热挤压制品的精确度和粗糙度介于热轧和冷轧、冷拔或机械加工之间。由于具有高的表面质量和尺寸精度,因此多数挤压制品可以直接使用而不需要再进行加工。

(5)实现生产过程自动化和封闭化比较容易。比如目前广泛应用的建筑用铝型材,一条挤压生产线已实现完全自动化操作,操作人员数已减少到两人。在生产一些具有放射性的材料时,挤压生产线比轧制生产线更容易实现封闭化,这样就可以大大减少放射性元素对人体的伤害。

图 1-2 用挤压法生产的部分型材断面形状

### 1.2.2 挤压法的缺点

挤压法除具有上述优点的同时,也存在一些缺点,这就是:

(1)金属的固定废料损失较大。这主要是由于在挤压终了时要留有压余和有挤压缩尾,在挤压管子时还有穿孔料头的损失,因此切损量大,金属收得率低。

(2)加工速度低。由于挤压时的一次变形量和金属与工具之间的摩擦都很大,而且塑性变形区又完全为挤压筒所封闭,因此产生很大的变形热,并且又不易散发出去,使金属在变形区内的温度升高,从而有可能达到某些合金的脆性区温度,会引起挤压制品的缺陷而成为废品。因此,金属的流出速度受到一定的限制。另外,在一个挤压周期中,由于有较大的辅助工序,占用时间较长,生产率较低。

(3)沿长度和断面上制品的组织和性能不够均一。这是由于挤压时,锭坯内外层和前后端变形不均匀所致。

(4)模具消耗较大。主要原因是在挤压时工作应力很高,工作温度又很高,在高温和高摩擦力作用下,使得挤压模具的使用寿命很短。同时,由于加工制造挤压模具的材料皆为价格昂贵的高级耐热合金钢,所以挤压模具的消耗对挤压制品的生产成本有不可忽视的影响。

综上所述可知,挤压法是生产有色金属及合金材的重要方法,非常适合于生产品种、规格和批数繁多的有色金属管、棒、型材,以及线坯等。在生产断面复杂的或薄壁的管材和型材,直径与壁厚之比($D/H$)趋近于 2 的超厚壁管材,以及脆性的有色金属及合金材方面,挤压法是唯一可行的压力加工方法。

## 1.3 挤压生产的发展与现状

在金属的塑性变形领域中,与轧制、拉拔、锻造和冲压等方法相比较,挤压法出现的比较晚,是一种新的金属塑性加工工艺。大约在 1797 年英国人 J. Bramah 首先发明了一种挤压铅管的装置,到 1894 年由德国人 A. Dick 设计和制造了可以挤压黄铜的挤压机。自此以后,无论是在有色金属挤压方面,还是在钢材挤压方面,挤压生产日益发展。现阶段挤压生产的急剧发展主要体现在以下一些方面。

### 1.3.1　挤压设备迅速发展

具体地说,挤压机的台数不断增加,生产能力在不断扩大,结构形式不断更新,自动化程度不断提高,油压挤压机得到广泛应用。例如为了满足制造大型运输机、战斗机、导弹、舰艇等所需要的整体壁板等结构材料的需要,建造了最大挤压力为 270MN 的大型水压机,最大的油压机的挤压力也已经达到了 95MN。在世界上,现阶段挤压力超过 100MN 的挤压机已经有 30 多台。

挤压生产线的自动化程度不断提高。近代的挤压机已经完全摆脱了人工操作的繁重体力劳动,改为远距离集中控制、程序控制和计算机自动控制,从而使生产效率大幅度的提高,操纵人员大为减少。比如目前已经实现完全自动化操作的建筑铝型材的挤压生产线,操作人员已减少到2 人,甚至有可能实现挤压生产线的无人化操作。

### 1.3.2　挤压工模具面貌一新

总的说,从设计、计算、结构选择、装卸方法、制模技术、新材料研制到提高挤压工模具寿命等方面都有很大的发展。挤压工模具中的新式挤压工模具不断出现,比如舌形模、平面分流组合模、叉架模、导流模、可卸模、宽展模、水冷模等,同时出现了多种活动模架和工具自动装卸机构,大大简化了工模具的装卸操作。

挤压工模具的新材料不断出现,比如高合金化的铬镍模具钢的出现与新型热处理方法的使用,使模具材料的质量向前推进了一大步。由于计算机用于挤压模具的设计和制造,为实现模具的设计和制造自动化,提高模具的质量和寿命开辟了另一条崭新的道路。

### 1.3.3　挤压新技术不断出现

在挤压铝合金方面,为了控制流出速度,防止在挤压制品的表面上出现周期性的裂纹,已经出现了等温挤压技术(即在挤压过程中,金属流出模孔时的温度不变);为了提高挤压速度,出现了冷挤压技术;为了减少在挤压时外摩擦对金属流动不均匀性的影响,出现了润滑挤压技术;为了提高挤压生产率和成品率,出现了锭接锭挤压,大大减少了挤压压余量。

在挤压时,对于易氧化的紫铜和黄铜等,则采用了水封挤压、惰性气体保护挤压和真空挤压,这样基本上杜绝了紫铜和黄铜等与空气中的氧气接触,大大减少了紫铜和黄铜的氧化。对于在挤压时极易破碎的脆性材料,比如钨、钼等则采用了带反挤压力的挤压和静液挤压等。

在常规挤压时,挤压筒壁与锭坯间的摩擦力是阻碍锭坯前进的力,它不但使挤压力升高,还使挤压过程变得更加不均匀。为了使外摩擦力变害为利,出现了有效摩擦挤压,使摩擦力变为促进挤压过程进行的力。

### 1.3.4　产品品种、规格不断扩大

现阶段铝合金型材的品种已达到 30000 多种,其中包括了很多复杂的铝合金型材,比如具有复杂外形的型材、逐渐变断面型材、阶段变断面型材、大型整体带筋壁板及异形空心型材等。目前,挤压型材品种在管材方面,除了生产圆、椭圆、扁、方、六角等管材以外,还出现了变壁厚管材和多孔腔管材等多种管材。

可以用挤压法生产的金属的种类也越来越多。过去主要是用来生产铜、铝及其合金材,但是一些熔点较高、变形抗力较大的钢和有色金属及合金,比如镍合金、钛合金、钨、钼等,很难用挤压

法生产。但随着熔融玻璃润滑剂在挤压上的应用,使得以上材料的挤压也可以实现工业规模的生产。

另外,挤压法可以采用金属粉末、颗粒作为原料,直接挤压成材;同时还能用来生产双金属、多层金属以及复合材料等制品。

### 1.3.5 理论研究有突破性的进展

20 世纪初首先进行了挤压时的金属流动试验,包括金属流动规律和挤压缩尾的形成机理。接着又出现了挤压力计算公式。现阶段,滑移场理论、视塑性法、有限元法、上界法等已经广泛应用于挤压过程的分析上。

## 1.4 合金材料分类及特性

有色金属及合金材料种类多、用途广,并且特性各异,目前常用的合金材料特征与挤压制品的用途分述如下。

### 1.4.1 铝及铝合金

目前铝及铝合金的分类牌号体系,是由数字组成的 8 类新牌号体系。

#### 1.4.1.1 1000 系列铝材

1000 系列表示工业用纯铝,以 1000、1200 为代表,两者都是 99.00% 以上纯铝系材料。1100 是为了阳极氧化处理后光泽性良好的目的加了微量的铜。1050、1070、1085 分别表示 99.50%、99.70%、99.85% 以上的纯铝材料。

该系材料的加工性、耐蚀性、熔接性良好,但是强度稍低,适合构造用材料。主要用于家庭用品、日用品、电气器具等方面。

纯铝材料主要含有的不纯物是 Fe、Si,因其不纯物含量比较少,所以它的耐蚀性良好,经过阳极氧化处理后可以改善其表面的光泽。因此使用于化学食品工业用的储槽、铭板和反射板。

另外,1060、1070 具有良好的电气传导性、热传导性,都用于输送配电用材料和散热材料。

#### 1.4.1.2 2000 系列合金

以杜拉铝、超杜拉铝著称的 2017、2024 铝合金,具有与钢材匹敌的强度。但是因含了比较多的铜,而耐蚀性较差,所以在具有腐蚀性环境的场合中必须进行良好的防蚀处理。当作航空用材料时,为了达到防蚀的目的,表面必须以用纯铝共同压延作为覆盖的材料。2014 是广泛用于高强度的锻造材料。

因其熔接性比其他系列的合金较差,所以结合时必须借助于铆钉、螺栓及抵抗熔接。特别是添加了 Pb、Bi 的 2011 因其切削性良好,是具有很好的快削性的合金,广泛用于机械部件方面。

#### 1.4.1.3 3000 系列合金

3003 是本系具有代表性的合金,因添加了 Mn 比纯铝的加工性、耐蚀性较差,但强度稍微大一点,其广泛用于容器、器物、建材方面。

与 3003 相当的合金,而 Mg 添加 1% 程度的 3004、3104,是强度更大的合金,适用于彩色铝、铝罐体、屋顶板、门板等用途。

#### 1.4.1.4 4000 系列合金

4032 因为添加了 Si 可以抑制热膨胀率,及改善其耐磨耗性,此外添加微量的 Cu、Mg 可以使耐热性提高,适用于锻造活塞的材料。

4043 熔融度较低,多使用于熔接焊条和硬焊焊条。另外,此合金因 Si 粒子的分散,经过阳极氧化后会呈现灰色的皮膜,多使用于大楼建筑的外装板。

#### 1.4.1.5　5000 系列的合金

该系列合金 Mg 添加量较少,多用于装饰材料和器物用材,添加量较多的使用于构造材方面。此合金的种类很多。

Mg 添加量较少的合金如 5N01 用于装饰用材、高级器物等,而 5055 主要用于车辆的内装顶板、建材、器物材方面。含中程度 Mg 的合金如 5052 是具有中等强度的代表性材料,5083 因 Mg 含量较多是非热处理性的合金,强度较其他最好,且熔接性良好,因此广泛使用于熔接构造材料,如船舶、车辆、化学工厂等领域。

本系合金以冷作加工状态时强度会慢慢降低,产生延伸力增加的时间效应,必须进行安定化处理。除了在海水及工业地区等污染空气时,外观问题不得不做防蚀处理外,一般没有进行防蚀处理的必要。另外,像 Mg 含量较多的 5083 经过度的冷作加工状态后,在高温下使用时容易产生应力腐蚀龟裂,通常都以软状态使用于构造材。

#### 1.4.1.6　6000 系列合金

该系列合金具有良好的强度及耐蚀性,是构造用材料的代表性合金,但是熔接状态的接头强度比较低,通常焊铆钉、螺栓搭配使用。

6061 - T6 屈服强度在 245MPa 以上与 SS400 的钢材相当,广泛用于自行车、汽车、铁塔等的构造物。6063 具有良好的挤压性能,使用于建筑型材及比 6061 强度较低的构造用材料。6005A 强度和挤压性能是介于 6061 与 6063 中间的合金。

#### 1.4.1.7　7000 系列合金

本系列合金分为具有最高强度的 Al - Zn - Mg - Cu 合金及不含铜熔接构造用 Al - Zn - Mg 合金。Al - Zn - Mg - Cu 合金以 7075 为代表使用在航空机、运动器具等方面。而 Al - Zn - Mg 合金因具有中等强度、且熔接后热影响区域因自然时效能够回复到与母材接近的强度,而能够得到良好的接合效率,以 7005 为代表的熔接构造用材料,广泛使用于铁路车厢。

此外,该系合金未经适当热处理时,容易产生腐蚀龟裂的问题,必须经过正确的热处理条件及过时效处理。

#### 1.4.1.8　其他合金

在铝中添加 Li 使密度减小、扬格率增大,是很理想的低密度、高刚性材料,被航空飞机及其他大型构造材所瞩目。已开发实用化的有 Al - Li 系、Al - Li - Mg 系、Al - Li - Cu 系、Al - Li - Cu - Mg 等系列合金。

### 1.4.2　镁合金

#### 1.4.2.1　Mg - Li 系合金

Mg - Li 系合金,迄今为止最轻的金属结构材料,美国牌号主要有 LA141A、LS141A,合金中随着 Li 含量的增加,合金的密度降低,塑性增加。此类合金主要用于航空和民用领域。

#### 1.4.2.2　Mg - Mn 合金

Mg - Mn 合金的典型代表有 MB1、MB8 等。该类合金具有较高的耐蚀性能,无应力腐蚀倾向,焊接性能良好。此类合金可加工成各种不同规格的管、棒、型材和锻件,主要用于飞机构件,管材多用于汽油、润滑油等要求抗蚀性高的管路。

#### 1.4.2.3　Mg - Al - Zn - Mn 系合金

Mg - Al - Zn - Mn 系合金主要有 MB2、MB3、MB5 等,具有较好的室温力学性能和良好的焊接性能,用于制造飞机内部构件、舱门、壁板等。

#### 1.4.2.4　Mg – Zn – Zr 系合金

Mg – Zn – Zr 系合金主要有 MB15、MB18、MB21、MB22、MB25 等,此类合金具有良好的成形和焊接性能,无应力腐蚀倾向。主要用于制造飞机操作系统的摇臂等受力件。

#### 1.4.2.5　Mg – 稀土系合金

Mg – 稀土系合金主要有 MB8、MB18、MB21 等,具有优良的耐热性和耐蚀性,一般无应力腐蚀倾向,广泛应用于制备薄板或厚板、挤压材和锻件等。

### 1.4.3　铜及铜合金

挤压法生产的铜及铜合金材料,应用在汽车、航天、电子电力、机械制造等各个工业部门,民用方面主要用在装饰装潢业等。铜及铜合金的特性及制品的用途分述如下。

#### 1.4.3.1　工业纯铜

工业纯铜主要分为含氧铜(T1、T2、T3)、磷脱氧铜(TP1、TP2)、无氧铜(TU1、TU2)三大类。此外还有少量低合金化铜(Tag0.1)。

含氧铜($w(O) = 0.02\% \sim 0.04\%$)具有优良的导电性,主要用作导电材料和装饰材料等。

磷脱氧铜由于含氧量低,加工性、焊接性、耐蚀性优良,其棒材、管材等多用于热交换器材料、配管、装饰用材等多方面。

无氧铜($w(O) < 0.001\%$)具有优良的加工性、耐蚀性、导电性,主要用于导电材料和电子材料等多方面。

#### 1.4.3.2　黄铜(Cu – Zn 系合金)

黄铜(Cu – Zn 系合金)是应用最广的变形铜合金。$w(Zn) = 5\% \sim 20\%$ 的黄铜,由于具有黄金色,主要用于建筑与装饰材料;$w(Zn) = 25\% \sim 35\%$ 的黄铜,被广泛应用于各种机械、电子零部件等工业领域;$w(Zn) = 35\% \sim 45\%$ 的黄铜,具有价廉、高强度等特点,被广泛应用于机械、电子零部件、锻造部件等领域,是黄铜中应用最广泛的。在黄铜中加入其他合金元素,可以得到高强度的黄铜(比如 Cu – Zn – Mn 系合金)、易切削黄铜(比如 Cu – Zn – Pb 系合金)、海军黄铜(比如 Cu – Zn – Sn 系合金)、白铜(比如 Cu – Zn – Ni 系合金)等,主要用于船舶、冷凝管、医疗器械等方面。

#### 1.4.3.3　青铜(Cu – Sn 系合金)

青铜的耐蚀性与耐磨性优良,用作各种化工材料、船舶材料等。青铜主要有以下几种。

A　锡青铜

耐蚀、耐磨性能良好,且具有良好的力学和工艺性能。工业用锡青铜的含锡量 $w(Sn) = 3\% \sim 14\%$,但是需要压力加工的锡青铜,含锡量一般不超过 8%。锡青铜的主要牌号有 QSn4 – 3、QSn4 – 4 – 2.5、QSn4 – 4 – 4、QSn6.5 – 1.0、QSn7 – 0.2 等。挤压的管、棒、型、线材在制造业、耐磨件、航空航天、电器业等方面应用广泛。

B　铝青铜

铝青铜具有良好的力学性能,高的耐磨性和耐蚀性等。目前常用的铝青铜合金牌号主要有 QAl15、QAl17、QAl19 – 4、QAl10 – 3 – 15、QAl10 – 4 – 4、QAl1 – 6 – 6 等。挤压的管、棒、型、线材主要用于制造业制造高强度、高耐磨、耐蚀及弹性元件。

C　铍青铜

铍青铜具有耐疲劳、耐磨、耐蚀、耐寒、无磁性、导电、导热、受冲击时不易产生火花等优良品性,是工业中具有良好综合性能的重要材料。挤压的管、棒、型、线材主要用于各种高级弹性元器件、换向开关、点接触器、耐磨元件等。合金牌号主要有 QBe2、QBe2.15、QBe1.7、QBe1.8 等。

D  锰青铜

锰青铜具有良好的力学性能,高的耐磨性和耐蚀性,冷加工性能良好,适用于制造耐高温零件、电子仪器仪表零件、管配件等。合金牌号主要有 QMn1.5、QMn5 等。

此外还有硅青铜、磷青铜、钛青铜等,它们都具有良好的耐蚀性和耐磨性及高的力学性能等。

### 1.4.4  钛及钛合金

钛及钛合金的密度小,抗拉强度高,比强度在金属材料中最高。在适当的氧化环境中易形成一层坚固的氧化物质,具有优异的耐蚀性能、非磁性、线膨胀系数小。钛及钛合金可作为宇航结构材料、舰船制造、化学工业材料等。

钛及钛合金的主要牌号有:工业纯钛、TA4 ~ TA8、TB1、TB2、TC1 ~ TC10 等。

### 1.4.5  镍及镍合金

镍及镍合金具有熔点高、耐蚀、高的力学性能、压力加工性能等优良性能,在工业上得到广泛应用,作为电真空结构件、耐蚀结构件、弹簧、电讯器材、热电偶的电极材料等。

镍及镍合金牌号主要有工业纯镍、N2 ~ N8、B5、B10、B30、BZn15 - 20、BAl13 - 3、BCu28 - 2.5 - 1.5、NSi0.19、NSi0.20 等。

**复习思考题**

1 - 1  什么叫挤压,正挤压与反挤压有什么区别?

1 - 2  挤压与其他压力加工方法相比较,有什么优缺点?

1 - 3  画挤压的基本方法图,并标出各部分名称。

1 - 4  有色金属主要分为哪几类?

1 - 5  现阶段挤压中主要出现了哪些新技术?

1 - 6  说出常用有色金属材料及其主要用途。

# 2 挤压原理

## 2.1 不同挤压阶段的金属流动特点

### 2.1.1 研究金属流动的意义与方法

研究金属在挤压时的塑性流动规律是非常重要的。这是因为挤压制品的组织、性能、表面质量、外形尺寸与形状精确度,以及模具设计原则等皆与之有密切的关系。采用不同的挤压方法,以不同的工艺参数来挤制特性各不相同的金属锭坯时,金属流动状态也会有所不同,甚至可能存在着很大的差异。

研究金属在挤压时的流动规律有许多实验方法,通过这些实验可以发现在正、反挤压时金属流动的特点,总结出它们的流动规律。常用的方法有坐标网格法、视塑性法、组合试件法、插针法、低倍与高倍组织法、光塑性法、云纹法以及硬度法等。其中以坐标网格法和观察低倍组织法最常用。

#### 2.1.1.1 坐标网格法

坐标网格法是指在中剖的锭坯内表面均匀刻画出正方网格,通过比较挤压前后网格的变化情况,找出金属流动的特点及规律。它是最常用的实验方法,可以细致地反映出金属在各个部位和各个阶段的流动情况,如图 2−1 所示。

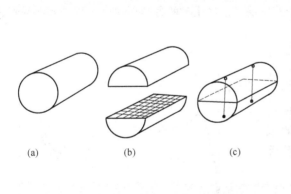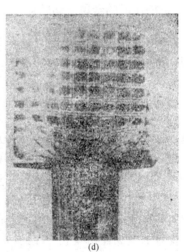

(a)　　　　　(b)　　　　　(c)

(d)

图 2−1　坐标网格法实验

(a)实心锭坯;(b)纵向剖分为两个试件,其一剖面上刻出网格;(c)固定试件;(d)挤压后的网格变化

具体的实验操作程序是:

(1)将圆柱形锭坯沿子午面纵向剖分成两半。取其中的一半,在剖面上均匀刻画出正方网格,网格的大小取决于金属品种、试件尺寸和测试手段等。条件允许时可采用小线距,一般采用

1~3mm,如图 2-1(b)所示。

(2)在刻痕沟槽中充填以耐热物质,如石墨、高岭土、氧化锌或粉笔灰等,或嵌入金属丝,目的是防止在挤压过程中由于大的挤压力而使槽痕消失。然后将水玻璃涂在剖面上,以防止挤压时两半金属锭坯的黏结。最后用螺栓固定住试件,如图 2-1(c)所示。

(3)按要求进行不完全挤压。

(4)取出试件,打开,观测各种挤压时的网格的变化,如图 2-1(d)所示。

#### 2.1.1.2　低倍和高倍组织法

低倍和高倍组织法是在生产条件下常用的方法。在挤压后取用压余和挤制品尾部,将它们的纵断面与横断面抛光、腐蚀,最后根据低倍组织变化和流线来研究金属流动情况;或根据高倍组织进一步观测金属组织的分布。此法的优点是制备迅速简单,可以清晰地显示出变形区内的剧烈滑移区、模具边部的死区,也可以计算不同部位的主变形方向和相对变形量的大小。

#### 2.1.1.3　视塑性法

视塑性法是将坐标网格法和数学分析法结合起来的一种研究方法。用几个尺寸相同的同一品种金属试件,以不同的挤压行程进行不完全挤压。通过对试件网格变化的分析研究,计算出相应的主变形速度与方向,以及应力。最终可得到某条件下的横断面上与纵断面上近似的变形与应力图。

#### 2.1.1.4　硬度法

硬度是衡量金属材料软硬程度的指标。通常是指金属材料抵抗更硬物质压入其表面的能力,也可以说是金属表面抵抗变形的能力。

在挤压过程中,由于各部分的变形不均匀,从而造成各部分的硬度也不相同。因此,可以通过测量制品多点的硬度的大小,找出金属在挤压时的变形规律,从而找出影响金属流动的因素。

### 2.1.2　正挤压时的金属流动特点

目前生产中最常用的是正挤压法,因此主要对正挤压时的各挤压阶段的划分和各阶段的金属流动特征加以分析。

在正挤压时,按金属流动特征和挤压力的变化规律,可以将挤压过程分成三个阶段,如图 2-2 所示。

第一阶段称为开始挤压阶段,又称填充挤压阶段。在此阶段,金属承受挤压杆的作用力。根据体积不变定律,金属在变形前后体积不变,因此在锭坯长度上受压缩时,首先将锭坯和挤压筒、模孔之间的间隙充满,但也有少量的金属流出模孔。在此阶段挤压力由零开始急剧直线上升,如图 2-2 Ⅰ所示。

第二阶段称基本挤压阶段,又称平流挤压阶段。此时锭坯已经全部充满间隙,并且稳定流出模孔,筒内的锭坯金属不发生中

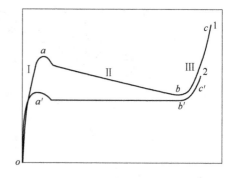

图 2-2　挤压过程的积压力变化曲线

Ⅰ $oa(oa')$—开始挤压阶段;Ⅱ $ab(a'b')$—基本挤压阶段;
Ⅲ $bc(b'c')$—终了挤压阶段

层与外层的紊乱流动,即锭坯外层金属出模孔后仍在制品外层,不会流到制品中心。锭坯任一横断面的径向上金属质点,由于外层金属受到挤压筒壁摩擦阻力的作用,流动速度慢,因此总是中

心部分首先流动进入变形区,外层的金属流动较慢即存在着流动不均匀现象。靠近挤压垫处和模子与挤压筒的交界处,由于巨大的摩擦阻力等作用,金属尚未参与流动,形成难变形区。图2-2 Ⅱ区的线型特征表明,挤压力随筒内锭坯长度的缩短,锭坯与筒的接触面积直线下降,表面摩擦力总量减少,因此挤压力也几乎呈直线下降。

第三阶段称终了挤压阶段,即紊流挤压阶段,如图2-2 Ⅲ所示。此时,筒内金属产生剧烈的径向流动,也就是说锭坯的外层金属向其中心剧烈流动,即紊流。外层金属进入内层或中心的同时,两个难变形区内的金属也开始向模孔流动,从而易产生第三挤压阶段所特有的缺陷"挤压缩尾"。此时,由于工具对金属的冷却作用,使金属的温度降低,变形抗力升高,另外强烈的摩擦作用,使挤压力迅速上升。在此挤压阶段,挤压制品的质量越来越差,基本上不能满足制品的质量要求。因此一般应适时终止挤压过程。

#### 2.1.2.1 开始挤压阶段

在挤压生产过程中,为了便于把热锭坯放入挤压筒内,一般根据挤压筒内径的大小不同,锭坯外径应比筒内径小1~15mm,筒径越大,差值越大。这样锭坯在加热膨胀后仍能顺利地被送入挤压筒中。

由于间隙的存在,根据最小阻力定律,金属在挤压垫压力作用下,首先向此间隙处流动,充满挤压筒;与此同时也有一部分金属进入模孔,根据模具的结构不同,金属充满或流出模孔。

填充挤压阶段对制品的力学性能和质量有一定的影响。填充阶段流出的制品变形量小,这部分材料基本上保留了铸造组织,力学性能低劣。锭坯与挤压筒之间的间隙尽可能小些,以便减小填充挤压时的变形量。因为填充量越大,金属在填充的过程中流出模孔的长度越长,而力学性能低劣的部分也就长,此部分需要切除;在穿孔挤压管材时,还会导致料头增加。锭坯与挤压筒之间的间隙大小用填充系数 $\lambda_c$ 来表示:

$$\lambda_c = F_t / F_p \qquad (2-1)$$

式中　　$F_t$——挤压筒内孔横断面积,$mm^2$;

　　　　$F_p$——锭坯横断面积,$mm^2$。

锭筒间的间隙越大,则填充系数越大,需要切除的部分也越长。

当锭坯的长度与直径之比($L/D$)为中等3~4时,填充过程中会出现和锻造一样的鼓形,如图2-3(a)所示,其表面首先与挤压筒壁接触。于是,在模具附近有可能形成封闭的空间,其中的空气或未完全燃烧的润滑剂产物,在继续填充过程中被剧烈压缩(压力高达1000MPa)并显著发热。若锭坯在鼓形变形时,侧面承受不了周向拉应力,则会在大的周向拉应力作用下产生周向微裂纹。这种被强烈压缩的气体会进入锭坯表面的微裂纹中。这些含有气体的微裂纹在通过模孔时,若表面在大的压力作用下被焊合,而内部的气体不能流出,则制品表皮内存在"气泡"缺陷;若未能焊合,制品表面上会出现"起皮"缺陷。锭坯与挤压筒之间的间隙愈大,这些缺陷产生的可能性愈大。

为了防止或减小上述缺陷的出现,除了采用适当的间隙值以外,还希望锭坯的长度与直径之比($L/D$)最好不大于3~4,否则锭坯在挤压筒内镦粗时会被压弯,如图2-3(b)所示,使填充过程的流动复杂。先进的办法是对锭坯采用所谓的"梯温加热"法,即锭坯获得沿长度方向上的原始温度梯度,也就是在加热时使锭坯的温度沿长度方向上依次变化。温度较高、变形抗力较低的一端向着模具放入,低的一端与垫片接触。锭坯受压后由于温度高的一端变形抗力小,先变形充满挤压筒。这样,由温度高的一端逐渐向低的一端变形而把挤压筒内的气体排除出去。目前,已将"梯温加热"法应用于铝的等温挤压以及电缆铝护套连续挤压上。

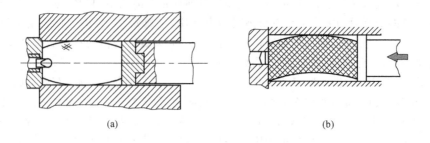

图 2 - 3　在卧式挤压机上挤压时形成的鼓形与封闭空间
(a)锭坯较短；(b)锭坯较长

使用实心锭坯挤制管材时,穿孔操作一定要放在填充挤压之后,即使这种操作会使穿孔料头增长也必须遵守。这是因为,在卧式挤压时,锭坯进入挤压筒后由于重力的作用而沉在下面,若还未充满时就使穿孔针穿孔,穿孔针会由于金属在填充时向上面的间隙处流动而被带动,偏离中心位置,其结果将会导致整根管材偏心,即管材在全长方向上出现壁厚不均匀。

开始挤压阶段可能导致挤压制品缺陷出现的一面。可是在某些材料的挤制工艺中,却希望采用较大的锭坯与筒的间隙,以便获得较大的填充挤压变形量。例如,航空工业部门应用的 LY12 和 LC4 高强铝合金阶段变断面型材(见图 2 - 4),其大头部分用于与其他结构铆接,为了保证大头部分

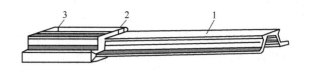

图 2 - 4　阶段变断面型材
1—基本型材；2—过渡区；3—大头部分

型材的横向力学性能,在填充阶段必须给予铸锭较大的镦粗变形,一般采用 $\lambda_c = 30 \sim 40$ 的填充变形量。

综上所述 ,不论是在型材挤压,还是在管材挤压时,为了保证制品的性能,除特殊情况外,一般要采用较小的填充系数,否则会使制品的性能降低,金属的收得率也下降,严重的会导致整个挤制品的报废。

### 2.1.2.2　基本挤压阶段

基本挤压阶段是指把断面积为 $F_0$ 的锭坯挤压成为断面积为 $F_1$ 制品的阶段。其变形指数用挤压比 $\lambda$ 表示：

$$\lambda = F_0 / F_1 \qquad\qquad (2 - 2)$$

式中　$F_0$——锭坯的截面积；

　　　$F_1$——制品的截面积。

若模具上只有一个模孔,则 $F_1$ 用一根制品的截面积表示；若模具上有多个模孔,则 $F_1$ 用多根制品截面积之和表示。

A　变形区内的应力与变形状态

如图 2 - 5 所示,正挤压时工具作用与金属上的外力、应力分布和变形状态。由图 2 - 5 可知,作用于金属上的外力有:挤压杆通过挤压垫给予金属的单位压力即压应力 $\sigma_d$；挤压筒壁、模具压缩锥面和工作带给予金属的单位正压力 $dN_t$、$dN_{zh}$、$dN_g$ 和摩擦应力 $\tau_t$、$\tau_{zh}$、$\tau_g$；在一定条件下,挤压垫与金属界面上会出现相对运动,因此也会出现摩擦应力。

从上面的分析可知,在挤压时,变形区内金属的应力状态一般的来说是呈三向压应力状态,即轴向压应力 $\sigma_l$、径向压应力 $\sigma_r$ 和周向压应力 $\sigma_\theta$。其中,轴向压应力 $\sigma_l$ 是由于挤压杆作用于金属上的压力和模子的反作用力产生的;径向压应力 $\sigma_r$ 和周向压应力 $\sigma_\theta$ 则是由于挤压筒和模孔的侧壁作用的压力所产生的。

在变形前后也就是由锭坯到制品,尺寸的变化为:断面面积缩小而长度增长。由此可知,变形区内金属的变形状态图示为两向压缩变形和一向延伸变形,其方向为:径向压缩变形 $\varepsilon_r$、周向压缩变形 $\varepsilon_\theta$ 和轴向延伸变形 $\varepsilon_l$。

变形区内各点的主应力值是不相同的,其分布规律如图 2 - 5 所示。轴向主应力沿径向上的分布规律是边部大、中心小。形成的原因是由于其中心部分正对着模孔,其流动阻力较小;而边部的金属由于受到挤压筒壁的强烈的摩擦作用,阻碍其前进的力非常大,根据最小阻力定律,其中心的轴向主应力要小得多。主应力沿轴向上的分布,是由挤压垫向模具方向逐渐减小的,形成的原因,一部分是由于沿挤压垫向模具方向金属与筒壁间的摩擦阻力之和是逐渐减小的。在无反压力的挤压条件下,中心靠近模孔处阻力近乎为零,也就是说模具出口处的主应力等于零。

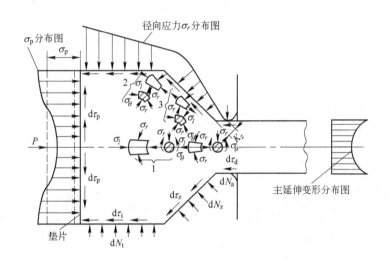

图 2 - 5 作用于金属上的力及变形状态

周向主应力 $\sigma_\theta$ 与径向主应力 $\sigma_r$ 之间的关系属于轴对称关系,即两者相等。实际上两者之间仍存在着一点差异,此差值由挤压中心线(对称轴)向接触界面逐渐增大,而且总是周向主应力稍小于径向主应力。

B 基本挤压阶段金属流动的分析

在挤压过程中,金属流动的不均匀总是绝对的,这与其他的压力加工方法是一样的。造成挤压时金属流动的不均匀性的原因:首先是外摩擦的存在,靠近挤压筒壁处的金属摩擦阻力大,而中心处的阻力小,因此造成中心部分的金属流动速度快;其次,锭坯横断面上的温度分布不均,造成沿径向上金属的变形抗力分布不同,温度越高,变形抗力越低,金属越容易流动,即流动速度越快;最后,模孔几何形状和模孔的布置,使实际的应力分布更为复杂,对准模孔部分的金属流动阻力最小,因此流动速度也最快。

例如,外摩擦很大或锭坯外层金属温度较低时,金属外部变形抗力高于中心,就会产生内部流动速度高于外部流动速度的不均匀流动现象。在金属压力加工过程中,金属被看做一个整体,由于内外摩擦的作用,使各部分金属的流动速度不一致,流动速度高的部分对较慢的部分作用一个轴向拉力,从而使外部金属或流动较慢部分的金属承受轴向附加拉应力,其数值沿径向上由表面向内逐渐减小;而内部金属或流动较快部分的金属则相应的承受轴向附加压应力并由中心向外逐渐减小。附加应力的大小沿轴向上的分布规律是:从金属开始流动的变形区入口断面向出口断面逐渐增大,而且在出口断面处达到最大值。这是由于金属流动的不均匀性是从其入口向出口逐渐增加的结果。附加压应力与轴向主应力叠加后的工作应力仍为压应力,其强度增加;附加拉应力与轴向主应力,由于二者符号的不同,叠加后的工作应力,有可能是压应力,此时金属处于三向压应力状态;也有可能改变应力的符号而成为拉应力,此时金属处于两压一拉的工作应力状态。

当锭坯的加热时间不足,造成加热不透的情况,也就是外面温度高而内部温度低,造成锭坯所谓的"内生外熟"现象时,外层的金属温度高,塑性好,变形抗力低,因此流动速度也快;而内层的金属由于温度低,流动速度慢,由此而造成外层金属的流动速度大于中心部分金属的流动速度。于是可能出现与上述情况相反的状态:锭坯中心部分的金属承受附加拉应力。

在基本挤压阶段,金属的流动特点如图 2-6 所示。这是基于在较理想的工艺条件下(金属各部分的性质和温度均一,摩擦力小),用锥模挤压时所绘制的坐标网格变化图。用平模挤压时,坐标网格变化规律与此类似。

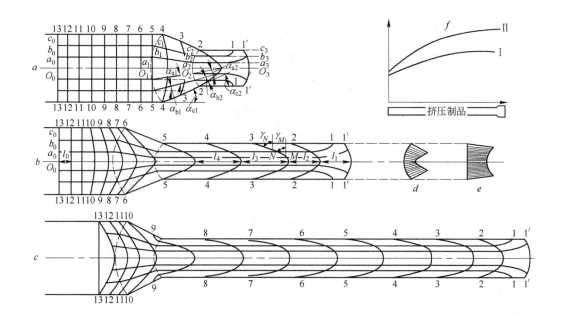

图 2-6 挤压时坐标网格变化示意图

a—开始挤压阶段;b—基本挤压阶段;c—终了挤压阶段;d—塑性变形区压缩锥出口处主延伸变形图;
e—制品断面上的主延伸变形图;f—主延伸变形沿制品长度方向上的分布;Ⅰ—中心层;Ⅱ—外层;
1、…、13—挤压时顺序断面网格变化过程

如图 2-6 所示的坐标网格变化图,可以进行如下分析。

(1)在锭坯纵剖面上,纵向线在进出变形区压缩锥时,发生了方向相反的两次弯曲,其弯曲的角度由外层向内逐渐减小,而挤压中心线上的纵向线不发生弯曲。这表明断面在径向上金属变形的不均匀性。分别连接纵向线的两次弯曲折点,可得到两个曲面,习惯将此两曲面及模孔锥面或平模死区界面间形成的空间,称作塑性变形区压缩锥,简称变形区压缩锥。金属在此压缩锥中受到径向和周向上的压缩变形与轴向上的延伸变形。在挤压过程中,随着内外部条件的变化,变形区压缩锥的形状、大小有可能发生变化。

(2)在变形区压缩锥中,横向线弯曲,中心部分超前;越接近出口面其弯曲越大。这表明中心部分的金属质点较早进入变形区压缩锥,流动速度也大于外层部分的金属质点;由于流动阻力不同,越接近出口面,其首尾差值越大。如图2-7所示,挤压MB2镁合金时,各个阶段的网格变化。在不同的挤压时期,随着锭坯的长度减小,压缩锥内各点的金属流速逐渐增高,金属内外层流动速度差值增大。这是由于锭坯后部承受了较前部更为强烈的外摩擦作用和冷却作用,造成金属的流动阻力差值大,变形抗力差值也大,从而两者合成造成金属的流动不均匀性更加剧烈。根据铜及其合金的挤压流动实验数据计算,金属表面层流动速度是挤压速度的 $0 \sim 0.25$ 倍,中心的流动速度则为挤压速度的 $1.35 \sim 2.1$ 倍。金属流动速度的这种差异表明,在变形区内的金属塑性变形是不均匀的,其后果必然会反映到制品质量上,造成组织、性能的不均匀性。

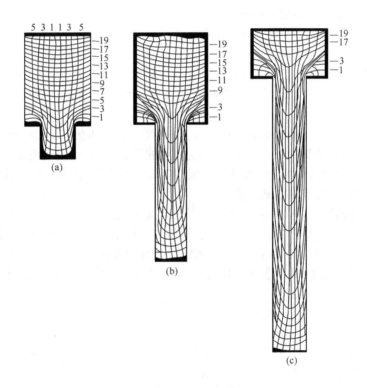

图2-7　挤压MB2镁合金的网格变化
(a)基本挤压开始阶段;(b)基本挤压中间阶段;(c)基本挤压终了阶段
1、3、5、…、15、17、19—挤压时顺序断面网格变化过程

(3)挤压筒内的被挤金属,存在着两个难变形区:一个是位于挤压筒与模具交界的环行死区部位,称作前端难变形区,如图2-8所示的 $abc$ 区即为前端难变形区,其高度用 $h$ 表示;另一个是位于塑性变形区压缩锥后面的锭坯未变形部分,在基本挤压阶段的后期变为挤压垫前的半球形区域7的形状,称作后端难变形区。在挤压过程中,挤压筒内的前后端难变形区内的金属,基

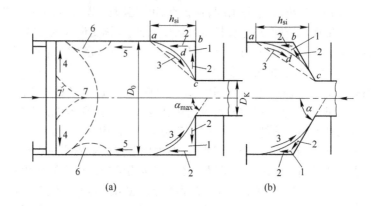

图 2-8  形成难变形区的示意图

(a)用平模挤压;(b)用锥模挤压

1—前端难变形区;2、3、4、5—滑移方向;6—细颈区;7—后端难变形区

本上不参与流动,因此又把这部分区域叫死区。

使用平模或大锥角锥模挤压时,都存在着死区。在基本挤压阶段,位于死区中的金属一般来说不产生塑性变形,也不参与流动。

死区产生的原因是金属沿 $adc$ 曲面滑动所消耗的能量要比沿 $abc$ 折面或 $ac$ 平面小。同时,这里的金属受挤压筒等工具的冷却,温度降低,变形抗力增高,承受的阻力强,因此更不利于流动。

实际上,在挤压某些金属时,死区中的金属并非不流动。例如在挤压 LD2 锭坯过程中,死区中的金属流动情况,如图 2-9 所示,随着挤压过程的进行,死区中的金属慢慢地流出模孔而减少。在挤压过程中,死区界面上的金属随流动区的金属会逐层流出模孔而形成制品表面,同时死区界面外移,死区高度减小,体积逐渐变小。

影响死区大小的因素有模角 $\alpha$、摩擦状态、挤压比 $\lambda$、挤压温度 $T_j$、挤压速度 $v_j$、金属的强度特性,以及模孔位置等。增大模角 $\alpha$ 和摩擦应力,将使死区增大,故平模挤压时的死区要比锥模大,比较图 2-8(a)与图 2-8(b);无润滑挤压时的死区比带润滑挤压时的大。增大挤压比 $\lambda$ 将使 $\alpha_{max}$ 增大,死区体积减小。图 2-10 为挤压比与 $\alpha_{max}$ 角的关系曲线。由图 2-10 可见,当挤压比 $\lambda$ 增大

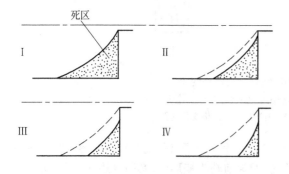

图 2-9  挤压 LD2 时的死区变化示意图

I—开始挤压阶段;Ⅱ、Ⅲ—基本挤压阶段;Ⅳ—终了挤压阶段

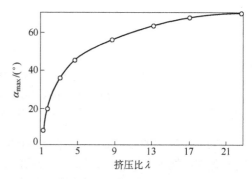

图 2-10  挤压比与 $\alpha_{max}$ 角的关系曲线

到 13~17 时，$\alpha_{max}$ 变化很小。热挤压时的死区一般比冷挤压时的大，这是由于大多数金属材料在热状态时的表面摩擦比冷状态时要大，同时金属与工具之间存在着较大的温度差，受工具冷却作用的部分金属变形抗力较高而难于流动。冷挤压时金属材料不用加热，大多采用润滑挤压，摩擦系数小，因此死区相对也小。挤压速度对死区的影响，一般挤压速度越高，流动金属对死区的"冲刷"作用越厉害，死区越小。至于模孔的位置的影响，显然模孔越靠近挤压筒壁则死区越小，例如采用多孔模挤压或型材挤压时，模孔离筒壁近，则死区就小。

从工艺的角度来看，死区的存在对提高制品的表面质量极为有利。这是因为死区的顶部能阻碍锭坯表面的杂质与缺陷进入变形区压缩锥，而流入制品表面。所以对以挤压状态交货，而不再进行进一步压力加工的制品，一般都采用平模挤压，这是由于平模挤压的死区比锥模的大，用平模挤压出的制品表面质量好。但是在挤压过程中如果控制不好挤压工艺，比如挤压速度快，使用了润滑剂，锭坯表面氧化严重，或者金属冷却较快，挤压过程中有可能出现沿死区界面断裂的现象或者形成滞留区，于是死区不再起阻碍作用。锭坯表面上的氧化皮、缺陷、杂质以及其他污染物质将沿界面流入制品表面。其后果是使制品表面出现裂纹和起皮，质量大大降低。同时也加剧了模具的磨损。

形成后端难变形区的原因是由于挤压垫和金属间的摩擦力的作用和冷却的结果。当挤压筒与锭坯间的摩擦力很大时，将促使 7 区 [见图 2-8(a)] 中的金属向中心流动。但是由于 7 区中的金属被冷却和受到挤压垫上的摩擦力的阻碍作用而难于流动，从而引起 7 区附近的金属向中间压缩形成细径区 6。在基本挤压阶段末期，难变形区 7 的体积逐渐变小成为一楔形 7′。

(4) 在死区与塑性流动区交界处存在着一个剧烈滑移区。这可以从挤压到任意阶段的锭坯纵断面的低倍组织中观察到。剧烈滑动区内，由于强烈的金属内摩擦作用，产生了剧烈的剪切变形。在此区域内存在着明显的金属流线和遭到很大程度破碎的金属晶粒。

剧烈滑移区的大小与金属流动不均匀性的程度关系很大：流动越不均匀，剧烈滑移区越大。由于随着挤压过程的进行，金属的流动越不均匀，因此，此区是不断扩大的。

剧烈滑移区的大小对制品的组织性能有着一定的影响。晶粒过度破碎可能造成挤压制品的机械性能下降，如硬度过高而不合格；形成的纤维裂纹可能导致抗拉抗压性能变坏等。对硬铝合金挤压制品，细小晶粒则可能在淬火后表面会形成粗晶粒层，通常称为粗晶环，它使制品的机械强度降低。

(5) 在棒材前端的横向线弯曲很小，如图 2-6 所示，格子的尺寸变化不大，说明变形量很小。其原因是这部分金属正对着模孔，受压力后未经径向压缩即流出。根据力学性能测定和高倍金相组织观察，证明制品头部晶粒粗大，基本上未得到加工变形，保留了铸造组织，力学性能低劣。对于不再进行塑性加工的重要用途的材料，如航空工业用的铝合金等，则应将此部分切掉。

### 2.1.2.3 终了挤压阶段

终了挤压阶段是指在挤压筒内的锭坯长度减小到变形区压缩锥高度时的金属流动阶段。在终了挤压阶段，随着挤压筒内金属供应体积的大大减少，锭坯后端金属迅速改变应力状态，克服挤压垫的摩擦作用，产生径向流动提前进入制品。

#### A 挤压缩尾及其形成

挤压缩尾是出现在制品尾部的一种特有缺陷，主要产生在终了挤压阶段。一般在挤制品的棒材、型材和厚壁管材的尾部，可以检测到挤压缩尾，即挤压缩尾一般出现在挤压制品的尾部。缩尾使制品内金属不连续，组织与性能降低。根据缩尾出现的部位，挤压缩尾有中心缩尾、环行缩尾和皮下缩尾三种类型。

a　中心缩尾

当挤压筒内的锭坯逐渐变短时,后端难变形区也逐渐变小(见图2－10),挤压垫对金属的高压作用和冷却作用,界面产生黏结,致使后端难变形区7′内的金属体积难以克服黏结力纵向补充到流速较快的内层。但是后端金属可以较容易地克服挤压垫上的摩擦阻力而产生径向流动。金属径向流动的增加,使金属硬化程度、摩擦力、挤压力增大,致使作用于挤压筒壁上的单位正压力和摩擦应力增大,于是破坏了金属与挤压垫上摩擦力间的平衡关系,进一步促使外层金属向锭坯中心流动。由此可见,中心缩尾形成的一个原因是:由于后端难变形区的金属产生径向流动,促使外层金属流入到制品中心而形成的。图2－11的箭头1,显示出外部金属承受力$\mathrm{d}N_t$和$\mathrm{d}\tau_t$的作用沿难变形区2界面$ab$向中心流动的情况。

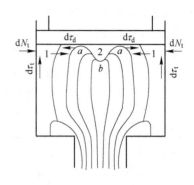

图2－11　形成中心缩尾的受力情况

图2－12为中心缩尾形成过程的示意图。外层金属径向流动时,将锭坯表面上常有的氧化皮、偏析瘤、杂质或油污一起带入制品中心,且彼此不可能很好的与本体金属相互焊合在一起,从而破坏了挤制品所应有的致密性和连续性,使制品性能低劣。中心缩尾部分的金属与本体金属之间有较大的差异,且出现缝隙,因此质量很难满足要求。

b　环形缩尾

环形缩尾,这类缩尾的位置常出现在制品横断面的中间层部位。它的形状可以是一个完整的圆环、半圆环或圆环的一小部分,如图2－13所示。

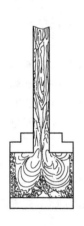

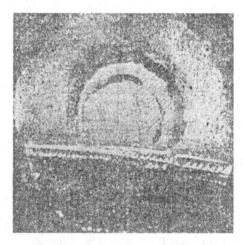

图2－12　中心缩尾形成的过程　　　　　　图2－13　挤压制品中的环形缩尾

环行缩尾产生的原因,是堆积在靠近挤压垫和挤压筒交界角落处的金属沿着后端难变形区的界面流向了制品中间层。图2－14为挤压时环行缩尾形成过程的示意图。图的左半部分为锭坯外层金属开始径向流动的情况,其右半部分则显示出已形成的环行缩尾通过压缩锥进入模具工作带时的状态。

c　皮下缩尾

皮下缩尾出现在制品表皮内,存在一层使金属径向上不连续的缺陷。此种类型缩尾产生的原因是:在挤压后期,当死区与塑性流动区界面因剧烈滑移而使金属受到很大剪切变形而断裂时,锭坯表面的氧化层、润滑剂等则会沿着断裂面流出,有时也形成滞留区。与此同时死区处的金属也流出模孔包覆在制品表面上形成分层或起皮,也就是皮下缩尾。图2-15为皮下缩尾形成过程的示意图。

 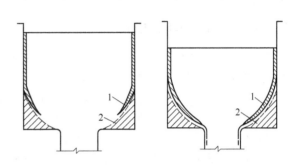

图2-14　挤压时环形缩尾的　　　　　　图2-15　挤压时皮下缩尾形成过程示意图
　　　　形成过程示意图　　　　　　　　　　　　1—表面层;2—死区

B　减少挤压缩尾的措施

为了剔除带有缩尾及其他一些比如气眼、夹杂等缺陷的制品部分,生产中一般采用断口检验法,或截取横断面试样进行低倍组织试验,直到观察不出缺陷为止。这不仅费时费工,也浪费了大量金属,降低了金属收得率。为了防止或减少缩尾缺陷的出现,生产中采取了一些响应的措施。

a　选用适当的工艺条件

选用适当的工艺条件,尽量使金属流动的不均匀性减小,这样就可以大大减少锭坯尾部径向流动的可能性。

b　进行不完全挤压

根据不同金属及合金材料和不同规格的锭坯挤压条件,以及具体的生产情况,进行不完全挤压,即在可能出现缩尾时,便终止挤压过程,在挤压筒的后端留有较长的锭坯不被挤出。这样有可能出现在挤压后期的缩尾缺陷便不再出现,更不至于出现在挤压制品中。在挤压末期留在挤压筒内而不被挤出的锭坯部分称为压余,留压余的长度一般约为锭坯直径的10% ~30%。在实际生产中,由于工艺条件控制得不可能很稳定,缩尾有时过早形成而流入制品中,对这种情况要尽早发现,及时处理。

c　脱皮挤压

脱皮挤压,这是在生产黄铜棒材和铝青铜棒材时常用的一种挤压方法。在挤压时,使用了一种较挤压筒内径小约1 ~4mm的挤压垫。挤压时挤压垫切入锭坯挤出洁净的内部金属,将带杂质的皮壳留在挤压筒内,如图2-16所示。然后取下挤压垫,换用清理垫将皮壳完全推出挤压筒。

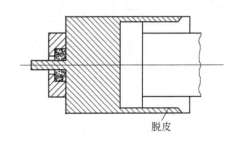

图2-16　脱皮挤压过程

在脱皮挤压后,会出现完整或不完整的皮壳,不完整的皮壳可能是由于锭坯表面的金属流到制品中而造成的,可能会导致制品表面质量的问题,即表面质量差。因此在挤压过程中,一定要使挤压垫对中,以便留下一只完整的皮壳,以得到脱皮挤压的效果,即减少挤压缩尾的出现,提高挤压制品的质量。

在挤压管材时,不宜采用脱皮挤压,这是由于垫片压入金属时,可能使脱皮的厚度不一致,从而会导致管材偏心。

d  机械加工锭坯表面

用车削加工清除锭坯表面上的杂质和氧化皮层,可以使径向流动时进入制品中心的金属纯净,基本上消除了缩尾的产生。但是,挤压前加热锭坯,仍会形成新的氧化层表面,这一方面要注意。

## 2.2 反挤压时的金属流动

反挤压的基本特点是金属的流动方向与挤压杆的运动方向相反,锭坯金属与挤压筒壁之间无相对滑动,挤压模置于空心挤压杆的前端,相对于挤压筒运动。因此,反挤压法的特点是由于锭坯表面与挤压筒壁间无相对运动,也就不存在摩擦,塑性变形区也很小(压缩锥高度小)且集中在模孔附近。根据实验,变形区压缩锥高度不大于 $0.3D_0$($D_0$ 为挤压筒的内径)。

如图 2-17 所示,反挤压时作用于金属上的力。由于锭坯未挤部分也就是塑性变形区之外的金属(4 区)与筒壁间不存在摩擦,也未参与变形,故此部分金属的受力条件是三向等压应力状态。

反挤压时,金属在塑性变形区中的流动情况与正挤压时的很大不同。如图 2-18 所示,进行正挤压法与反挤压法实验时的坐标网格和金属流线的变化对比情况。由图 2-18 可见,在相同的工艺条件下,反挤压时的塑性变形区中的网格横线与筒壁基本上垂直,直至进入模孔时才发生剧烈的弯曲;网格纵线在进入塑性变形区时的弯曲程度要比正挤压时大得多。这表明,反挤压时不存在锭坯内中心层与周边层区域间的相对位移,金属流动较之正挤压时的要均匀得多。在挤压末期,一般不会产生金属紊流现象,出现制品尾部的中心缩尾与环行缩尾等缺陷的倾向性很小。因此生产中控制压余的比例可比正挤压时的减少一半以上,即压余仅为 5% ~ 15% 左右,这样就可以大大提高金属的收得率。但在挤压后期,反挤压制品上也可能出现与正挤压时一样的皮下缩尾缺陷,其产生过程亦相同,如图 2-19 所示,在生产中一定要注意。

在反挤压时的塑性变形区中,运动的模具对金属作用的力使金属表面层承受挤压筒壁作用

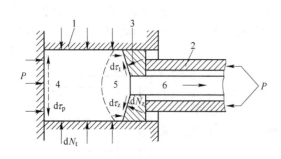

图 2-17  反挤压时作用于金属上的力
1—挤压筒;2—空心挤压轴;3—模具;4—锭坯未挤压部分;
5—塑性变形区;6—挤压制品

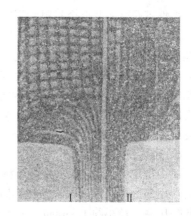

图 2-18  正挤压与反挤压时坐标网格
变化对比
Ⅰ—反挤压;Ⅱ—正挤压

的摩擦力,其方向与金属流出模孔的方向一致。所以死区很小,其形状如图 2-20 中的 *abc* 区域。

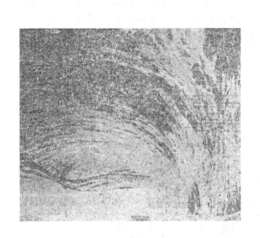

图 2-19 反挤压时的皮下缩尾

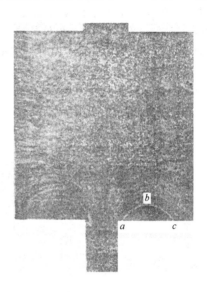

图 2-20 平模挤压时的死区

因此在反挤压时,小的死区难以对锭坯表面上的杂质与缺陷起阻滞作用,从而导致锭坯的表面缺陷流到制品的表面层,使制品表面质量恶化,这也是反挤压法的一个主要缺点。因此在挤压之前必须车削锭坯表面,也就是对锭坯表面进行扒皮处理。使用电磁铸造的锭坯,采用脱皮挤压,或者适当增大压余厚度,也可在一定程度上改善反挤压时的制品表面质量。

由于反挤压时的塑性变形区只集中在模孔附近,使制品的变形不均匀性大为减小,特别是沿其长度方向上很明显。图 2-21 为正挤压与反挤压时沿制品长度上中心层各点的延伸系数分布情况。由图 2-21 可见,反挤压制品沿其长度上的变形是相当均匀的。从而,反挤压制品沿其长度方向上性能也比较均一。由于变形均匀,不形成剧烈滑移区,故可基本上消除热处理后制品上的粗晶环。

## 2.3 影响金属流动的因素

### 2.3.1 接触摩擦与润滑的影响

挤压时,金属与工具间作用的摩擦力

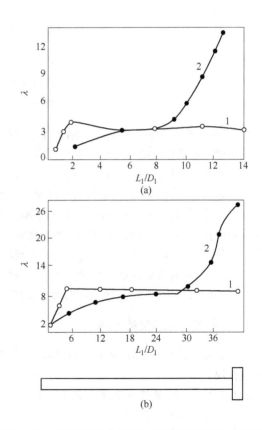

图 2-21 挤压制品中心层延伸系数沿长度上的分布
(a)$\lambda=10$,棒材直径 40mm;(b)$\lambda=4.3$,棒材直径 63mm
1—正挤压;2—反挤压

中,以挤压筒壁上的摩擦力对金属的影响最大。一般,当挤压筒壁上的摩擦力很小时,变形区很小且集中在模孔附近,金属流动得也较均匀,而当该摩擦力很大时,变形区与死区的高度都会很大,金属流动得很不均匀,并会促使外层金属过早地向中心流动而形成较长的挤压缩尾。图 2 - 22 显示了锭坯嵌入标记金属针的管材挤压实验的情况。由图 2 - 22 可以看出不同摩擦状态下金属的流动也不一样。当外摩擦大时,锭坯顶端的针 *B* 以及其侧上部的针 1 过早地流入模孔,所形成的死区也较大;而在外摩擦较小时,金属流动呈现平流状态,靠近模孔的针 5、4 已流出模孔,而针 *B* 和针 1 变形仍很小。

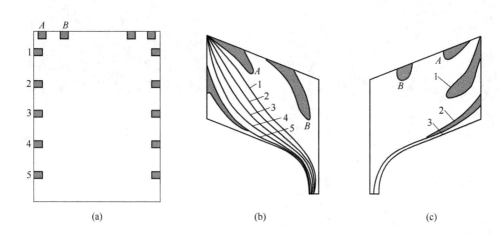

图 2 - 22　外摩擦对挤压管材时的金属流动的影响
(a)挤压时针在锭坯中的位置;(b)在摩擦大的情况下挤压时针在锭坯中的位置;
(c)在摩擦小的情况下挤压时针在锭坯中的位置

由上述可知,外摩擦对金属流动的不良影响颇大。在挤压棒材或型材时,外摩擦越大,也就是挤压筒壁对外层金属的阻碍作用越强,金属的流动越不均匀,从而造成变形不均匀,最终导致制品的性能也越不均匀;反之,若使用润滑剂,由于减少了挤压筒壁与金属间的摩擦系数,则外摩擦就小,制品的性能相对均匀,挤压制品的质量大大提高。

在挤压管材时,由于穿孔针的作用,外摩擦对金属的流动却有利:挤压筒内锭坯,中心部分的金属受到穿孔针的摩擦力和冷却作用;外层金属受到挤压筒的摩擦力和冷却作用,这样内外层金属受到的挤压条件基本相同,流动速度也基本相同,因此管材挤压时的金属流动较之棒材挤压时要均匀得多,形成的缩尾也短。实际生产中,管材挤压时压余量只为锭坯重量的 3% ~ 5% ,比挤压棒材时要少 25% ~ 50% ,这样就可以大大提高金属的收得率(成品率)。

### 2.3.2　工具与锭坯温度的影响

不论是锭坯的自身温度,还是工具的温度,其对金属流动的影响,一般通过以下几个方面的因素起作用。

#### 2.3.2.1　锭坯横断面上温度分布不均的影响

*A　工具的冷却作用*

均匀加热的锭坯,由于受到空气、输送工具及挤压工具的冷却作用(主要是挤压筒的冷却作用),造成内外温度不均:内部温度较高,而外部温度较低。在挤压时,温度较低的锭坯外层变形抗力较大,金属难于流动;温度较高的内部金属变形抗力较小,金属易于流动,这样就势必造成金属流动的不均匀性:内层金属的流动速度要比外层大。

要减少金属流动的不均匀性,减少和预防中心缩尾的产生,就必须减少锭坯横断面上的温度差值。从工具的冷却方面考虑,希望采用与锭坯温度相近的挤压筒,因此在热挤压时,一般要对挤压筒进行预热,预热温度最高可达到450℃。通过实验发现,提高筒温可以大大减小金属流动的不均匀性。

提高筒温对重有色金属及其合金比如铜合金等的流动特性有良好的影响,但对铝合金却增加了挤压筒壁粘铝的倾向,因此在生产中要控制挤压筒的预热温度。

预热工具还有另一目的,那就是减小了挤压筒的急冷急热,使挤压筒的热龟裂减少,增加了它的使用寿命。

**B 金属导热性的作用**

一般,不同合金的导热性不同;同一种合金,温度升高,则导热性降低。导热性越低的锭坯,其横断面上温度分布越不均匀,则金属变形抗力差别也就大,金属流动的不均匀性也就越大。

将紫铜与$(\alpha+\beta)$黄铜锭坯进行均匀加热后,控制空冷20s,在挤压筒内冷却10s,测定两种锭坯横断面上的温度和硬度,结果如图2-23所示。由于紫铜导热性良好,传热系数高,约为3.5~3.9W/(cm²·K),不论在空气中还是在挤压筒内停留一段时间后,沿锭坯径向上的温度分布与硬度分布较均匀,而传热系数低的$(\alpha+\beta)$黄铜,温度分布与硬度分布则很不均匀,其流动不均匀的程度较紫铜要严重。由此可以说明,同等条件下,导热性能好的金属流动不均匀程度要小。

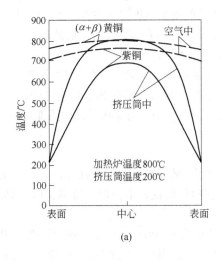 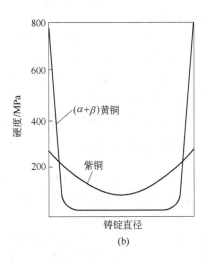

(a)                                                                 (b)

图2-23 紫铜与黄铜锭坯的温度、硬度径向分布规律
(a)温度分布;(b)硬度分布

紫铜在挤压时流动均匀除因导热性能良好之外,还有一个重要的因素,这就是锭坯表面上的氧化膜可以起润滑的作用,减少了挤压筒壁与锭坯间的摩擦力,从而使外层金属的流动速度加快,使变形变得更加均匀。

润滑剂的导热性能对锭坯横断面上的温度分布也有影响。例如,石墨加机油润滑剂的导热系数为2.9~6.3W/(cm²·K),玻璃润滑剂则不超过0.63~1.26W/(cm²·K)。也就是说,后者的绝热性能好,在使用玻璃润滑剂时,锭坯表面的热量不易传导到工具上,从而有利于保证锭坯横断面上的温度均匀分布,也就使挤压时的金属流动均匀一些。

### 2.3.2.2　合金相变的影响

某些合金在相变温度下产生相变,而不同合金相的变形抗力是不同的,若在相变温度下挤压,也会造成流动的不均匀。例如,H59 – 1 铅黄铜的相变温度是 720℃,在 720℃ 以上挤压时,相组织是 $\beta$ 组织,摩擦系数较小,为 0.15,因此流动比较均匀;在 720℃ 以下挤压时,相组织是($\alpha$ + $\beta$)组织,摩擦系数为 0.24,流动不均匀,而且所析出的 $\beta$ 相呈带状,会导致该合金冷加工性能变坏。

### 2.3.2.3　摩擦条件的影响

温度改变常引起摩擦系数的变化,前述及的铅黄铜在不同相变时的流动特征不同,实际上是通过摩擦系数的变化起作用的。例如,镍及其合金在高温下产生较多的氧化皮,使挤压时的摩擦系数增大,金属流动的不均匀性增大。挤压时紫铜流动较为均匀的原因,除了其导热性能良好之外,还由于加热制度不同时,也就是加热温度、加热速度和加热时间不同,所形成的氧化膜与锭坯间的结合强度也不同,从而改变了接触界面上的接触条件。有的锭坯表面氧化膜可以起润滑作用,摩擦系数小,金属流动就均匀;无氧铜和真空冶炼铜的锭坯,加热时产生的氧化膜润滑性能较差,挤压时的流动不均匀现象比较严重。

铝合金和含铝的铜合金,如铝黄铜和铝青铜,随温度的升高,其黏结工具的现象加剧,除使金属流动不均匀更加严重之外,工具表面黏结物还会造成制品表面划伤降低产品表面质量。如前所述,挤压筒温度提高也会使铝对钢的黏着加剧。例如,筒温在 60 ~ 80℃ 时,流动均匀,而在 230 ~ 250℃ 时就变得不均匀了,主要原因是由于温度高,挤压筒壁黏铝的倾向大大加强,使挤压筒壁与锭坯间的摩擦系数很大,由此造成了金属流动的更加不均匀。在实际生产中,挤压各种铝合金时的挤压筒温度一般控制在 350 ~ 450℃ 范围内,这样既可以防止过低的筒温降低锭坯温度,又不至于使筒温过高而产生过多的粘连以提高挤压制品的质量。

锭坯内外温差大,不仅使挤压时的速度降低,流动更加不均匀,而且还增大了锭坯的变形抗力,严重的冷却可能出现挤压力过大而挤不动的现象。因此,在条件和工艺允许的情况下,都要尽可能的预热挤压工具,以减少工具对锭坯表面的冷却,使挤压时金属的流动更加均匀。

## 2.3.3　金属强度特性的影响

金属与合金的强度特性对金属流动的影响也很大,强度高的金属往往要比强度低的金属流动均匀。对同一种金属来说,一般随温度升高强度降低,因此在低温时强度高,其流动要比高温时的均匀。

塑性变形过程中,强度较高的金属在挤压时产生的变形热效应与摩擦热效应较强烈,也就是说同等条件下产生的变形热与摩擦热较多。这部分热量多出现在锭坯的表面,抵消了挤压筒对锭坯的冷却,因此改变了锭坯内的热量分布,使外层金属与内层金属的温度差变小,从而使金属流动变得较为均匀。此外,金属的强度高,外摩擦对流动的影响相对要小一些,流动也会较为均匀。

## 2.3.4　工具结构与形状的影响

### 2.3.4.1　挤压模

挤压工具的结构与形状对金属流动的影响,以挤压模最为显著。生产中最常用的模具是平模与锥模,如图 2 – 24 所示。模角 $\alpha$ 是指模子的轴线与其工作端面间所构成的夹角,它是模具的最基本的参数,也是影响金属流动的主要因素之一。

金属由变形区压缩锥进入工作带(定径带)时,常产生非接触变形,即在工作带出现细颈(见

图2－25）。这时由于金属在流动时,不可能作急转弯运动,特别是金属由压缩锥进入工作带时的速度最大,有保持原流动方向的趋势,因此是外层金属更难于急转弯。金属的这种流动特性与液体流动性质是一样的。

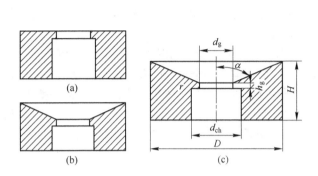

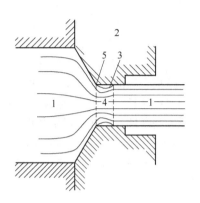

图2－24 平模与锥模

（a）平模；（b）锥模；（c）锥模及其结构参数

图2－25 金属在压缩锥出口处的非接触变形

1—金属；2—模具；3—工作带；
4—非接触变形；5—工作带锐角

模角对挤压时金属流动的影响关系如图2－26所示。从图2－26中可以看出:由左到右,随着模角的不断增大,方格线的弯曲程度越来越大,前端死区也越大,变形越不均匀。这是由于随着模角的增大,死区大小及高度增大,死区与流动金属间的摩擦作用增强之故。当采用平模挤压时,即模角 $\alpha = 90°$ 时,流动最不均匀。

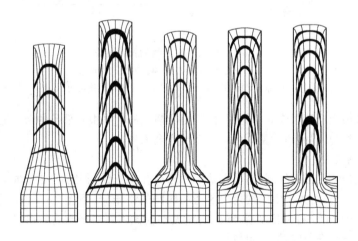

图2－26 模角对挤压时金属流动的影响

当在挤压比和挤压速度都较大的工艺条件下,工作带内的金属具有产生细颈的可能性,这时工作带长度起着重要作用。若工作带长度合理,在金属内部应力作用下,金属一般仍能贴紧在定径带壁上;若工作带较短,则有可能使金属尚未贴在定径带壁上就出了模孔。工作带具有稳定制品尺寸和保证制品表面质量的作用,由于金属未贴在工作带壁上就流出模孔,发生了非接触变形,因此使所得到的制品外形不规整、尺寸较小,很难满足制品的质量要求。为了消除工具设计不正确对制品质量的影响,进行挤压模设计时,在模具压缩带到工作带的过渡部分处应做出圆角,且要有一定长度的工作带。

采用多孔挤压,一般可以增加非轴对称型材挤压时的金属流动均匀性。但是,采用多孔模挤压时,经常产生各模孔金属流出速度不同的现象,致使制品长度长短不齐,这样就很难形成合适的定尺长度,势必造成制品切损的增加,金属的成品率下降。

造成金属流出速度不均一的主要原因是模孔的排列位置。如图 2 - 27 所示,为模孔不同的排列对制品长度的影响,也就是对金属流出速度的影响。各个模孔的金属流出速度不一致的根本原因是塑性变形区内供给各模孔的金属体积不同:供给的金属体积较多,则流动速度就快;反之,流动速度慢。因此在多孔模的设计、排列时,要使孔的位置适中,以使各孔的流出速度尽量相同。采用多模孔挤压时,挤压末期仍会出现缩尾缺陷,一般是分散在各制品靠近模具中心的一侧。

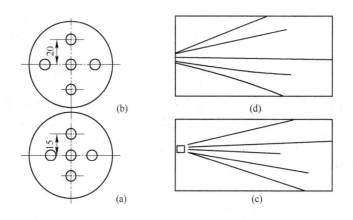

图 2 - 27　模孔排列对制品长度的影响
(a)模孔中心距 15mm;(b)模孔中心距 20mm;
(c)边部金属流出速度过快;(d)中间金属流出速度过快

在采用组合模生产管材或异型材时,由于组合模上的桥对中心部分的金属流动起阻碍作用,使流动变得比较均匀,因此缩尾量大为减少甚至完全消失。

### 2.3.4.2　挤压筒

挤压宽厚比($B/H$)很大的制品,不宜采用圆形内孔挤压筒,否则不仅金属流动很不均匀,而且挤压力也很大。为此,生产中已使用内孔为扁椭圆的挤压筒(见图 2 - 28)。通过对用扁挤压筒挤压 LY12 壁板时的坐标网格实验得知,金属流动要比用圆筒挤压均匀得多。另外,使用扁挤压筒生产壁板型材或扁材时,缩尾也较小。

### 2.3.4.3　挤压垫

挤压垫的工作面(与锭坯接触的一面)可以是平面、凸面或是凹面。采用凹面形挤压垫可少许增加金属流动的均匀性,但影响不明显,主要原因在于挤压垫内的金属不变形。凹面挤压垫加工较麻烦,还增加了挤压的压余量,而使用效果不明显,因此,广泛使用的还是平面挤压垫。

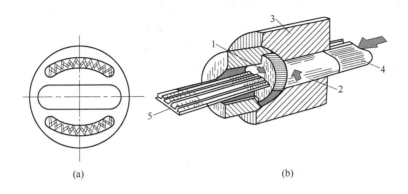

图2-28 挤压铝合金壁板的扁挤压筒
(a)扁挤压筒;(b)用扁挤压筒挤压示意图
1—模具;2—锭坯;3—挤压筒;4—挤压杆;5—壁板

### 2.3.5 变形程度的影响

如图2-29所示的实验试件显示,使用同一规格锭坯以不同变形程度进行挤压时,随着模孔直径减小,也就是变形程度增大,外层金属向模孔流动的阻力增大,从而增大了锭坯中心与外层的金属流动速度差。图2-29中横向网格线向前弯曲的程度越大,说明引起变形与流动不均匀性越大,即变形程度越大,金属的变形就越不均匀。但是应当看到,变形不均匀增加到一定程度后,剪切变形深入内部而开始向均匀变形方面转化。这在图2-29中就可以看到:随着变形程度的增加,横线弯曲得更为陡峭,即由抛物线形转变为一条近似的折线。

图2-29 不同变形程度对坐标网格变化的影响

对挤压制品断面取样进行力学性能测定,得到如图2-30所示的径向上力学性能分布规律。由图2-30可知,当变形程度在60%左右时,制品内外层的力学性能差别最大;当变形程度逐渐增大到90%时,因变形深入内部,其内外性能趋于一致。故在生产中,当挤压制品不再进行后续塑性加工,即挤压后即为成品时,挤压变形程度应不小于90%,即挤压比$\lambda \geqslant 10$,以保证制品断面上机械性能均匀一致。对于那些不要求力学性能或者还要进行进一步塑性加工的制品,挤压变形程度不必受此限制。

通过上述对金属流动影响因素的分析,可以把它们归纳如下:属于外部因素的,有外摩擦、温度、工具形状以及变形程度等;属于内部因素的,有合金成分、金属强度、导热性和相变等。由此可见,影响金属流动的内因归根结底是金属在产生塑性变形时的临界剪应力或屈服强度。如欲获得较均匀的流动,最根本的措施是使锭坯断面上的变形抗力均匀一致。但是,不论采取何种措施,只要存在变形区几何形状和外摩擦的作用,金属流动不均匀性总是绝对的,而均匀性是相对的。

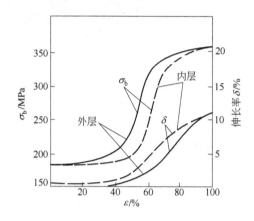

图 2 - 30   挤压制品力学性能与变形程度的关系

## 2.4   挤压时的典型流动类型

挤压时金属流动特性可受到各种因素的影响,从而使金属流动特性也各不相同。但是挤压筒内的金属流动随被挤金属材料和使用方法的不同,按其特有的模式变化。这些差异的主要原因是由于筒内壁摩擦引起的阻力大小不同造成的。在热挤压条件下,锭坯内外部温度不一致所引起的变形抗力的差异,对金属流动模式也起着很大的作用。根据流动的特点,可以将它们归纳为四种基本类型,如图 2 - 31 所示。

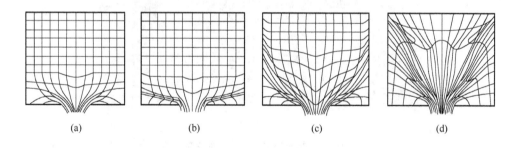

(a)                    (b)                    (c)                    (d)

图 2 - 31   挤压时金属流动的四种基本类型
(a)流动模式 a 型;(b)流动模式 b 型;(c)流动模式 c 型;(d)流动模式 d 型

流动模式 a 型,这种流动模式只有在反挤压时出现。由于锭坯与挤压筒之间无相对滑动,锭坯上的网格绝大部分保持着原状未变;变形区和死区很小,只集中在模孔附近;死区的形状和正挤压时有很大的不同。

流动模式 b 型,在正挤压时,如果挤压筒壁与锭坯间的摩擦极小,则会获得此类型流动。它的变形区和死区稍大,流动也较均匀,不产生中心缩尾和环行缩尾。在带润滑挤压或冷挤压时可以得到此类型流动。

流动模式 c 型,如果挤压筒和模具上的摩擦较大时,就会获得此类型流动。变形区已扩展整个锭坯的体积,但在基本挤压阶段尚未发生外部金属向中心流动的情况,在挤压后期会出现不太长的缩尾。

流动模式 d 型,当挤压筒壁与锭坯间的摩擦很大,且锭坯内外温差又很明显时,多半会得到这种流动模式。它的流动最不均匀,挤压一开始,外层金属由于沿筒壁流动受阻而向中心流动,因此缩尾最长。

在一般情况下,属于 b 型的金属有紫铜、H96、锡磷青铜、铝、镁合金、钢等;属于 c 型的金属有 α 黄铜、H68、HSn70-1、H80、白铜、镍合金、铝合金等;属于 d 型的有 α+β 黄铜(HPb59-1、H62)、含铝的青铜、钛合金等。必须指出,这些金属与合金所属的类型系在一般生产情况下获得的,并非固定永远不变。挤压条件一旦改变,可能导致所属类型的变化。

## 2.5 影响挤压力的因素

挤压力是指挤压杆通过挤压垫作用在锭坯上使金属依次流出模孔的压力。在挤压过程中,挤压力是随着挤压杆的移动而变化的,如图 2-2 所示:在开始挤压阶段,随着挤压过程的进行,挤压急剧上升;在基本挤压阶段,随着挤压过程的进行,正挤压力越来越小,而反挤压时挤压力基本不变;在终了挤压阶段,正反挤压的挤压力又急剧升高。通常所说的挤压力和计算的挤压力是指挤压过程中的突破力 $P_{max}$,如图 2-2 所示 a 与 a' 点。挤压力是制订挤压工艺、选择与校验挤压机能力以及检验零部件强度与工模具强度的重要依据。单位面积上的挤压力叫挤压应力,用 $\sigma_j$ 表示,它是指挤压突破力 $P_{max}$ 与挤压垫的面积 $F_d$ 之比,即

$$\sigma_j = P_{max}/F_d \qquad (2-3)$$

影响挤压力的因素主要有:挤压时的金属变形抗力,变形程度(挤压比),挤压速度,锭坯与模具接触面的摩擦条件,挤压模角,制品断面形状,锭坯长度,以及挤压方法等,现分述如下。

### 2.5.1 挤压温度与变形抗力

挤压力大小与金属的变形抗力成正比关系。但是由于金属成分的不均一及温度分布不均,金属变形抗力也不均匀,因此二者之间往往不能保持严格的线性关系。随着温度的升高,金属的变形抗力下降,挤压力也下降。图 2-32 显示出各种金属在不同温度下挤压时变形抗力对挤压力的影响规律。从图中可以看出,随着挤压温度的升高,各种金属或合金的挤压力近似直线下降。

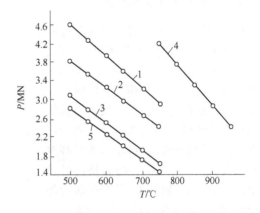

图 2-32 不同温度下挤压时的挤压力变化
1—QSn4-0.25;2—H96;3—T2~T4;4—B30;5—H62

### 2.5.2 变形程度

变形程度与挤压力也是成正比关系,随着变形程度增大,挤压力增加。在挤压过程中,根据所采用的变形指数不同,所得到的变形程度对挤压力影响的特性也不同。图 2-33 表示出在不同的挤压温度下,不同变形程度对各种金属的挤压力影响关系曲线。如图 2-33(a)所示,在不

同温度下以不同挤压比挤压防锈铝合金棒材时的关系曲线,从图中可以看出:随温度升高,挤压力下降;挤压比 λ 升高即变形程度增大,挤压力升高。而图 2 – 33(b)显示出以不同挤压比挤压几种金属时的挤压力变化规律:挤压比 λ 升高,挤压力增大;金属强度越高,则同等条件下挤压力越大。

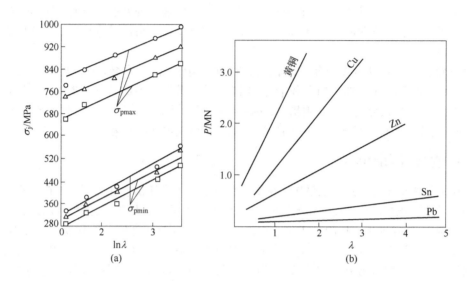

图 2 – 33　变形程度对挤压应力和挤压力的影响规律

(a)铝合金;(b)其他合金

○—400℃;△—440℃;□—480℃

### 2.5.3　挤压速度与流出速度

挤压速度和流出速度也是通过影响金属的变形抗力的变化来影响挤压力的。图 2 – 34 描述了实验条件控制在 650℃ 和 700℃ 两种温度下,挤压 H68 黄铜所存在的挤压力 – 挤压速度关系曲线。由曲线的变化规律可知,挤压速度对挤压力的影响明显:开始挤压阶段,挤压速度较高时的挤压突破力 $P_{max}$ 较大。随着挤压过程的继续进行,由于剧烈变形,产生较大的变形热,因此金属冷却得较慢,变形区内的金属温度甚至有可能提高,所以挤压力逐渐降低;若采用较低的挤压速度,由于筒内金属的冷却,变形抗力增加,挤压力可能一直上升,甚至可能超过挤压突破力 $P_{max}$。

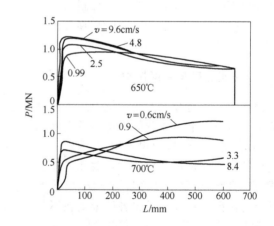

图 2 – 34　挤压黄铜棒时挤压速度对挤压力的影响规律

挤压条件:ϕ170mm×750mm→ϕ50mm,λ = 11.5

### 2.5.4　摩擦与润滑

在挤压筒、变形区和工作带内的金属,都承受了接触面上的摩擦作用。这些摩擦力都是挤压力的组成部分,因此,它们的变化对挤压力都造成影响:摩擦力升高,则挤压力也随之升高。摩擦系数较小时摩擦较小,所消耗的挤压力也小。因此减小摩擦是节能与提高制品质量的措施之一,在挤压时常采用润滑挤压工具表面以减小摩擦系数,这样即可以减小摩擦力,又能使金属流动得均匀,挤压制品质量提高。如图 2-35 所示出不同工具表面状态对挤压力的影响规律,从图中可以看出,无论是挤压突破力 $P_{max}$ 还是挤压过程中不同时期的力,粗糙面都大于光滑面,而光滑面并带润滑更能大大降低挤压力。

### 2.5.5 挤压模角

挤压模角 $\alpha$ 对挤压力有着明显的影响。挤压模角 $\alpha$ 由 0° 改变到 90° 之间,随模角 $\alpha$ 增大,挤压力逐渐降低,当 $\alpha$ 在 45°~60° 范围时挤压力最小;继续增大模角 $\alpha$,挤压力呈升高趋势,如图 2-36 所示。这是因为,随着模角的增大,金属进入变形区产生的附加弯曲变形较大,使所消耗在这上面的金属变形功升高;同时,$\alpha$ 增大则使变形区压缩锥缩短,降低了挤压模锥面上的摩擦阻力,两者叠加后必然会出现一挤压力最小值。在挤压过程,通常将具有最小挤压力的模角称为最佳模角。

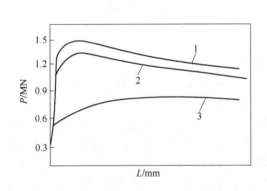

图 2-35  工具表面状态对挤压力的影响规律
1—粗糙面;2—光滑面;3—光滑面并润滑

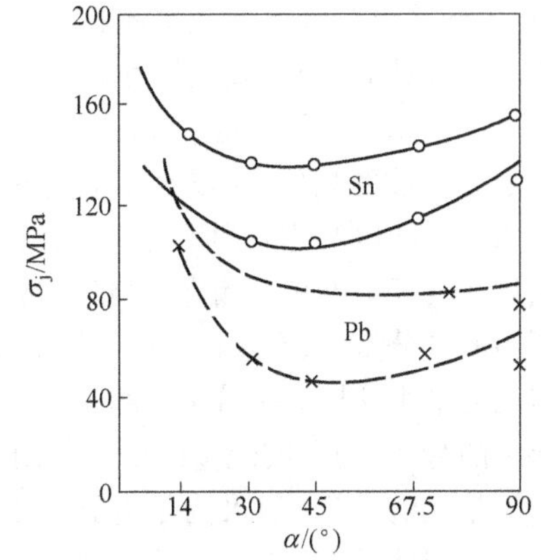

图 2-36  挤压力与模角的关系曲线

### 2.5.6 制品断面形状

制品断面形状只有在比较复杂的情况下,才对挤压力有明显的影响。制品断面复杂程度系数 $C_1$ 可按式(2-3)计算:

$$C_1 = 型材断面周长/等断面积圆周长 \qquad (2-4)$$

根据实验确定,只有当断面复杂程度系数大于 1.5 时,制品断面形状对挤压力的影响才比较明显。因此,在一般情况下,不考虑制品的断面系数。

### 2.5.7 锭坯长度

在正向挤压时,锭坯与挤压筒壁之间存在着较大的摩擦作用,所以锭坯的长度对挤压力的大小是有较大影响的。锭坯越长,则锭坯与挤压筒壁之间的摩擦阻力就越大,挤压力就越大。如图 2-37 所示,在挤压筒径 $D = 80mm$,模角 $\alpha = 60°$,控制制品流出速度 480mm/s,并使用石墨作为润滑剂时,不同金属的锭坯长度对挤压力的影响曲线。从图 2 - 37 中可以看出,随锭坯长度的增加,挤压力也增加。

### 2.5.8　挤压方法

在其他情况相同时,用正反两种挤压方法挤压时,挤压力差别很大:反挤压时所需的挤压力,比同一条件下正挤压法小 20% ~ 30% 。这是因为,在反挤压时,由于锭坯与挤压筒壁之间无相对滑动,因此二者之间基本上无摩擦力,在挤压过程中,挤压力基本上保持不变,锭坯的长度对反挤压时的挤压力无影响。

## 2.6　挤压力的实测方法

在挤压过程中,由于影响挤压力的因素很多,用理论计算公式计算挤压力很困难且计算结果也不是很精确,因此在实际生产中挤压力的大小可以采用实测法求得。实测法可以真实地反映出力参数的数值,所以是研究各种因素对挤压力的影响以及建立和评价挤压力计算公式不可缺少的方法。

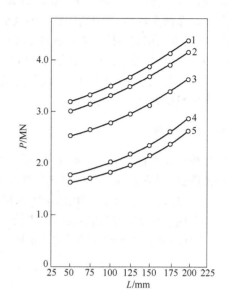

图 2 - 37　锭坯长度对挤压力的影响
1—QSn4 - 0. 3;2—B - 30;3—H96;4—$T_2$ - $T_4$ ;5—H62

实测法的任务不只是测定总挤压力或者是挤压过程中挤压力的变化曲线,也希望能测出构成挤压力的各分量,只有这样才能更准确地掌握挤压过程的规律。

挤压力是由这样几个分量所组成的:为了克服作用在挤压筒壁和穿孔针上的摩擦力作用在挤压垫上的力 $T_1$;为了实现塑性变形作用在挤压垫上的力 $R_s$;为了克服压缩锥面上的摩擦力作用在挤压垫上的力 $T_{zh}$;以及为了克服挤压模工作带壁上的摩擦力作用在挤压垫上的力 $T_g$。不过目前直接测定挤压力的各分量尚有困难,所以现实应用的是实测挤压过程中作用在垫片、挤压筒和模子上的压力及其分布,以及作用在穿孔针上的力。一般各分量的测量,都采用间接法。

挤压力实测方法有:利用压力表测量;利用千分表测量张力柱的弹性变形;利用电气测力仪,即应变仪和示波器测量。最常用的是利用第一种和第三种方法。

### 2.6.1　利用压力表测量

这是一种最简单、通行的方法,不过他只能测出挤压力和穿孔力的大小。根据压力表所指示出的单位压力,根据公式求出挤压力或穿孔力:

$$P = \frac{P_b N}{P_c} \tag{2 - 5}$$

式中　$P$——挤压力(或穿孔力);
　　　$N$——挤压机的额定挤压力(或穿孔力);
　　　$P_b$——压力表所指示的单位压力;
　　　$P_c$——工作液体的额定单位压力。

直接观察压力表的读数只限于挤压速度很低(约达 1mm/s 以下)的情况下才能正确读的。借助于带记录仪的压力表可以较准确地测出挤压速度约达 20mm/s 的压力值。

### 2.6.2　利用电气测力仪测量

在挤压速度很高时,由于压力表运动部分的惯性不能保证
测量具有足够的精度。在此情况下,最好使用无惯性的电气测
力仪。它由压力传感器(测压头)、电阻应变仪和示波器组成。
作为给出弹性应变量的弹性元件可以是受力的工具,如挤压轴、
穿孔针、针支撑和模具等;也可以是圆柱体杯状的弹性元件,在
测量时将它放在挤压轴或模具的后面。这种方法在测量大的压
力(大于10MN)时测压头的体积将很大,给校准和标定时的装
卸以及标定本身带来困难。

在此情况下,可以采用液压压力传感器。这是利用工作缸
中的液体压力使弹性元件发生弹性变形,从而使贴在上面的电
阻应变片的电阻发生变化而进行测量。液压压力传感器的结构
如图2-38所示。

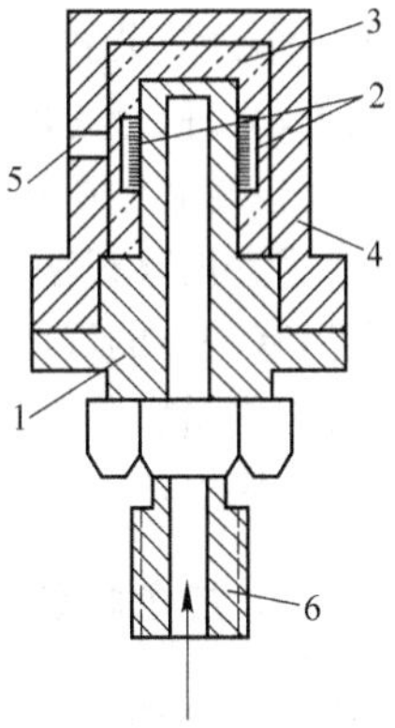

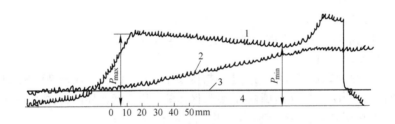

**图2-38　液压压力传感器**
1—弹性元件;2—电阻应变片;
3—防潮填料;4—护套;5—引线孔;
6—与工作缸管路相通的接头

如图2-39所示,为正挤压时所测得的挤压机挤压轴上的
压力示波图。从图2-39中可以看出,开始挤压阶段,随着挤压
过程的进行,挤压力急剧升高;在基本挤压阶段,挤压力随挤压过程的进行,又慢慢下降。这与以
前分析的相同。

**图2-39　典型挤压力示波图**
1—压力;2—挤压轴行程;3—挤压轴行程零位线;4—挤压轴压力零位线

## 2.7　计算挤压力的理论公式

### 2.7.1　解析法的特点

挤压力实测法尽管有很多优点,结果也基本能满足需要,但是由于受到各种条件的限制或者
不经济而往往不便于采用。

在大多数情况下,利用解析法或工程法的理论计算公式计算挤压力,这种方法也较为方便,
计算结果也能基本满足要求。目前,用于计算挤压力的公式很多,根据对推导时求解方法的归
纳,可分为以下四组:

(1)借助塑性方程式求解应力平衡微分方程式所得到的计算公式;

(2)利用滑移线求解平衡方程式所得到的计算公式;

(3)根据最小功原理和变分法所建立起来的计算公式;

(4)经验公式或简化公式,是基于挤压应力对对数变形指数 $\ln\lambda$ 之间存在的线型关系而建立

起来的计算公式。

评价一个计算公式的适用性,首先是看它的精确度是否高,而这与该公式本身建立的理论基础是否完善、合理,考虑的影响因素是否全面有关;其次是,能否应用于各种不同的挤压条件。公式的精确度也与其中所包含的系数、参数选取得是否正确有极大的关系。

目前,尽管滑移线法、上限法和有限元法等在解析挤压力学方面已有长足发展,但是用在工程计算上尚有一定的局限性。它们或者由于只限于平面应变,至多是轴对称问题,或者由于计算手续繁杂,工作量大,而尚未获得广泛应用。目前,在挤压界一般仍广泛应用一些经验公式,简化公式,或者使用上述 A 组方法所建立起来的挤压力公式。

### 2.7.2　И. Л. 皮尔林公式

皮尔林公式借助于塑性方程式和力平衡方程式联立求解的方法,建立了挤压力计算公式。它的基本公式是:

$$P = R_s + T_t + T_{zh} + T_g \tag{2-6}$$

由以上公式可知,它在结构上由四部分组成,各部分在前已述及。但是,他忽略了三个可能的作用力:克服作用于制品上的反压力和牵引力 $Q$,克服因挤压速度变化所引起的惯性力 $I$,以及挤压末期克服挤压垫上摩擦力 $T_d$ 等。

(1)为了实现塑性变形作用在挤压垫上的力 $R_s$(不计接触摩擦):

$$R_s = (\cos^{-2}\alpha/2) F_0 (2S_{zh}) i \tag{2-7}$$

式中　$\alpha$——挤压模角;

　　$F_0$——挤压筒横断面积;

　　$S_{zh}$——塑性变形区压缩锥内的金属平均塑性剪切应力;

　　$i$——挤压比,$i = \ln\lambda$。

从以上公式中可以看出,变形力的大小与挤压模角、挤压比、挤压筒横断面积,以及金属变形抗力的大小成正比。当用平模挤压圆棒时,变形区压缩锥面为死区界面,其模角 $\alpha$ 可取 60°。

(2)为了克服挤压筒壁上的摩擦阻力作用在挤压垫上的力 $T_t$:

$$T_t = \pi D_0 (L_0 - h_s) f_t S_t \tag{2-8}$$

式中　$L_0$——填充挤压后的锭坯长度;

　　$D_0$——挤压筒直径;

　　$h_s$——死区高度;

　　$f_t$——积压筒壁上的摩擦系数;

　　$S_t$——积压筒内金属的平均塑性剪切应力。

(3)为了克服塑性变形区压缩锥面上的名称阻力作用在挤压垫上的力 $T_{zh}$。挤压时,金属质点在通过塑性变形区压缩锥时,由于断面积急剧缩小,因此它获得了一个加速度,流动速度越来越快,使金属与接触面的相对移动速度时刻发生变化。经过推导,可以得到 $T_{zh}$ 的计算公式:

$$T_{zh} = \sin^{-1}\alpha i F_0 f_{zh} S_{zh} \tag{2-9}$$

应用此公式进行计算时应注意:在正挤压条件下,无论使用锥模或平模,压缩锥角都取 60°;使用平模反挤压时,则取 75°~80°。这是由于,在平模挤压时,压缩锥面上不再是金属与模具锥面间的外摩擦,可以认为是死区界面金属与滑移区金属间的内摩擦,变形区压缩锥部分的摩擦应力达到金属塑性变形时的最大剪切应力值,亦即等于 $S_{zh}$。于是,$f_{zh} \approx 1$。

(4)为了克服工作带摩擦阻力作用在挤压垫上的力 $T_g$:

$$T_g = \lambda \pi D_1 h_g S_{zh1} \tag{2-10}$$

式中 $\lambda$——制品流出速度与挤压垫运动速度之比;

$h_g$——工作带长度;

$D_1$——制品直径;

$S_{zh1}$——变形区压缩锥出口处金属塑性剪切应力。

在得知了四个分力的计算公式后,按下列公式迭加,便可以得到圆锭单模孔正向挤压圆棒时的总挤压力计算公式。

$$P = R_s + T_t + T_{zh} + T_g \qquad (2-11)$$

整理后,得皮尔林挤压力计算公式:

$$P = \left[\pi D_0 (L_0 - h_s)\right] f_t S_t + 2iF_0 (f_{zh}/2\sin\alpha + 1/\cos^2\alpha/2) S_{zh} + \lambda (\pi D_1 h_g) f_g S_g \qquad (2-12)$$

式中 $f_g$——工作带壁上的摩擦系数。

上式即为皮尔林挤压力计算公式。公式中各个参数的含义在前面已经说明,具体的计算方法在第四节中给予。

式中第二项显示了模角 $\alpha$ 的作用:随着 $\alpha$ 的增大,$R_s$ 增大而 $T_{zh}$ 减小,将此关系绘制成曲线如图 2-40 所示。由图 2-40 可见,当 $\alpha = 45° \sim 60°$ 时,挤压力最小。用符号 $Y$ 表示:

$$Y = f_{zh}/2\sin\alpha + 1/\cos^2\alpha/2 \qquad (2-13)$$

引入式(2-8)中的第二项,且令 $f_{zh} \approx 1$,则可以作出平模挤压时的 $Y-\alpha$ 关系曲线,如图 2-41 所示。从图 2-41 中可以看出,当 $\alpha \approx 50°$ 时 $Y$ 最小,挤压力亦最小。这一结果与前面述及的挤压力最小的最佳模角范围 $\alpha = 45° \sim 60°$ 是一致的。

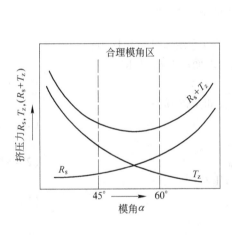
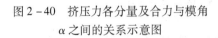

图 2-40 挤压力各分量及合力与模角 $\alpha$ 之间的关系示意图

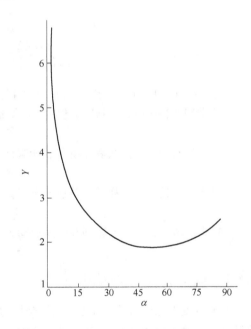

图 2-41 $Y-\alpha$ 关系曲线

## 2.8 挤压力计算公式中的参数确定

热挤压时,金属在塑性变形区中的塑性剪切应力与变形抗力的大小除与温度有关外,还与金属在变形区内停留的时间或变形速度有关。

### 2.8.1 $S_t$ 的确定

金属与挤压筒壁间的摩擦应力的精确值,可以用挤压力曲线来确定。图 2 - 42 描述了挤压过程中金属温度发生变化和基本不变两种条件下的挤压力曲线。图 2 - 42(a)示出了挤压过程中金属温度有变化的情况。

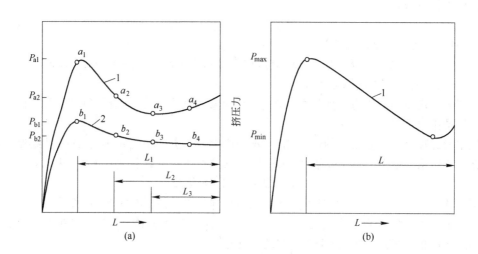

图 2 - 42　挤压过程中挤压力的变化曲线
(a)金属温度变化;(b)金属温度基本不变
1—作用在挤压垫上的力;2—作用在挤压模上的力

在缺少具体的挤压力曲线情况下,可以根据不同条件选定塑性剪切应力:

(1)带润滑挤压时,可以认为锭坯内部金属性能与表面层的相同,即:

$$S_t = S_{zh0} \tag{2 - 14a}$$

(2)无润滑挤压但金属氧化皮很软能起润滑作用(如紫铜)时:

$$S_t = S_{zh0} \tag{2 - 14b}$$

(3)无润滑挤压但金属黏结挤压筒不严重时:

$$S_t = 1.5 S_{zh0} \tag{2 - 14c}$$

(4)无润滑挤压且金属剧烈黏结挤压筒或真空挤压时:

$$S_t = 1.5 S_{zh0} \tag{2 - 14d}$$

### 2.8.2 $S_{zh0}$、$S_{zh1}$ 及 $S_{zh}$ 的确定

在塑性变形区压缩锥内各处的金属塑性剪切应力 $S_{zh}$ 是不同的,一般可用平均值表示,即取变形区压缩锥入口的值 $S_{zh0}$ 与变形区压缩锥出口的值 $S_{zh1}$ 的算术平均值。

#### 2.8.2.1 $S_{zh0}$ 的确定

$S_{zh0}$ 值目前尚难以用实验方法获得,因此根据金属变形抗力与塑性剪切应力的关系 $K = 2S$ 可得:

$$S_{zh0} = 0.5 K_{zh0} \tag{2 - 15a}$$

目前,在缺少变形抗力 $K_{zh0}$ 值的情况下,可用相应加工温度下单向拉伸或单向压缩实验所得到的应力值,如抗拉强度 $\sigma_b$ 值代替:

$$S_{zh0} = 0.5K_{zh0} \approx 0.5\sigma_b \qquad (2-15b)$$

表2-1列出值为各种有色金属及合金不同温度下的抗拉强度 $\sigma_b$ 值。应指出的是,由于进行试验的材料合金成分的波动,加上锭坯规格与状态的不同,以及试验条件的差异,表中所列数据值可能有所偏差,选用时应加以注意。

**表2-1 热加工时有色金属与合金的抗拉强度**

| 金属材料 | | | $\sigma_b$/MPa | | | | | | | | | |
|---|---|---|---|---|---|---|---|---|---|---|---|---|
| 重金属 | 铅 | 温度/℃ | 常温 | | | | | | | | | |
| | | | 20 | | | | | | | | | |
| | 锌 | 温度/℃ | 100 | 150 | 200 | 250 | 300 | 350 | 400 | | | |
| | | | 78 | 53 | 36 | 24 | 14 | 12 | 0.09 | | | |
| | 铜 | 温度/℃ | 500 | 550 | 600 | 650 | 700 | 750 | 800 | 850 | 900 | 950 |
| | | 紫铜 | 60 | 55 | 50 | 44 | 38 | 32 | 26 | 20 | 18 | 15 |
| | | H68 | — | — | 45 | 40 | 35 | 30 | 25 | 20 | | |
| | | H62 | 80 | 60 | 35 | 30 | 27 | 24 | 20 | 15 | — | — |
| | | HPb59-1 | — | — | 20 | 17 | 15 | 13 | 11 | 9 | | |
| | | HAl77-2 | 130 | 115 | 100 | 80 | 55 | 50 | 20 | | | |
| | | HNi65-5 | 160 | 120 | 90 | 80 | 50 | 30 | 20 | | | |
| | | QAl10-3-1.5 | — | — | 120 | 70 | 50 | 30 | 15 | 12 | 8 | |
| | | QAl10-4-4 | — | — | 160 | 120 | 80 | 50 | 25 | 20 | 15 | |
| | | QBe2 | — | — | — | — | 100 | 60 | 40 | 35 | — | — |
| | | QSi3-1 | — | — | 120 | 100 | 75 | 50 | 35 | 20 | 15 | |
| | | QSi1-3 | — | — | 200 | 150 | 120 | 80 | 50 | 25 | 12 | |
| | | QSn6.5-0.1 | — | — | 200 | 180 | 160 | 140 | 120 | — | — | |
| | | QSn4-0.3 | — | — | 150 | 130 | 110 | 90 | 70 | | | |
| | | QCr0.5 | — | — | 160 | 140 | 120 | 70 | 60 | 40 | 20 | 16 |
| | 镍 | 温度/℃ | 750 | 800 | 850 | 900 | 950 | 1000 | 1050 | 1100 | 1150 | 1200 |
| | | 纯镍 | — | 113 | 95 | 76 | 65 | 54 | 46 | 38 | | |
| | | NMn5 | — | 160 | 140 | 110 | 90 | 60 | 50 | 40 | 30 | 25 |
| | | NCu28-2.5-1.5 | — | 145 | 122 | 101 | 82 | 63 | 51 | 44 | | |
| | | B19 | 104 | 81 | 59 | 43 | 28 | 17 | — | — | | |
| | | B30 | 80 | 60 | 60 | 37 | | | | | | |
| | | BFe5-1 | 75 | 50 | 50 | 25 | 20 | 15 | | | | |
| 轻金属 | 铝 | 温度/℃ | 200 | 250 | 300 | 350 | 400 | 450 | 500 | | | |
| | | 纯铝 | 50 | 35 | 25 | 20 | 12 | — | — | | | |
| | | LF5 | — | — | — | 42 | 32.0 | 27 | 20 | | | |
| | | LF7 | — | — | 80 | 60 | 40 | 32 | 23 | | | |
| | | LY11 | — | — | 55 | 45 | 35 | 30 | 25 | | | |

| 金属材料 | | $\sigma_b$/MPa | | | | | | |
|---|---|---|---|---|---|---|---|---|
| 轻金属 铝 | 温度/℃ | 200 | 250 | 300 | 350 | 400 | 450 | 500 |
| | LV12 | — | — | 70 | 50 | 40 | 35 | 28 |
| | LD2 | 55 | 40 | 30 | 25 | 20 | 15 | — |
| | LD31 | 63.3 | 31.6 | 22.5 | 16.2 | — | — | — |
| | LC4 | — | — | 100 | 80 | 65 | 50 | 35 |
| 轻金属 镁 | 温度/℃ | 200 | 250 | 300 | 350 | 400 | 450 | |
| | 纯镁 | 40 | 25 | 20 | 16 | 12 | 10 | |
| | MB1 | — | — | 40 | 34 | 30 | 25 | |
| | MB2,MB8 | — | — | 70 | 55 | 40 | 28 | |
| | MB5 | — | — | 60 | 50 | 35 | 28 | |
| | MB7 | — | — | 52 | 45 | 40 | 35 | |
| 稀有金属 钛 | 温度/℃ | 600 | 700 | 800 | 850 | 900 | 950 | 1000 | 1100 |
| | TA2 | 260 | 120 | 50 | 40 | 30 | 25 | 20 | — |
| | TA6 | 430 | 250 | 160 | 135 | 110 | 70 | 36 | 17 |

#### 2.8.2.2　$S_{zh1}$ 的确定

**A　$S_{zh1}$ 的计算**

经过塑性变形后处于变形区压缩锥出口的金属塑性剪切应力 $S_{zh1}$ 的大小,应考虑变形程度、变形速度和变形时间的影响。如果在变形时伴随着剧烈的温升,则还考虑温升的影响。通常可用一个硬化系数 $C_y$ 表示金属材料在变形过程中的加工硬化程度。于是变形后的金属塑性变形剪切应力 $S_{zh1}$ 按下式计算:

$$S_{zh1} = C_y S_{zh0} \qquad (2-16)$$

式中　$C_y$——金属材料硬化系数,一般按表 2 - 2 选取。

表 2 - 2　金属硬化系数 $C_y$

| 挤压比 λ | | 2 | 3 | 4 | 15 | 1000 |
|---|---|---|---|---|---|---|
| 金属在变形区中持续时间 $t_s$/s | ≤0.001 | 2.35 | 4.15 | 4.50 | 4.75 | 5.00 |
| | 0.01 | 2.85 | 3.50 | 4.00 | 4.40 | 4.80 |
| | 0.1 | 2.00 | 2.90 | 3.20 | 3.40 | 3.60 |
| | 1.0 | 1.95 | 2.25 | 2.45 | 2.60 | 2.80 |
| | ≥10 | 1.00 | 1.00 | 1.00 | 1.00 | 1.00 |

对挤压速度低的铝来说,不宜选用表中数值,最好查找图 2 - 43。在选取数据前,先应计算出挤压比和金属在塑性变形区压缩锥内的停留时间。

**B　$t_s$ 计算**

金属在塑性变形区内停留的持续时间 $t_s$:

$$t_s = V_s/V_m \qquad (2-17)$$

式中　$V_s$——塑性变形区体积,根据不同挤压条件计算;

　　　$V_m$——金属秒流量,$V_m = F_0 v_j = F_1 v_1$。

a 用圆锭挤压实心断面制品

此时,塑性变形区体积 $V_s$ 如图 2-44 所示,可用下式计算挤压圆棒时的塑性变形区体积 $V_s$:

$$V_s = (D_0^3 - D_1^3)\pi(1 - \cos\alpha)/12\sin^3\alpha \quad (2-18)$$

从而可代入式(2-13)中得到金属在塑性变形区内的持续时间 $t_s$:

$$t_s = (\lambda D_0 - D_1)(1 - \cos\alpha)/3\lambda v_j\sin^3\alpha \quad (2-19)$$

b 用圆锭挤压管材

金属在塑性变形区内的持续时间 $t_s$ 按下列公式计算:

$$t_s = 0.4[(D_0^2 - 0.75d_1^2)^{3/2} - 0.5(D_0^3 - d_1^3)]/(F_0 v_j) \quad (2-20)$$

#### 2.8.2.3 $S_{zh}$ 的确定

金属在塑性变形区压缩锥内各处的塑性剪切应力难以精确确定,计算时可以将变形区内的平均塑性剪切应力代入式(2-8)中以计算挤压力。一般情况下,$S_{zh}$ 按 $S_{zh0}$ 和 $S_{zh1}$ 的算术平均值代入。

$$S_{zh} = (S_{zh0} + S_{zh1})/2 \quad (2-21)$$

若挤压时的变形程度很大,可以采用几何平均值确定:

$$S_{zh} = S_{zh0}S_{zh1} \quad (2-22)$$

### 2.8.3 摩擦系数

摩擦系数可以根据不同的摩擦状态选取。

#### 2.8.3.1 挤压筒和变形区内的表面名称系数 $f_t$ 和 $f_{zh}$

(1)带润滑热挤压时 $f_t = f_{zh} = 0.25$。

(2)无润滑热挤压但锭坯表面存在软的氧化皮是 $f_t = f_{zh} = 0.5$。

(3)无润滑热挤压但金属黏结工具不严重时 $f_t = f_{zh} = 0.75$。

(4)无润滑热挤压且金属剧烈黏结工具,死区较大时(如铝及其合金挤压) $f_t = f_{zh} = 1$。

(5)静液挤压时 $f_t = 0$,$f_{zh} = 0.1$。

#### 2.8.3.2 工作带壁上的摩擦系数 $f_g$

(1)带润滑挤压时 $f_g = 0.25$。

(2)无润滑挤压或真空挤压时 $f_g = 0.5$。

## 2.9 其他挤压力计算公式

### 2.9.1 Л.В.普罗卓洛夫公式

Л.В.普罗卓洛夫公式属于简化公式,通过选取系数 $C$ 值可用于一切制品的计算:

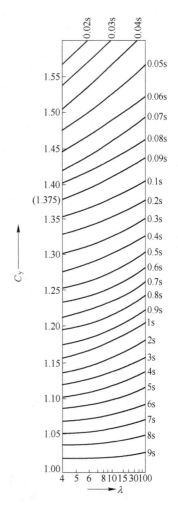

图 2-43 金属硬化系数 $C_y$

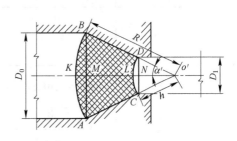

图 2-44 塑性变形体积图

$$P = \pi(D_0^2 - d_0^2)C\ln\lambda(1 + fL_0/D_0)\sigma_b/4 \quad (2-23)$$

式中　$D_0$、$d_0$、$L_0$——挤压筒与瓶式干直径和填充后锭坯长度;

　　　　$f$——摩擦系数,按表 2-3 选取;

　　　　$\sigma_b$——挤压温度下的金属抗拉强度,按表 2-1 选取;

　　　　$C$——断面形状系数,对于棒材、简单断面的型材、光面的管材取 4,复杂的异型材取 5,对带高筋的异型管材取 6。

　　在挤压有色金属及合金管材时,为了使计算结果更准确,一般考虑应加入一个穿孔针,冷却作用的金属冷却系数 $Z$,于是挤压力计算公式改为:

$$P = \pi(D_0^2 - d_0^2)C\ln\lambda(1 + fL_0/D_0)Z\sigma_b/4 \qquad (2-24)$$

式中的 $Z$ 值可按图 2-45 查得,挤压棒材时 $Z=1$。

　　应用普罗卓洛夫公式挤压塑性较差、强度较高的难熔金属时,计算值比较接近实测值,但挤压纯钛及锆合金时,计算值要比实测值低得多。

　　对于系数 $C$ 的选取,计算者可根据具体条件以所得的挤压力数值最接近实际值为原则来确定,不必受上面所给出的数据的限制。

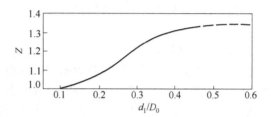

图 2-45　金属冷却系数 $Z$ 与 $d_1/D_0$ 的关系曲线

## 2.9.2　J. 塞茹尔内公式

　　在采用玻璃润滑剂挤压钢及一些稀有难熔金属方面时,常采用塞茹尔内公式计算挤压力并得到较满意的精确度。挤压棒、型材和管材时,可分别用下式求得:

$$P = \pi R_0^2 \ln\lambda\, e^{2fL_0/R_0} K_{zh} \qquad (2-25)$$

$$P = \pi(R_0^2 - r_1^2) K_{zh} \ln\lambda\, e^{2fL_0/(R_0-r_1)} \qquad (2-26)$$

式中　$R_0$、$r_1$——填充挤压后锭坯外半径和穿孔针内半径;

　　　　$f$——摩擦系数,对玻璃润滑剂,$f=0.015 \sim 0.025$,对普通润滑剂,可参照表 2-3;

　　　　$K_{zh}$——金属变形抗力,通过实验测定挤压力值并代入上式求得,见表 2-4。

表 2-3　普罗卓洛夫公式用摩擦系数

| 金属材料 | 合金品种 | 挤压温度/℃ | 摩擦系数 |
|---|---|---|---|
| 重 金 属 | 紫 铜 | 950~900 | 0.10~0.12 |
| | | 900~800 | 0.12~0.18 |
| | | 800~700 | 0.18~0.25 |
| | HPb59-1,HFe59-1-1 | >700 | 0.27 |
| | | 700 | 0.20~0.22 |
| | H68 | 850~700 | 0.18 |
| | 铝青铜 | 850~750 | 0.25~0.30 |
| | 锡磷青铜 | 800~700 | 0.25~0.27 |
| | 镍及镍合金 | 950~1150 | 0.30 |
| | | 850~950 | 0.35 |
| | | 800~850 | 0.40~0.45 |

续表2-3

| 金属材料 | 合金品种 | 挤压温度/℃ | 摩擦系数 |
|---|---|---|---|
| 轻金属 | 铝及铝合金 | 450～500 | 0.25～0.30 |
| | | 300～450 | 0.30～0.35 |
| | 镁及镁合金 | 340～450 | 0.25 |
| | | 250～350 | 0.28～0.30 |
| 稀有金属 | 钛及钛合金 | 1000 | 0.30～0.35 |
| | | 900 | 0.40 |
| | | 800 | 0.50 |

表2-4 塞茹尔内公式中的$K_{zh}$值

| 金属材料 | | 挤压温度/℃ | $K_{zh}$/MPa | 金属材料 | | 挤压温度/℃ | $K_{zh}$/MPa |
|---|---|---|---|---|---|---|---|
| 铜 | 紫铜 | 900 | 141 | 稀有金属 | 钛 | 850～900 | 120 |
| | 黄铜 | 650 | 170 | | | 1000 | 75 |
| | 青铜 | 850 | 122 | | | | |
| 镍 | | 1100～1200 | 180 | | 钼 | 1350 | 380 |
| 钢 | 碳钢 | 1100～1300 | 130 | | 钨 | 1500 | 480 |

### 2.9.3 穿孔力计算

在双动式挤压机(有独立的穿孔系统的挤压机)上,用实心锭坯挤压管材时,应安排穿孔操作。完成穿孔所需要的穿孔力由穿孔液压缸提供。

#### 2.9.3.1 穿孔过程与穿孔力分布

带穿孔的挤压过程,会产生很大的穿孔料头,此料头外径与模子的外径相同,但它是实心的。在完成填充挤压后,挤压杆后退一段距离,穿孔针前进。一旦穿孔针穿入锭坯,中心部分的金属沿着针表面向后流动,针亦承受摩擦阻力;随着针的深入,穿孔力逐渐增大。当穿孔深度$a$达到某值$a_c$时,穿孔力达到最大值。最大穿孔力用于将针与模孔之间的金属体积剪切推出使之成为穿孔料头,并克服已穿孔部分的金属摩擦阻力。当针继续前进移向模孔时,随着料头逐渐被推出模孔,穿孔力逐渐降低。穿孔结束时,穿孔力下降至最小值。穿孔过程中穿孔应力的变化规律如图2-46所示。

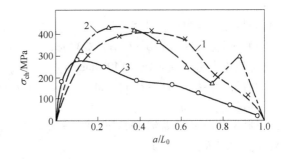

图2-46 不同针径时的穿孔应力变化(紫铜)

$1—d_1=15mm;2—d_1=26mm;3—d_1=55mm$

穿孔力$P_{ch}$按式(2-27)计算:

$$P_{ch} = \sigma_{ch}(\pi \times d_1/4) \tag{2-27}$$

穿孔过程中穿孔力的峰值出现的时间或者在图2-46中最大力所对应的位置$a_c/L_0$,与穿孔针的直径$d_1$有关。一般,小直径穿孔针的穿孔应力相对于大直径穿孔针穿孔时的出现要晚一些,即 $a_c/L_0$ 值较大。当针很细,即 $d_1/D_0$ 趋于零时,穿孔针前进所要克服的阻力,主要是针侧表面上的金属摩擦阻力,因此在针穿出锭坯时的穿孔应力达到最大值,此时,穿孔针与锭坯的接触面积接近于最大值(如图 2-46 曲线 1 所示),因此摩擦阻力也基本达到最大值,$a_c/L_0$ 趋近于 1;而当 $d_1/D_0$ 趋近于 1 时,穿孔过程近似于棒材的挤压过程,最大穿孔力出现在穿孔初期,与棒材挤压时的突破力较为相似,也就是靠近 $a=0$ 处(见图 2-46 曲线 3 所示)。

### 2.9.3.2 穿孔应力计算

穿孔应力可按下式计算:

$$\sigma_{ch} = Z(\sigma_1 + \sigma_2) \tag{2-28}$$

式中　$Z$——金属冷却系数。

热穿孔时,穿孔针相对于刚出加热炉的锭坯金属来说温度较低,因此对锭坯金属起着冷却作用,使实际的穿孔应力比不考虑冷却作用的理论值要高。因而在计算穿孔应力时,要应用金属冷却系数 $Z$ 加以修正,$Z$ 值可以从图 2-45 中得到。

$\sigma_1$ 在 $(L_0-a)$ 长度上要克服的金属剪切应力:

$$\sigma_1 \approx 2(D_1/d_1^2)(L_0-a)\sigma_b$$

$\sigma_2$ 金属作用在挤压针侧表面上的摩擦阻力:

$$\sigma_2 \approx 4(a/d_1)f\sigma_b$$

将 $\sigma_1$、$\sigma_2$ 代入计算公式 $\sigma_{ch}=Z(\sigma_1+\sigma_2)$ 可以得到穿孔应力计算公式:

$$\sigma_{ch} = \frac{4}{d_1^2}[0.5D_1(L_0-a)+fad_1]Z\sigma_b$$

式中　$a$——穿孔力达到最大值的临界穿孔深度,根据图 2-46 的曲线确定。

按上面公式计算出最大穿孔应力值 $\sigma_{ch}$ 后,再代入式(2-25)中计算,即可得到穿孔力。

## 2.10　挤压力计算例题

**例 2-1**　在 15MN 挤压机上将 $\phi150mm \times 200mm$ 锭坯挤压成 $\phi19mm \times 2mm$ 紫铜管。挤压筒 $D_0=155mm$;锥模模角 $\alpha=65°$,$h_g=10mm$;圆柱式针;挤压温度 $T=900℃$;挤压速度 $v_j=80mm/s$。试用皮尔林公式计算挤压力。

**解:**

(1)挤压比:$\lambda = F_0/F_1 = 175$

填充后锭长:$L_0 = L_p D_p^2/D_0^2 = 187.30mm$

金属流出速度:$v_1 = \lambda v_j = 14000mm/s$

死区高度:$h_s = (D_0-D_1)(0.58-\cot\alpha)/2 = 7.73mm$

(2)确定 $S_{zh0}$、$S_{zh}$ 和 $S_g$:

1)根据表 2-1 查得紫铜 900℃时,$K_{zh0}=\sigma_b=18MPa$;

故 $S_{zh0}=0.5K_{zh0}=9MPa$。

2)确定 $S_{zh1}$:

计算金属在变形区中的持续时间　$t_s \approx 0.3s$;

按表 2-2 确定金属硬化系数　$C_y \approx 3.1$;

因此,$S_{zh1}=C_y S_{zh0}=27.9MPa$。

3)计算 $S_{zh}$:

$$S_{zh}=(1+C_y)S_{zh0}/2=1.45MPa。$$

(3)计算 $P$。

将上述数值代入式(2-10),求得:$P=9\text{MN}$。

本题中,实测挤压力值为10MN。

**例 2-2** 在 35MN 水压机上,将 $\phi270\text{mm}\times350\text{mm}$ 锭坯挤压成 $\phi110\text{mm}\times5\text{mm}$ 铝管。挤压筒直径 $D_0=280\text{mm}$;挤压温度 $T_j=400℃$;圆柱式针 $d_1=100\text{mm}$;$\sigma_b=12\text{MPa}$。试用普氏公式计算挤压力。

**解:**

(1)挤压比 $\lambda=F_0/F_1=32.57$,填充后锭长 $L_0=L_pD_p^2/D_0^2=326\text{mm}$。

(2)查图 2-45 得 $Z=1.29$,形状断面系数,对于圆形管材,取 $C=4$。

(3)根据表 2-3,$f=0.30$,已知 $\sigma_b=12\text{MPa}$。

(4)按式(2-22)计算挤压力 $P$:

$$P=15.63\text{MN}$$

**例 2-3** 在 31.5MN 水压机上,将长 550mm 的 TA2 钛合金挤压成 $\phi104\text{mm}\times7\text{mm}$ 的管材。已知,$D_0=260\text{mm}$,$\Delta D=5\text{mm}$,$\Delta d=6\text{mm}$,$\lambda=21.9$;$T_j=830℃$;$f=0.02$;$K_{zh}=150$。试用塞氏公式计算挤压力。

**解:**

(1)圆柱式穿孔针直径:

$$d_0=D_1-2S=90\text{mm}$$

(2)填充后锭长:

$$L_0=L_pD_p^2/D_0^2=516\text{mm}$$

(3)按式(2-24)计算挤压力 $P$:

$$P=27.58\text{MN}$$

**例 2-4** 在 15MN 水压机上用 $\phi150\text{mm}\times200\text{mm}$ 紫铜锭坯挤制 $\phi19\text{mm}\times2\text{mm}$ 的管材。已知 $D_0=155\text{mm}$;$T_j=850℃$;$T_针=300℃$;临界穿孔深度 $a=0.5$;穿孔时间 15s。试求穿孔力 $P_{ch}$。

**解:**

(1)确定金属冷却系数 $Z$ 值,按图 2-45 查得:

$$Z=1.633$$

(2)计算穿孔应力,按式(2-26)计算:

$$\sigma_{ch}=Z(\sigma_1+\sigma_2)=0.665\text{kPa}$$

(3)计算穿孔针断面积 $F$:

$$F=176.6\text{mm}^2$$

(4)计算穿孔力,按式(2-25)计算:

$$P_{ch}=F\sigma_{ch}=0.117\text{MN}$$

**复习思考题**

2-1 正、反挤压过程的挤压力变化曲线有什么不同,为什么?

2-2 什么叫填充系数和挤压比?

2-3 形成死区的原因是什么,死区对金属制品的质量有什么影响?

2-4 什么叫缩尾,它是怎样形成的,减少挤压缩尾的措施有哪些?

2-5 为什么反挤压时金属流动比较均匀?

2 - 6　挤压之前为什么要对挤压筒进行预热?

2 - 7　说明外摩擦对金属流动的影响。

2 - 8　为什么挤压管材比挤压棒材时金属的流动要均匀?

2 - 9　挤压时的金属流动类型有哪几种?

2 - 10　什么叫挤压力,影响挤压力的因素有哪些?

2 - 11　说明挤压时变形抗力对挤压力的影响。

2 - 12　什么叫挤压最佳模角,为什么会出现最佳模角?

2 - 13　说明挤压温度、挤压速度及变形程度对挤压力的影响。

2 - 14　皮尔林挤压力计算公式中由哪几部分组成,各部分怎样计算?

2 - 15　什么叫穿孔力,粗针与细针穿孔时穿孔力峰值位置相同吗?

2 - 16　为什么同样条件下正挤压比反挤压力要大?

# 3 挤压工具

## 3.1 挤压工具的组成

挤压工具一般是指那些与产品挤压变形直接有关,并在挤压过程中易于损坏而需要经常更换的工具,不包括挤压主体设备本身和检修设备所用的工具或用具。挤压工具的设计、选择及使用,既要考虑与特定的设备类型、规格、结构形式相适应,又要根据产品质量、类型、工艺特点而有工具系列本身的相对独立性。在同一台设备上可配备多种不同的挤压工具,并可组成各有特色的挤压工具系统。

### 3.1.1 挤压工具的种类

挤压工具有自身的特点,一般来说易磨损、易失效、多结构、多规格等,因而要求具有通用性、互换性。挤压工具一般是标准化、系列化的,以满足不同挤压条件和工作状态的要求。

根据挤压机的种类、用途不同,挤压工具的结构形式也不一样。在挤压机上,挤压工具通常分成三大类别。

#### 3.1.1.1 大型基本挤压工具

大型基本挤压工具,这些挤压工具的特点是尺寸较大、重量也较大、通用性强,使用寿命也较长。基本工具包括挤压垫、挤压筒、挤压杆、模支撑、模垫、支撑环、副支撑环、压力环、针座等,其中挤压筒是尺寸规格最大、重量最大、受力最严重、工作条件最恶劣、结构设计最复杂、加工最困难、价格最昂贵的大型基本工具。

每台挤压机上根据产品的工艺要求,一般配备3~5套不同规格的基本工具。

#### 3.1.1.2 模具

模具包括挤压模(模子)、穿孔针或芯棒、冲头等,一般直接参与金属的塑性成形。这类工具的特点是品种规格多,结构形式多,需要经常更换,并且工作条件极为恶劣,消耗量也较大。因此,应千方百计提高模具寿命,减少消耗,降低成本。

#### 3.1.1.3 辅助工具

为了实现挤压工艺过程,还需要大量的辅助工具。其中较为常用的有导路、牵引爪子、辊道、键销、吊钳、修模工具等,这些挤压的辅助工具对于提高生产效率和产品质量,都有一定的作用。

### 3.1.2 挤压工具在挤压生产中的重要作用

在现代化的挤压生产中,挤压工模具对实现整个挤压过程有着十分重要的意义。模具寿命是评价某一挤压方法经济可行的决定因素,挤压工模具的设计与制造质量是实现挤压生产高产、优质、低消耗的最重要的保证之一。

(1)合理的挤压工模具的结构是实现任何一种挤压工艺过程的基础,因为它是使金属产生挤压变形和传递挤压力的关键部件。比如,在挤压过程中,依靠挤压杆输出挤压力,依靠挤压筒盛容锭坯并使之在强烈的三向压应力作用下产生变形,模具是使金属最后完成塑性变形并获得所需形状的工具等。

(2)挤压模具是保证产品形状、尺寸和精度以及制品内外表面质量的基本工具。只有结构合理、精度和硬度合格的模具,才能实现产品的成形并具有精确的内外廓形状和断面尺寸。同时,合理的工模具设计能保证产品具有最小的翘曲和扭曲,最小的纵向弯曲和横向波浪度。在挤压时,模具本身的表面粗糙度和表面硬度对产品的内外表面粗糙度有着决定性的影响,只有通过精磨抛光和氮化处理或表面硬化处理的模具才能挤压出光洁表面的制品。

(3)合理的挤压工模具结构、形状和尺寸,对金属的流动均匀性、挤压速度和挤压力等都有很大的影响,并能在一定程度上控制产品的内部组织和力学性能。

(4)合理的工模具设计以及新型的工模具结构,对提高挤压工模具的装卸与更换速度,减少辅助时间,改善劳动条件和保证生产安全,以及对于发展新品种、新工艺,不断提高挤压技术水平等方面有着十分重要的意义。

(5)合理的工模具设计与制造能大大提高工模具的使用寿命,这对于降低生产成本有着十分重要的意义。比如,在生产中等批量的轻金属挤压产品时,工模具的成本往往占到挤压总成本的35%~50%,如果工模具的使用寿命提高一倍,则降低生产成本20%左右,经济效益十分显著。

### 3.1.3 挤压工具的工作特点

在挤压过程中,挤压工模具的工作条件是十分繁重、恶劣的,因此对它们的要求也越来越高。具体表现在以下几个方面:

(1)承受长时间的高温作用。在挤压前的锭坯加热温度,铝合金为400~450℃,而钛合金则高达850~1250℃,加上在挤压过程中由于摩擦生热与变形功热效应产生的温升,更提高了金属的变形温度。直接与热的金属锭坯接触并参与变形的挤压工模具表面温度有时高达1000℃以上,时间为几分钟到几十分钟。在长时间的高温作用下,降低了挤压工模具材料的强度,以至于产生塑性变形,加速其破损。

(2)承受长时间高压作用。为了实现挤压变形,金属和工模具都需要承受很高的压力,加上高温和长时间的作用,有时会超过工模具材料的许用应力而破坏。

(3)承受急冷急热作用。在挤压时,穿孔针、模子和挤压垫等工具,工作时间和非工作时间的温差,有时达到500℃以上,加之工模具材料的传热能力较低,很可能在工模具中产生大的热应力,工模具极易产生微裂或疲劳裂纹。

(4)承受反复循环应力的作用。挤压过程本身就是一个周期性的操作过程,在工作中工模具承受大的压力,而在非工作时间则突然卸载,而且在挤压时,有时受压,有时受拉。在这种反复循环、拉压交变的应力作用下,工模具极易产生疲劳破坏。

(5)承受偏心载荷和冲击载荷的作用。在穿孔和挤压时,特别是在挤压复杂断面型材、空心断面型材时,更易产生。

(6)承受高温高压下的高摩擦作用。由此极易产生变形金属与工模具之间的黏结作用,而引起工模具失效。

通过以上分析,在穿孔或挤压时,工模具的工作条件是十分恶劣的。因此,在设计、制造和使用工模具时,应尽可能考虑各种不利因素的影响,包括选择合理的结构,进行可靠的强度校核,规定合理的加工工艺和热处理工艺,选择合适的材料以及在生产中正确的使用挤压工模具等。

### 3.1.4 挤压工具的装配

如图3-1所示为卧式挤压机的工具组装图。

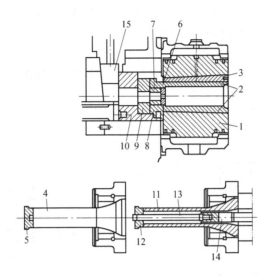

图 3 - 1　卧式挤压机的工具组装

1—挤压筒外套;2—挤压筒内套;3—挤压筒中套;4—棒材挤压轴;5—实心垫片;6—模子;

7—模垫;8—模支撑;9—支撑环;10—活动头(模座);11—管材挤压轴;

12—管材垫片;13—穿孔针;14—针支撑;15—锁键

## 3.2　模子

### 3.2.1　模子的类型及组装方式

挤压模(模子)是挤压生产中决定挤压制品的尺寸、形状和质量的最重要的挤压工具,它的结构形式、各部分的尺寸、所用的材质以及热处理方法等,对挤压力、金属流动的均匀性、挤压制品尺寸的稳定性、表面质量、制品的力学性能以及自身的使用寿命等都有极大的影响。

#### 3.2.1.1　挤压模子的分类

根据模孔的断面形状,模子可以分为七种,如图 3 - 2 所示。其中在有色金属挤压中最基本和使用最广泛的是平模和锥模。

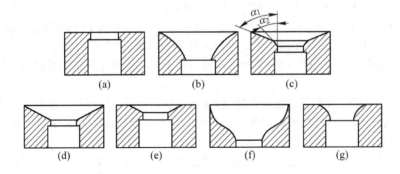

图 3 - 2　不同剖面形状模孔图

(a)平模;(b)流线模;(c)双锥模;(d)锥模;(e)平锥模;(f)碗形模;(g)平流线模

　　另外还可以根据被挤压产品的品种分为棒材模、普通实心型材模、壁板模、变断面型材模和管材模等;按模孔数目分为单孔模和多孔模等。

**3.2.1.2　挤压模具的组装**

　　模具组件一般包括模子、模垫以及固定它们的模支撑或模架,在挤压空心制品时,模具组件还包括针尖、针后端、芯头等。

　　图3-3、图3-4为常见的模具组装方式。

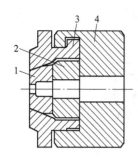

图3-3　压型嘴与模支撑用锁键
连接的模具组装方式
1—模子;2—模垫;3—模支撑;4—压型嘴

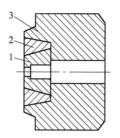

图3-4　利用中间锥形压环将模具
安装在压型嘴内的装配方式
1—模子;2—锥形压环;3—压型嘴

## 3.2.2　模子的结构和尺寸

**3.2.2.1　模角 $\alpha$**

　　模角 $\alpha$ 是指模子的轴线与其工作端面间所构成的夹角。模角 $\alpha$ 在0°~90°之间,它是挤压模子最基本的参数之一。图3-5为模子的结构尺寸。

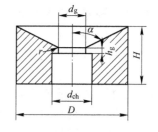

图3-5　模子的结构尺寸图

　　平模的模角 $\alpha$ 等于90°,多用于挤压塑性良好的有色金属及合金。在采用平模挤压时,能形成较大的死区,由于死区能够阻碍有缺陷、杂质等的锭坯表面进入制品中,因此可以获得优良的制品表面。

　　锥模的模角 $\alpha$ 对挤压力有很大的影响,并且存在着一个挤压力最小的区域,一般为45°~60°。但是从保证产品的质量考虑,在模角 $\alpha$ 为45°~60°时,死区很小,以至于无法阻碍锭坯具有缺陷和偏析的表面流出而使制品的表面恶化,并且在挤压时难于形成有效的润滑,故锥模的模角 $\alpha$ 一般为55°~70°,在挤压有色金属中,常采用60°~65°之间。锥模多用于大规格挤制管材和难挤压金属,宜采用锯来分离挤压残料。

　　双锥模和平锥模兼有平模和锥模的特点:在挤压时能形成死区以保证制品的表面质量;在挤压过程中,金属的流动性好,机械性能较均一。平锥模和双锥模比较适合于挤压镍及镍合金、铜合金、铝合金等。

　　此外,在挤压时还采用流线模、平流线模和碗形模等,如图3-2所示。这些模子的模角是连续变化的。

**3.2.2.2　工作带长度 $h_g$**

　　工作带又称定径带,它的主要作用是稳定制品尺寸,保证制品的表面质量。在设计、制造和选择使用时,一定要得到合适的工作带长度。如果工作带的长度过短,在挤压时,模子就容易被磨损,同时会压伤制品表面,导致出现压痕和椭圆等缺陷;如果工作带过长,在挤压过程中,除使挤压力升高外,还极易在工作带上黏结金属,使制品表面上出现划伤、毛刺、麻面等缺陷。

根据生产经验,对于挤压模工作带的长度,挤压紫铜、黄铜和青铜时取 8~12mm(立式挤压机取 3~5mm);挤压白铜和镍合金时,为 20~25mm;挤压铝合金时一般取 2.5~3.0mm,最长取 8~10mm;对于钛合金,取 20~30mm。

### 3.2.2.3 工作带直径 $d_g$

在挤压时,模子工作带的直径与实际所挤出的制品直径(外径)是不相等的,稍有差异。主要原因有两个:一是在挤压时金属和挤压模子的热胀冷缩;另外是由于被挤压金属和挤压模子的弹性变形。通常采用裕量系数 $C_1$ 来考虑各种因素对制品尺寸的影响,如表 3-1 所示。

表 3-1　裕量系数

| 合　　金 | 裕　量　系　数 |
| --- | --- |
| 含铜量不超过 65% 的黄铜 | 0.014~0.016 |
| 紫铜、青铜及含铜量大于 65% 的黄铜 | 0.017~0.020 |
| 纯铝、防锈铝及镁合金 | 0.015~0.020 |
| 硬铝及锻铝 | 0.007~0.010 |

在选择、设计工作带直径 $d_g$ 时,首先要保证制品在冷状态下不超过所规定的偏差范围(为了节约金属最好采用负公差挤压),同时又能最大限度地延长模子的使用寿命。挤压棒材的模孔直径用下式计算:

$$d_g = d_m + C_1 d_m \tag{3-1}$$

式中　$d_m$——棒材的名义直径,对于方棒材为其边长,对于六角棒为其内切圆直径。

### 3.2.2.4 出口直径 $d_{ch}$

模子的出口直径 $d_{ch}$ 不能过小,否则在挤压时易使制品与模子的出口壁接触,划伤制品的表面。出口直径一般应比工作带直径大 3~5mm,在挤压薄壁管和变外径的管子时,此值应增加到 10~20mm。

### 3.2.2.5 入口圆角半径 $r$

入口圆角半径 $r$ 的作用是:防止低塑性合金在挤压时产生表面裂纹;减轻金属在进入工作带时所产生的非接触变形;减轻在高温挤压时模子的入口棱角被压颓而改变模孔的形状和尺寸。

入口圆角半径 $r$ 值的选取与金属的强度、挤压温度和制品的尺寸有关系。比如:紫铜和黄铜 $r=2~5mm$;白铜 $r=4~8mm$;对于铝合金不应有入口圆角,而要求保持锐利的角度,因此一般取 $r=0.2~0.5mm$。

### 3.2.2.6 模子的外形尺寸 $D$ 和 $H$

模子的外圆直径 $D$ 和厚度 $H$ 已经标准化和系列化,即在一定的范围内,模子的外形尺寸是相同的。一般来说,在挤压时,其外接圆最大直径等于挤压筒内径的 0.8~0.85 倍;模子的高度 $H=20~80mm$,并形成一定的系列。

在选择模子的外形尺寸时,应根据挤压机的结构形式和能力、挤压筒的直径、型材在模子工作平面上的布置、模孔外接圆的直径、型材断面上是否有影响模具和工具的强度的因素等考虑。

模子的外形结构,在卧式挤压机上常用带正锥和带倒锥的两种外形结构。在立式挤压机上也有两种结构:外形为圆柱形的和带凸肩的,前者主要用在挤压铝合金制品上,后者主要用在挤压铜合金制品上。

### 3.2.3　多孔模

多孔模是指在一个模子上面布置多个模孔的模子,主要用在中小型棒材、简单断面的型材挤压上。采用多孔模的主要目的是:提高挤压机的生产率或者限制在单孔挤压时过大的挤压比造成的挤压力过大等;在挤压复杂断面的型材时,为了使金属的流动均匀,有时也常采用多孔模。

在多孔模的设计、选择与使用时,主要考虑的问题,一是模孔数目的选择,另外是模孔在模子上的合理布置。

#### 3.2.3.1　模孔数目

多孔模的孔数最多可达10~12个,但是常采用的是4~6个。因模孔数目越多,金属出模孔后相互扭绞和擦伤也越多,导致操作困难和废品增多,另外,模孔数目越多,模子的强度也越差。

#### 3.2.3.2　模孔的布置

模孔的合理布置,主要是考虑:金属流出模孔的速度尽量相等,否则在挤压时,会使各模孔流出的金属制品的长度有差别,难以形成相同的定尺长度,增加金属废料量;挤压制品的质量要满足要求;合理的挤压比;金属流动尽可能的均匀。

为了使每个模孔的金属流出速度相等,应将模孔布置在一个同心圆上,同时各个孔之间的距离应相等,目的是使供应各个孔的金属的体积相等。倘若各模孔中的供应体积不相等,则金属供应体积多的模孔金属流出的速度快,挤出的制品就长;反之,金属供应体积少的模孔挤出的制品就短,如图3-6所示。

为了提高挤压制品的质量,减少制品挤压缺陷的出现,在设计模子时,不宜将模孔过分靠近模子的中心或边缘。过分靠近边缘,会降低模子的强度,导致死区内的金属发生流动进入到制品中,使制品表面出现起皮、分层等缺陷,在挤压硬铝时会造成外侧出现裂纹;若过分靠近中心,则会出现内侧裂纹,如图3-7所示。

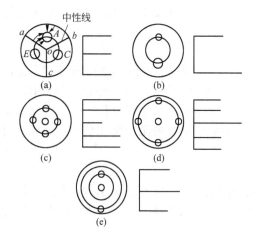

图3-6　模孔排列位置和大小对金属流动速度的影响
(a)正确排列;(b)上下模孔位置不对;
(c)边部模孔过分靠近中心;(d)边部模孔过分靠近边部;
(e)边部两模孔不对称且过分靠近边部

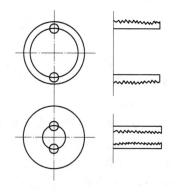

图3-7　模孔位置对铝合金制品的影响

### 3.2.4 型材模

型材挤压时,由于型材本身失去了对称性,各处的壁厚又不同,因此金属的流动不均匀,易导致型材发生扭曲、断裂和尺寸缩小等现象。要改变或减轻金属流动的不均匀性,在布置模孔时必须采取以下一种或几种措施。

#### 3.2.4.1 合理布置模孔

在型材挤压时,当型材断面有两个对称轴时,通常布置一个模孔,并且将型材断面的中心与模孔中心相重合。当型材的对称面只有一个或没有,且壁厚不均匀时,若采用单孔布置,必须将型材的重心对挤压模中心作一定的偏移,使难流动的部分更靠近挤压模中心。如图 3 – 8 所示,虚线的位置是不正确的,应该按实线位置去布置模孔,把难流动的壁薄部分向中心偏移一些。

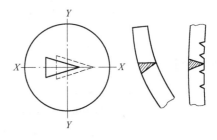

图 3 – 8 型材模孔在模子上的位置

对于型材断面只有一个对称轴时,特别是型材断面各部分厚度相差很大时,可以采用多孔模对称排列,且要使难流动的薄壁部分靠近模子中心,易流动的厚壁部分靠近模子的边缘,如图 3 – 9 所示。

#### 3.2.4.2 采用不等长的工作带

工作带对金属的流动起到阻碍作用:如果工作带长,则使该处的摩擦阻力加大,迫使金属向阻力小的部分流动,这样就可以使金属的流动变得均匀。在设计时,阻力较大的壁薄部分,则工作带的长度要短。

#### 3.2.4.3 采用平衡模孔

在挤压异型管时,挤压模上只能布置一个模孔,为了增加金属流动的均匀性,保证制品尺寸和形状,可以加上一个或者两个挤压成棒材的平衡模孔。平衡模孔最好是圆形的,以便能利用从模孔中挤出的金属制品。

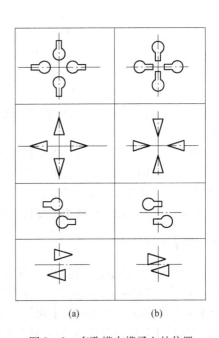

(a)　　　　　　(b)

图 3 – 9 多孔模在模子上的位置
(a)错误;(b)正确

#### 3.2.4.4 型材模设计

型材模设计主要包括确定模孔的几何尺寸、确定模孔相对于挤压筒轴线的坐标位置以及确定模孔各部分工作带的长度等。

(1)型材的外形尺寸(指型材的宽和高)$A_k$:

$$A_k = A_m(1 + C_1) + \Delta_1 \qquad (3-2)$$

式中　$A_m$——型材的名义直径;

　　　$C_1$——裕量系数,见表 3 – 1;

　　　$\Delta_1$——型材外径的正偏差。

(2)型材的壁厚尺寸 $S_k$:

$$S_k = S_m + \Delta_2 + C_2 \qquad (3-3)$$

式中　$S_m$——型材壁厚的名义尺寸；

　　　$\Delta_2$——型材壁厚的正偏差；

　　　$C_2$——裕量系数，对铝合金为 0.05~0.15，薄壁的取下限，厚壁的取上限，对于外形尺寸
　　　　　　较大的槽形、工字形等型材还应增加。

(3)型材的圆角、圆弧与角度。对于没有偏差要求的圆角和圆弧，模孔可以按名义尺寸设计；对于有偏差要求的圆角和圆弧，以及有圆角和圆弧组成的型材，其模孔尺寸仍按上面给出的计算公式计算。

### 3.2.5　组合模

#### 3.2.5.1　组合模的特点

组合模又叫舌模或带针模，它是指将模子与确定型材、管材内孔的舌芯组合成为一个整体的模子，针在模孔中有如舌头一样，舌模即由此得名。在挤压时，锭坯在强大的压力作用下，被模子的模桥(刀)分成几股金属流入模孔，借助于模壁和舌芯所给予的压力，迫使金属重新焊合而形成空心的制品。制品上的焊缝数与金属流股数相同。

采用组合模挤压，可以在无独立穿孔系统的挤压机上，用实心的锭坯挤压成空心的型材管材。使用组合模时一定要注意保持锭坯和挤压筒、模子的清洁，减少氧化，在挤压时不得使用润滑剂，否则会使焊合的质量下降，甚至成为废品。

#### 3.2.5.2　组合模的分类

组合模的结构形式主要有桥式组合模、孔道式组合模和叉架式组合模三种，其中前者应用较多。

桥式组合模又分为突桥式、半突桥式和隐桥式三种。桥式组合模主要有模桥(刀)、焊合室、舌芯(针)和工作带等几部分组成。模桥的形状最好是滴形，它的主要作用是将整体的锭坯分割；焊合室是金属流会合焊接的地方；舌芯可以与桥作成一整体，它的作用是决定管材或空心型材的内径；工作带应比一般的模子要长一些，以便于更好地挤压焊合，提高焊缝的质量。

## 3.3　穿孔针(芯棒)

穿孔针或芯棒是用来对锭坯进行穿孔并确定空心制品的内部尺寸和形状的变形工具，它对管材内表面质量起着决定性的作用。在挤压管材和空心型材时，根据挤压机的结构、被挤压金属或合金的性质，以及挤压温度的不同等条件，可以采用空心锭坯或实心锭坯。当采用空心锭坯挤压时，采用的工具称为芯棒，它的主要作用是决定内孔的尺寸；而在采用实心锭坯时，所采用的工具是穿孔针，它的作用是穿孔并决定内孔尺寸。

### 3.3.1　穿孔针的种类

穿孔针是挤压机穿孔系统中最主要的部分，它的结构是多种多样的，但是最常用的是圆柱式针和瓶式针两种，如图 3-10 所示。

### 3.3.2　圆柱式针

圆柱式针的长度上带有很小的锥度，这样就可以减少在穿孔和挤压过程中金属流动时作用在针上的摩擦力。

圆柱式针的锥度不能太大：立式挤压机上针的锥度为 0.2~0.5mm；而在卧式挤压机上采用固定针操作时，针在长度上的直径差值为 0.5~1.5mm。

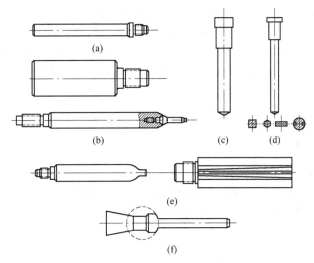

图 3 - 10　各种结构的穿孔针
(a)圆柱式针;(b)瓶式针;(c)立式挤压机用的固定针;(d)异型针;
(e)变断面型材针;(f)立式挤压机用的活动针

### 3.3.3　瓶式针

瓶式针主要用在具有独立穿孔系统的挤压机上,挤压内孔直径小于 20 ~ 30mm 的厚壁管,在供给立式挤压机上用的坯料时,也宜采用此种针。

采用瓶式针可以减轻在穿孔时针的弯曲和过热,从而减轻所穿的孔不正导致偏心;在用空心锭挤压铝合金管材时,圆柱式针的表面常被挤压垫划伤,影响管子的内表面质量,因而也宜采用瓶式针为好;采用瓶式针还有利于减少穿孔料头。

瓶式针的结构分为两部分:针头和针干。针头部分的直径较小,在工作时与模孔配合,决定着管子的内径尺寸;针干部分的直径较大,以便增加其强度。针头以装配式的为好,可便于更换。

## 3.4　挤压垫

### 3.4.1　挤压垫的结构

挤压垫也是比较重要的变形工具,主要用来避免挤压杆直接与高温的金属坯料接触,以防止挤压杆端面磨损过快与变形的一种专用工具,如图 3 - 11 所示。

挤压垫有固定式和不固定式两种。固定式挤压垫较为先进,它的主要优点是:不用挤压垫循环机构;有利于挤压残料与挤压垫的分离;挤压杆易于退出挤压筒等。

### 3.4.2　挤压垫的尺寸

挤压垫片的外径应比挤压筒内径小 $\Delta D$ 值。$\Delta D$ 太大,会引起金属倒流,有可能形成局部脱皮挤压,有时甚至把垫片和挤压杆包住,从而影响制品的质量,特别是挤压管材时,很容易造成管子的偏心。

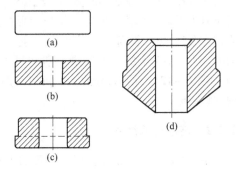

图 3 - 11　不同结构形式的挤压垫片
(a)棒型材挤压垫;(b)管材挤压垫片;(c)铝合金挤压用的垫片;(d)立式挤压机上的垫片

ΔD 太小,会造成送进垫片困难,对挤压筒的磨损加剧,当操作稍有失误时,就有可能啃坏挤压筒内壁,或卡在挤压筒中间,造成严重事故。ΔD 的选取,在卧式挤压机上,一般取 0.5 ~ 1.5mm;立式挤压机上,一般取 0.2mm;脱皮挤压取 2.0 ~ 3.0mm,铸锭表面质量不佳的可以选择更大一些。

管材挤压垫的内孔,不能太大,否则对针的位置起不到校正作用,还有可能使被挤压的金属倒流包住穿孔针。

挤压垫的厚度可等于其直径的 0.2 ~ 0.7 倍。

### 3.4.3　挤压垫的使用

在采用不固定式挤压垫挤压时,一般用规格相同的一组挤压垫轮流使用,以防其过热。但是采用这种不固定式挤压垫需要一套挤压垫循环机构和挤压残料分离的机构。

采用固定式挤压垫操作时,要求挤压机的对中性能要好,剪刀动作要快且精确,同时还要采用润滑。

## 3.5　挤压杆

挤压杆又叫挤压轴,是与挤压筒配套使用的最重要的挤压工具之一,它的作用是传递主柱塞产生的压力,通过挤压垫传递给金属,使金属在挤压筒内产生塑性变形,因此它在挤压时承受着很大的压力。在挤压管材时,如果挤压杆的设计、选择、使用不当,易产生弯曲变形,从而成为管子偏心的主要原因之一。此外,挤压杆在工作时还有可能产生端部压溃、龟裂和斜渣碎裂等。

### 3.5.1　挤压杆的结构

挤压杆的结构形式与挤压机的主体设备的结构、挤压筒的形状和规格、挤压方法、挤压产品种类以及挤压过程的力学状态等诸多因素有关,在挤压时,一般常用的挤压杆有实心的和空心的两种。

实心的挤压杆主要用在正向挤压棒、型材和用特殊反挤压法生产大口径管材,也可以用于在无独立穿孔系统的挤压机上用空心锭挤压管材;空心杆主要用在正向挤压管材和反向挤压管、棒、型材,如图 3 – 12(a)、(b)所示。

挤压杆一般皆制成等断面的圆柱体,在用扁挤压筒挤压时采用扁圆柱体。但是在挤压变形抗力很高的钨或钼合金时,为了提高杆的强度,可以把它制作成变断面的。为了节省高级合金钢,挤压杆也可以作成装配式的,如图 3 – 12(c)所示,杆的基座可以采用价格较低廉的钢材制成。

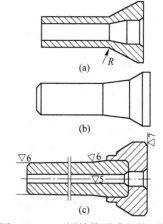

图 3 – 12　不同结构形式的挤压杆
(a)管材挤压轴;(b)棒材挤压轴;
(c)装配式挤压轴

### 3.5.2　挤压杆的尺寸

挤压杆的外径取决于挤压筒内径的大小,对于卧式挤压机,其外径应比挤压筒内径小 4 ~ 10mm;对于立式挤压机为 2 ~ 3mm。

空心挤压杆的内径的大小,主要是根据其环行断面上所承受的最大压应力不超过所使用材料的需用应力来确定。

挤压杆的端部尺寸应略小些,主要是因为在挤压时,由于热传导使端部的温度升高,强度下降,在大的应力作用下易产生塑性变形,使端部直径变大,造成挤压杆的返回困难。由于相同的原因,空心杆的端部内孔应稍大些。

## 3.6 挤压筒

### 3.6.1 挤压筒的结构

挤压筒是所有挤压工具中最贵重的部件,在挤压时,依靠挤压筒盛容高温的锭坯。从锭坯的镦粗开始直至挤压终了,挤压筒需要承受高温、高压、高摩擦的作用,工作条件十分恶劣,受力状态严峻而复杂。因此在设计、制造、选择和使用时要特别注意,防止挤压筒被破坏。

挤压筒是由三层或三层以上的衬套以过盈热配合组装在一起的,即先按设计好的过盈分别加工和处理好各层衬套,将第二层加热到一定温度使之膨胀,然后将第一层衬套装入第二层衬套中,冷却后,第二层衬套就对第一层衬套产生了足够的预紧压应力,使之成为一个整体。同样再把第三层装入到由一、二层形成的"整体"上,这样就形成了多层组合式挤压筒。

采用多层式挤压筒,可以使筒壁中的应力分布均匀些,降低应力的峰值;在挤压筒被磨损后,仅更换内衬套而不必换掉整个挤压筒,从而节省大量的合金钢材。

挤压筒中的衬套可以是圆形的,如图 3－13 (a)所示,也可以是带锥度的,如图 3－13(b)、(c)所示,其中后者拆装方便。为了便于圆柱形衬套的装配和防止工作中由外套中脱出,也可以制成带台肩的,如图 3－13(d)所示。

挤压筒内衬套与模具的配合,要保证模子

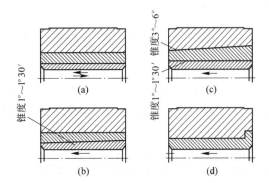

图 3－13 挤压筒衬套的配合方式
（箭头表示挤压方向）
（a）圆形衬套；（b）、（c）带锥度的衬套；
（d）带台肩的衬套

在模座靠近挤压筒内衬后,能准确地位于挤压中心线上,并能防止金属从配合面处流出。

### 3.6.2 挤压筒的预热

为了使挤压筒内的金属流动均匀和挤压筒免受过于剧烈的热冲击,挤压筒在工作前要进行预加热,在工作时要保温,预热与保温的温度应基本接近被挤压金属的温度,比如挤压铝、镁合金时,预加热温度为 400～480℃;挤压钛合金时为 500～600℃。

预加热的方法有:开始挤压前,把加热好的锭坯放入挤压筒内,用煤气,或用特制的加热器从筒内加热;在挤压筒加热炉内加热;用电阻元件从挤压筒外部加热;用预先设置在挤压筒中间的加热孔进行电阻加热或电感应加热。四种方法中,电感应加热和电阻加热应用最广泛。

目前一般采用的工频电感应加热,是将加热元件(铜棒)包覆绝缘层后插入沿挤压筒圆周分布的轴向孔中,然后将它们串接起来通电,靠磁场感应产生的涡流加热。如图 3－14 所示,为挤压筒中感应加热元件的布置。

在现代化挤压工具结构中,为了缩短更换挤压筒的停工时间,便于维修和合理控制挤压温度,一般采用电阻器加热法对挤压筒进行保温加热。电阻外加热器一般安放在挤压筒外面或放置在挤压筒外壳机架中。

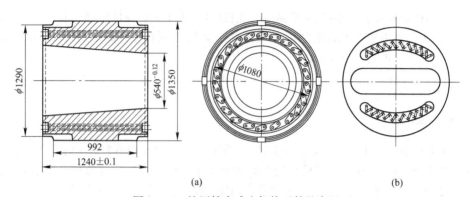

图 3 – 14  挤压筒中感应加热元件的布置
(a)圆挤压筒外套中的加热元件;(b)扁挤压筒中的加热元件

### 3.6.3  挤压筒尺寸

挤压筒的尺寸主要包括挤压筒内径、挤压筒长度和各层衬套的厚度。

#### 3.6.3.1  挤压筒内径

挤压筒内径是根据挤压金属或合金的强度、挤压比和挤压机能力确定的。挤压筒的最大内径应保证作用在挤压垫上的单位压力不低于被挤压金属的变形抗力,一般作用在挤压垫上的压应力在 196 ~ 1175.8MPa。挤压筒的最小外径应保证挤压杆的强度,一般所受的压应力不得超过 783.5 ~ 1175.8MPa。在考虑上述情况下,再根据产品品种、规格确定挤压筒的内径。

扁挤压筒内孔的长短轴之比以 3 ~ 4 为宜,内孔的长轴应保证能获得最大宽度的壁板型材,内孔的宽度与挤压筒外径最合适的比值为 0.40 ~ 0.45。

#### 3.6.3.2  挤压筒长度

挤压筒长度的大小,与挤压筒的内径大小、被挤压合金的性能、挤压力的大小、挤压机的结构、挤压杆的强度等因素有关系。挤压筒越长,可以采用较长的锭坯,因而提高生产率和成品率,但同时增大了挤压力,削弱了挤压杆的强度和稳定性。

在一般情况下,挤压筒的长度可以用以下公式计算:

$$L_t = (L_{max} + L) + t + s \qquad (3 - 4)$$

式中　$L_{max}$——锭坯最大长度,对于重金属棒型材为 2 ~ 3.5$D_0$,对于重金属管材为 1.5 ~ 2.5$D_0$,
对于铝合金可取 4 ~ 6$D_0$,其中对于管材不大于 3.5$D_0$;

　　　　$L$——锭坯穿孔时金属增加的长度;

　　　　$t$——模子进入挤压筒的深度;

　　　　$s$——挤压垫的厚度。

#### 3.6.3.3  挤压筒衬套厚度

挤压筒各层衬套的厚度尺寸,一般根据经验数据确定,然后再进行强度校核。挤压筒的外径应大致等于其内径的 4 ~ 5 倍,每层衬套的壁厚则可根据各层外、内径的比值相等,即 $D_1/D_0 = D_2/D_1 = D_3/D_2$ 的原则来确定。挤压机的能力在 25MN 以下时,内衬套的最小壁厚为 50 ~ 60mm。

## 3.7  挤压工模具用材料及提高工具使用寿命的途径

### 3.7.1  挤压工模具用材料

#### 3.7.1.1  挤压工模具材料的要求

挤压生产中,工模具的工作条件是十分恶劣的,因此工具的消耗量也是较大的,挤压工模具的费用成本,包括工模具材料、工模具加工和工模具使用寿命所决定的成本较大,一般可以占到生产成本的10%左右。因此,选择合适的挤压工模具的材料,制订适当的加工工艺,正确、合理地使用工模具,是延长工模具使用寿命的前提,具有很大的经济意义。其中,合理地选择工模具的材质是延长工模具使用寿命的先决条件。

根据挤压工模具的工作条件,制造工模具的材料应能满足以下要求:

(1)足够的高温强度和硬度。挤压工模具一般是在高温、高比压条件下工作的,因此在挤压时要求材料具有足够的高温强度和硬度。

(2)高的耐热性。即在高温下具有保持本身的形状,避免破断的能力,而不过早(一般为550℃)产生退火和回火现象。另外还要求工模具在高温下有高抗氧化稳定性,不易产生氧化皮,并使材料具有抗急冷、急热的适应能力,以抵抗高热应力和防止工具在连续、反复、长时间使用中产生热疲劳裂纹。

(3)足够的韧性。在常温和高温下具有高的冲击韧性和断裂韧性值,以防止工模具在低应力条件下或在冲击载荷作用下产生脆断。

(4)低的热膨胀系数。避免在高温下产生过大的工模具热膨胀变形,以便顺利安装和拆卸工模具,并能保持挤压制品的尺寸精度。

(5)良好的导热性。这样能迅速地从工具的工作表面散发热量,防止工模具本身产生局部的过烧或损失应有的机械强度。

(6)高的耐磨性。工模具长时间在高温高压和润滑条件不良的情况下工作,因此要使其表面有良好的抵抗磨料磨损的能力,特别是在挤压轻金属合金时,有抵抗因金属的"黏结"作用而磨损工模具表面的能力。

(7)良好的加工工艺性能。材料要易于熔炼、锻造、加工和热处理。

(8)价格低廉。所用的工模具材料在国内应易获取,并尽可能符合最佳经济原则,即价廉物美。

显然,任何一种材料都很难满足挤压工模具对上面的所有要求,因此在选择使用时,应视具体的工作条件和实际情况选择合适的材料。

### 3.7.1.2 挤压工模具材料

目前,制造挤压工模具的材料主要有热挤压模具钢、高温合金、难熔金属合金、矿物陶瓷材料、金属加氧化物复合材料和粉末烧结材料等六种,其中以热挤压模具钢应用最为广泛。

热挤压模具钢的典型材料,主要包括含钒、钼、钴的铬钼钢和含矾、钨、钴的铬钨钢,它们的含碳量一般在0.03%~0.45%范围内。在我国的挤压工业中,最具有代表性的铬钨钢是3Cr2W8V,它是在铝、铜、钛和钢的挤压生产中应用最广泛的一种热模具钢。它的主要特点是具有较高的高温强度,在650℃时$\sigma_{0.2}$还可以达到1079MPa。但是这种钢的塑性和韧性差,脆性大;同时,由于含钨量高,故导热性能差,线膨胀系数高,在工作中易产生很大的热应力导致工具龟裂和破碎;另外,3Cr2W8V的加工工艺性能也不好,难以用来制造大型的挤压工模具。

铬钼钢作为制造挤压工模具的材料在美国、欧盟和日本早已广泛使用,我国近几年在轻金属(比如铝合金)挤压中逐渐用来代替3Cr2W8V制造模具。目前最常用的铬钼钢是4Cr5MoV1Si。铬钼钢的主要优点是导热系数大,工具的温度不易升高,可以长时间在550℃下工作而不软化;此种钢的塑性、韧性也较好,热膨胀系数低,在挤压时可以采用水冷而不易开裂,而且黏结金属的倾向性较小。

但是不论铬钨系钢还是铬钼系钢都不能在600~700℃范围内保持其强度不降低,因此必须在热模具钢中加入新的合金元素或寻求新的材料,以满足挤压工模具在高温下长时间工作的要求。

目前改善热模具钢的高温力学性能的趋向是:在热模具钢中添加含量更高的合金元素,比如铬、钼、钨和钴等;采用钼基、钴基、铁基、镍基以及金属及金属氧化物陶瓷材料等。

但是,高合金化热模具钢虽然改善了高温力学性能,但却恶化了热传导、热膨胀和机械加工性能,因此也不能过多增加合金元素的含量。

用粉末冶金或颗粒冶金等制作,用于高温挤压的金属及金属氧化物陶瓷模具,包括铁基超合金和钴基高温合金模具材料、难熔金属及合金模具材料、氧化锆陶瓷材料、钼基烧结复合材料、粉末烧结材料等,它们一般都具有高的耐磨性能、高的硬度和高温强度,可以在温度高达1800℃下工作。但是,这类材料的共同缺点是:制造困难;脆性大、不能承受稍大一点的拉应力;难以制成断面复杂的模具,而且也不能修模等,因此限制了它们的使用。

目前我国常用的挤压工具材料及其力学性能见表3-2。

**表 3 - 2　常用挤压工具钢及其力学性能**

| 牌　号 | 试验温度<br>/℃ | 力　学　性　能 | | | | | | 热处理制度 |
|---|---|---|---|---|---|---|---|---|
| | | $\sigma_b$<br>/MPa | $\sigma_{0.2}$<br>/MPa | $\delta$<br>/% | $\psi$<br>/% | $\alpha_k$ | HB<br>/kJ·m$^{-2}$ | |
| 5CrNiMo | 20 | 1432 | 1353 | 9.5 | 42 | 373 | 418 | 820℃在油中淬火,<br>500℃回火 |
| | 300 | 1344 | 1040 | 17.1 | 60 | 412 | 363 | |
| | 400 | 1088 | 883 | 15.2 | 65 | 471 | 351 | |
| | 500 | 843 | 765 | 18.8 | 68 | 363 | 285 | |
| | 600 | 461 | 402 | 30.0 | 74 | 1226 | 109 | |
| 5CrMnMo | 100 | 1157 | 951 | 9.3 | 37 | 373 | 351 | 850℃在空气中淬火,<br>600℃回火 |
| | 300 | 1128 | 883 | 11.0 | 47 | 637 | 331 | |
| | 400 | 990 | 843 | 11.1 | 41 | 480 | 311 | |
| | 500 | 765 | 677 | 17.5 | 80 | 314 | 302 | |
| | 600 | 422 | 402 | 26.7 | 84 | 373 | 235 | |
| 3Cr2W8V | 20 | 1863 | 1716 | 7 | 25 | 290 | 481 | 1100℃在油中淬火,<br>550℃回火 |
| | 300 | | | | | | 429 | |
| | 400 | 1491 | 1373 | 5.6 | | 607 | 429 | |
| | 450 | 1471 | 1363 | | | 506 | 402 | |
| | 500 | 1402 | 1304 | 8.3 | 15 | 556 | 405 | |
| | 550 | 1314 | 1206 | | | 570 | 363 | |
| | 600 | 1255 | | | | 621 | 325 | |
| | 650 | | | | | | 290 | |
| 4Cr5MoV1Si | 20 | 1630 | 1575 | 5.5 | 45.5 | | | 1050℃淬火,<br>625℃在油中回火2h |
| | 400 | 1360 | 1230 | 6 | 49 | | | |
| | 450 | 1300 | 1135 | 7 | 52 | | | |
| | 500 | 1200 | 1025 | 9 | 56 | | | |
| | 550 | 1050 | 855 | 12 | 58 | | | |
| | 600 | 825 | 710 | 10 | 67 | | | |

### 3.7.1.3　合理选择工模具材料

为了提高工模具的使用寿命,降低生产成本,提高产品质量,应根据产品品种、批量大小、工模具的结构、形状和大小、工作条件以及加工工艺性能等,选择经济合理的工模具材料。

A 被挤压金属或合金的性能

不同的金属或合金在挤压时具有不同的性能和工艺条件,因此对挤压工模具材料的要求也不同。比如:在挤压钛合金时,挤压温度范围为 871~1036℃,宜采用 4Cr5MoV1Si 钢;而在挤压铝、镁合金时,采用 3Cr2W8V 制作模子,就能满足要求。

B 产品品种、形状和规格

产品的品种、形状和规格对工模具材料也有不同的要求。比如:挤压轻金属的圆棒和圆管时,可选用中等强度的 5CrNiMo、5CrNiW、5CrMnMo 等材料,而挤压具有复杂形状的空心型材和薄壁管材时,应选用较高级的 3Cr2W8V 等材料来制造工模具。

C 挤压方法、工艺条件与设备结构

热挤压模具材料要求具有高的热强度和热硬度,高的热稳定性和耐磨性,而在冷挤压时,工模具必须在很高的压力(1500~2000MPa)下工作,多选用 3Cr2W8V 或硬质合金来制造挤压工模具。

D 挤压工模具的结构形状和尺寸

挤压棒材和管材的平面模,一般可选用 5CrNiMo 或 3Cr2W8V 制造,而挤压形状复杂的特殊型材模和舌形模等,必须采用 3Cr2W8V 或更高级的材料来制造。

## 3.7.2 挤压工模具的失效与损坏

### 3.7.2.1 大型基本工具的失效与损坏

A 磨损

磨损在挤压过程中是不可避免的,它属于一种正常的失效方式。

为了减少磨损,应选择良好的工具材料,尽量提高工具表面的耐磨性和抗黏结性,减少表面粗糙度,同时要保持良好的使用条件,包括良好的热力学和力学条件、润滑状态等。

B 塑性变形

当工具承受的负荷超过材料的屈服强度时,大型基本工具会产生整体或局部的塑性变形。因塑性变形而使工具失效的原因主要有:工具的结构设计不当,材料选择不合理,热处理后的硬度过低,使用温度过高,过大的附加载荷等。

为了防止和减少这种形式的失效,应选择合适的材料和热处理硬度,创造良好的使用条件等。

C 脆性断裂

工具因受冲击而呈现粗大的裂纹造成的失效或报废称之为脆性断裂。产生脆性断裂的主要原因有:工具材料中存在着缺陷;热处理硬度过高;预热不充分;结构和尺寸设计不合理;工具的对中性差;使用条件不当等。

防止和减少脆性断裂的方法主要是选择合适的材料,采用最佳的热处理方法,改善工具的使用条件,挤压时避免上压过快或产生冲击载荷,改善工具的结构和尺寸等。

D 热裂

在挤压过程中,由于工具反复加热和冷却,受急冷急热的作用,会产生疲劳裂纹;同时还要承受交变的机械应力的作用,由此而产生的裂纹统称为热裂。

常见的热裂是在挤压工具的表面和边缘区域早期出现的网状裂纹,随着挤压过程的进行,逐渐发展成为若干沟槽状开裂的现象。

E 疲劳破坏

疲劳破坏的主要形式有:挤压工具的表面龟裂,横向断裂,挤压筒端部的掉块,挤压垫片的缺角和挤压杆端部缺损等。影响疲劳破坏的主要因素有:材料的冲击韧性和疲劳强度过低;硬度不均或过高;使用的热力学条件不佳以及工具的表面状态不良等。

为了防止或减少疲劳破坏,应选择合适的材料,采用合理的锻造和热处理工艺,改善工具的使用条件和表面状态。

### 3.7.2.2  穿孔系统的失效与损坏

穿孔系统的失效与损坏方式与挤压杆有许多相似之处。在挤压穿孔过程中,穿孔系统要经受比锭坯温度还要高的高温;受热变形金属的强烈磨损;受急冷急热和反复循环应力的作用;受拉、压和纵向弯曲复合应力的作用;在穿孔过程中有时受到较大的偏心载荷的作用等,因此穿孔系统的失效与损坏的方式是多种多样和十分复杂的,其中常见的失效形式有缩颈、拉断、弯曲失稳、磨损、表面划伤、压痕、表面龟裂、断裂、螺纹脱扣和折断等。

### 3.7.2.3  模具的失效与损坏

在挤压过程中,模具是直接完成金属塑性变形的工具,也是在挤压过程中承受高温、高压、高摩擦作用最严重的工具。其主要损坏和失效形式有磨损、塑性变形、疲劳破坏和断裂等。

A  磨损

磨损是挤压模具的主要失效形式。因为磨损,不仅会造成产品的尺寸超差、表面质量恶化,另外还会使挤压模具报废,增加生产成本。

挤压模与高温、高黏结性、高流动速度的金属相接触的模子端面、工作带、焊合腔和分流孔部分的磨损,通常要经过跑合、稳定磨损和急剧磨损三个阶段。在挤压过程中经常出现的磨损方式分为热疲劳磨损和机械磨损(擦伤、划伤),此外,还伴随着腐蚀磨损(氧化磨损)、磨料磨损等。

在挤压过程中,常见的因磨损而造成失效的形式有压坑、麻面、粗糙、擦伤、划伤、黏着、尺寸超差等。

B  塑性变形

由于挤压模与高温、高静水压力、高摩擦的金属相接触,表面温升很高而产生软化现象,在大的载荷,特别是冲击载荷下,会发生大量的塑性变形,由此不能保证产品的尺寸精度而失效。

C  疲劳破坏

一般认为,热疲劳首先是由于裂纹源的出现,而裂纹源是因磨损而造成的沟纹、纤维缺陷等。裂纹源一旦出现,它们将继续在机械应力和热应力作用下不断增长,直至造成疲劳破坏。

为了防止和减少疲劳破坏,应选择合适的材料和采用合适的热处理制度,同时还应该改善模具的使用条件。

D  裂纹

模具的断裂也分为脆性断裂、韧性断裂和疲劳断裂。产生脆性断裂的主要原因是材料本身较脆或内部有缺陷,存在脆性化合物;热处理硬度过高;模具结构易形成应力集中;表面状态不良等。产生韧性断裂的主要原因是材料过软或工作温度过高或承受的负荷过大等。疲劳裂纹常常表现为模具表面龟裂,然后聚集扩展形成断裂,主要是由于反复变化的拉、压应力和反复变化的热应力造成的。

### 3.7.2.4  工模具失效分析与鉴定

A  外部观察和现场调查

观察工模具的加工质量:有无折叠、疤痕、刀痕、刮伤、麻面、毛刺等缺陷。

观察工模具的变形情况:有无镦粗、下陷、压塌、细颈、拉长、弯曲、内孔扩大、鼓肚等现象。

观察工模具的结构、形状和尺寸:是整体结构还是组合结构、各截面的变化情况、圆角半径或圆弧过渡情况、长径比和内外径比、离挤压筒中心线远近、模孔离模子边缘的距离等。

观察断口表面纹理和特征:了解断口形貌、部位和大小,断口是韧性断裂、脆性断裂还是疲劳断裂等。

观察工模具表面有无氧化、腐蚀、磨损和麻点等损伤情况。

在外部观察和测量的基础上,还要进一步进行现场调查,了解工模具的工作条件(挤压工艺、使用情况、设备和组装等)、材质、加工工艺、使用维护等方面的情况。

B 内部检查

内部检查主要包括断口分析和理化检查等。

断口分析是指用光学显微镜或电子显微镜对有代表的部位进行观察,以了解断口的微观特征(低倍和高倍分析),此外,还可以用扫描电镜分析断口的形貌。

对挤压工模具进行理化检验的项目主要有无损探伤、低倍检验、金相分析、光学分析、力学性能检验等。选择哪些项目检验,应根据条件和需要,按照不破坏—少破坏—破坏性试验的顺序来进行选择。

C 综合分析

从上述观察、调查和检验结果出发,综合分析各类失效与影响工模具使用寿命的因素之间的关系,即能判明工模具失效的特征及失效原因。工模具的失效往往是几个因素综合作用的结果,在进行具体分析时,应充分注意各个因素之间的相互影响和有机联系,找出导致工模具失效的主要原因。

### 3.7.3 提高挤压工模具使用寿命的途径

#### 3.7.3.1 挤压工模具的使用寿命

挤压工模具因磨损或其他失效形式,终致不可修复而报废之前所能承受挤压的总次数或通过挤压锭坯的总个数,称之为挤压工模具的使用寿命。

挤压工模具在报废之前,可能出现早期失效,但在绝大多数情况下,通过合理的修正之后还能继续使用。挤压工模具允许修复的次数是有限的,在生产实践中,挤压工具一般可以修复 2~3 次;组合模最多可以修复 3~4 次;平面模和穿孔针可修复 3~5 次。

提高工模具使用寿命,实质上意味着与失效作斗争。按工模具失效发生时间的早晚,大致可以分为早期失效和正常失效。一般来说,工模具的冲击断裂、塑性变形、黏附、过早的磨损、热裂、拉断等均属于早期失效;而在工模具达到正常平均寿命水平之后的磨损和热裂,则属正常失效。

#### 3.7.3.2 影响挤压工模具使用寿命的主要因素

影响挤压工模具的使用寿命的因素很多,概括起来可分为两大类:外因和内因。外因主要是指工模具工作时的外界环境,而内因主要是指工模具本身的结构和使用性能。对于挤压工来说,主要考虑的是前者,包括挤压工艺与使用条件、挤压工模具维护与修理以及科学管理等。

#### 3.7.3.3 提高挤压工模具使用寿命的主要途径

挤压工模具使用寿命的影响因素很多,是一个复杂的多因素综合性问题,为了提高工模具的使用寿命,除了选择优质材料外,还可以采用如下措施。

A 改进工模具结构形状

除合理选材、降低挤压工模具表面粗糙度、模具表面处理外,还可以改变模具的结构形状。比如,采用双锥模可比一般的平模使用寿命提高 50%~120%,比一般的锥模提高 5%~50%。又如,采用瓶式穿孔针比采用圆柱式针的使用寿命长。

B    制定和严格控制合理的挤压工艺参数

锭坯的加热不均、温度过高或过低、表面氧化严重和润滑不良,挤压比过大和流出速度太快,导致摩擦力增大的因素都使模具过早磨损、碎裂和塑性变形。

在挤压时,要做到:尽量减小变形程度;选取合适的挤压温度;提高加热质量;选择合适的挤压速度;确定合适的挤压压余厚度等,可以显著的提高挤压工模具使用寿命。

C    合理预热和冷却挤压工模具

由于挤压工模具都是用高合金钢制成的,因此导热性较差,急冷急热很容易使热应力过大而产生龟裂,甚至开裂。同时为了使挤压时金属流动的均匀,挤压工模具也需要在使用前预热,并要求在工作期间保持一定的温度。

一般,模子和垫片的预热温度为 200~300℃,挤压筒的预热温度为 300~450℃。特别是挤压筒,因为它的体积和质量都很大,应十分注意要预热透,以免因为外套的温度过高,造成热应力过大和外套热膨胀过大而降低挤压筒套之间的热装效果,从而导致挤压筒内套的破裂。

为了防止在挤压过程中工模具温度过分升高产生回火现象,在挤压工模具使用过程中要对挤压工模具进行必要的冷却。

对于垫片、挤压筒和模子进行自然冷却,即用几个交替轮流使用,一般不能重复使用,否则会使挤压工模具过分温度升高。例如在挤压机上用旋转的或横向移动的模座或挤压筒,或者轮换使用两个模子等。

对穿孔针,在每次挤压后必须用空气、油或水进行冷却,冷却时必须均匀,否则会引起穿孔针弯曲变形或龟裂。

D    合理安装、使用和维修挤压工模具

挤压工模具安装要正确,应严格保持挤压杆、穿孔针、挤压筒和模子对正中心,避免出现偏心载荷,以防止挤压工模具折断和影响挤压制品的尺寸精度。

合理的使用挤压工模具可以大大改善工模具的工作条件和工作环境,减轻工作负担,因此要制定和执行合理可行的使用规程,提高生产工人的操作技术水平。

要及时修理挤压工模具。热挤压模子在使用过程中往往会产生微小的镦粗,使工作部分的直径有所增加;在使用过程中还会"粘"上一些氧化皮,也使尺寸变化,因此应及时将挤压模修理到图纸尺寸再使用,否则会使挤压制品的尺寸超出公差。

## 3.8    挤压工模具的使用与维护

### 3.8.1    挤压模具的装配

挤压模具的装配工作,一般来说,比较简单。因为挤压模具的所有零件在制造过程中,其尺寸精度和表面光洁度都得到保证,所以在装配时予以修正的工作量不大。

在挤压模具的装配过程中,挤压车间装配钳工的主要任务是连接所有的挤压模零件、调整各个零件的相对位置和各部的间隙,使挤压模达到设计图纸的要求,并能生产出合格的挤压制品。

挤压模装配质量的好坏,对挤压模的精度和耐用度有着很大的影响。尽管挤压模的所有零件在加工过程中都保证了图纸要求,但是如果在装配过程中调整得不好、零件位置不正确、间隙不均等,都会使挤压模在工作过程中加速磨损,很快失去应有的精度,而使挤出的金属制品达不到质量要求。

挤压模的装配,一般是按如下步骤进行:

（1）首先认真研究挤压模的装配图，这是装配钳工的首要任务。挤压模装配图是进行挤压模装配的主要依据，只有对挤压模总图有了透彻的了解，掌握了要装配的挤压模的结构特点和主要技术要求，才能确定合理的装配基准、装配顺序和装配方法。

（2）组织工作场地，根据挤压模总图和零件清单，清理检查挤压模的所有零件，包括必需的标准件。

（3）准备好在装配过程中所必需的工具、夹具、材料(如软铅等)和辅助设备等。

（4）安装挤压模的固定部分，主要是指与下模板连接的零件。如将导柱压入下模板，将导套压入上模板，并在上模板上装上模柄等。

（5）安装挤压模垫和挤压模子，并将其紧固。检查挤压模子的装配质量，调整其间隙使其能满足要求。

（6）在既定的挤压机上进行试挤压，在挤压之前，仍要全面地进行一次严格检查：各紧固部分的螺钉是否拧紧，模垫和模子之间的间隙是否均匀，位置是否正确等。在试挤压完全合格的情况下，才能进行实际的挤压生产。

### 3.8.2 挤压工模具的合理使用

挤压工模具经常处于非常不利的条件下工作，使用时，如稍有不注意就会造成失效或损坏报废，甚至会造成设备或人身安全事故。此外，良好的使用条件也是提高工模具使用寿命、提高生产效率和产品质量的重要因素之一。因此，除了合理选择材料、正确设计和制造工模具之外，创造最佳的使用条件、制订适用的使用规范、正确操作挤压设备，也是挤压工作者的重要任务。

#### 3.8.2.1 挤压筒的合理使用

挤压筒必须在加热到一定的温度后才能使用，炉子定温一般不超过450℃，加热速度不能过快，一般为8～24h，这主要取决于挤压筒规格和加热方式。

在正常情况下，挤压筒工作内套每1～2个月必须蚀洗或检查一次。在蚀洗时，为了加快蚀洗速度，可以用蒸汽加热蚀洗。蚀洗后必须清理干净，仔细检查和测量尺寸，并合理配置挤压垫片。

挤压筒与挤压杆、挤压模座之间无论是在冷状态还是在热状态下，均应严格对正中心，以防止擦伤内套或引起堵模。

挤压筒要加强维护、检修，定期检查观察表面状态和硬度，以保证产品质量，延长挤压筒的使用寿命。

挤压时要尽量保持工作内套工作表面铝套的完整性；润滑挤压时润滑要均匀；无润滑挤压或组合模挤压时，禁止在工作表面抹油或污染工作表面。

#### 3.8.2.2 挤压杆的使用

挤压杆在承受很大的单位压力作用下工作，而没有防护装置，因此对挤压杆的加工质量及其在挤压机上的使用规范提出了严格的要求。

在挤压时，应没有除轴向力以外的外力作用。要严格地将挤压杆对准挤压筒的中心，保证水平度、同轴度；挤压杆与挤压筒之间应保持均匀的间隙，以防止在挤压过程中发生挤压杆与挤压筒的磕碰。

在挤压时挤压杆严禁黏结金属，如发现粘有金属应及时清除。为了便于清除，可在挤压杆身上稍抹一点润滑油。

挤压杆不能长时间放置在加热了的挤压筒中，以防止挤压杆温度升高，降低其许用强度，以至于出现挤压事故。

必须对挤压杆进行定期的检测,如打硬度、测量尺寸与水平度、调准中心线等,如发现挤压杆工作端面(内、外表面)有压塌变形等问题时,应及时处理。

3.8.2.3  穿孔系统的使用

穿孔系统由若干细长件组成,在挤压和穿孔中承受很高的压力和相当高的温度,有时虽然有空心轴保护,但其工作条件仍然十分恶劣。为了减少断针、提高生产效率和管材的内表面质量,必须保证其最佳的工作条件:

(1)穿孔系统联结应精密、牢固;

(2)整个穿孔系统应与挤压筒、挤压杆、模子严格同心;

(3)整个穿孔系统的表面应光洁,无任何缺陷;

(4)针尖和针后端部分应加热到足够高的温度,才能开始穿孔挤压;

(5)针尖和针后端的表面应充分润滑;

(6)穿孔系统不允许粘有金属;

(7)穿孔系统不能承受任何非轴向力的作用,在穿孔和挤压过程中也不能受卡或磕碰,以防止折弯或折断。

3.8.2.4  挤压模具的使用

挤压模具是直接参与金属变形的工具,对产品的产量、质量起决定性的作用,同时其使用寿命也直接决定产品的成本。由于模具工作条件十分恶劣,在挤压过程中更要注意要正确的使用和维护:

挤压前模具要根据情况预热到一定的温度;根据需要进行润滑;模子组件要与挤压中心线保持同心;模子组件不允许粘有金属;每个模子挤压的通过量不宜太多,应定期更换保养;挤压时上压要慢,速度要均匀,防止冲击挤压;穿孔和挤压时,要尽量减少模具的急冷急热,避免冷水直接浇到模具上。

### 3.8.3  挤压工模具的修正

挤压模具是保证挤压产品的形状、尺寸精度和表面质量的关键工具,也是提高产品产量、劳动生产率、成品率和扩大品种、降低生产成本的主要因素之一。为了减少挤压时因挤压模具质量问题而出现的各种缺陷,以保证获得符合技术条件的产品,必须在挤压现场对挤压模具进行边试挤边修理。

根据挤压模具的变形和磨损情况,挤压工模具的修理可以采用临时修理和大修。

临时修理一般是指在挤压机上对挤压模具进行修理和调换,包括对模具的简单修理和故障排除等。挤压模具的临时修理,经常是由于挤压件超差和挤压件卡在挤压模子或挤压模座上取不下来而采取的。造成这种情况的原因,往往是由于挤压模工作部分被磨损变得粗糙而造成的,因此,只要将挤压模具工作表面稍加修磨即可。

挤压模具的大修,通常是对挤压模的模架部分,主要包括导柱和导套进行修理。因为导柱和导套的磨损,会使它们之间的间隙大而失去导向作用。对于导柱和导套的修理,主要是镀铬,以补偿它们的磨损。

复习思考题

3-1  在挤压机上主要有哪些挤压工模具?

3-2 挤压工模具的工作特点有哪些?

3-3 挤压模主要有哪几种,最常用的是什么挤压模?

3-4 锥模主要有哪些参数?

3-5 多孔模模孔的布置主要考虑哪些问题?

3-6 穿孔针和芯棒各有什么作用?

3-7 挤压工模具比如挤压筒为什么在挤压前要进行预热?

3-8 挤压筒在结构上为什么要采用多层?

3-9 挤压工模具主要采用什么样的材质,为什么?

3-10 提高挤压工模具使用寿命的措施主要有哪些?

3-11 挤压工模具的装配要注意什么原则?

3-12 挤压模子的破坏形式主要有哪几种,产生的原因各是什么?

3-13 怎样进行挤压工模具的失效鉴定?

3-14 在挤压工模具的使用过程中,要注意哪些事项?

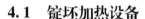

# 4 挤压设备

## 4.1 锭坯加热设备

在热挤压之前,要对锭坯进行加热,以提高被挤压金属的塑性,降低金属的变形抗力,保证挤压过程的顺利进行。在挤压车间,锭坯的加热设备应根据金属工艺性质、生产能力、温度制度和被加热金属锭坯的尺寸等选择炉子类型。在有色金属挤压车间,加热设备按加热方式分为重油炉、煤气炉和感应加热炉等。

### 4.1.1 重油炉

重油炉以重油作为燃料,其优点是发热量大、灰分少,火焰辐射力强,成本低。其缺点是重油加热炉的操作环境不清洁;燃料中含硫量高时将影响加热质量,由此使挤压制品的质量有时较差。

按炉子的结构形式,重油炉有斜底式加热炉、推料式加热炉和环行加热炉等,其中前者应用较广泛,生产能力较高。表4-1为连续式斜底重油加热炉的技术性能。

表4-1 连续式斜底重油加热炉

| 主 要 性 能 | 15MN 挤压机用 |
| --- | --- |
| 最高加热温度/℃ | 1050 |
| 外形尺寸/mm | 9100 × 3200 × 5600 |
| 炉膛尺寸/mm | 8700 × 1860 |
| 加热炉生产能力/根·h$^{-1}$ | 40 ~ 120 |
| 加热锭坯尺寸/mm | (145 ~ 205) × (120 ~ 700) |
| 重油预热温度/℃ | 80 ~ 100 |
| 炉底倾斜角度/(°) | 6 |
| 重油消耗量/kg·h$^{-1}$ | 250 |

### 4.1.2 环行煤气加热炉

环行煤气加热炉比较广泛地应用在大批量生产的有色金属挤压车间,它的特点是占地面积小,生产率和热效率高,炉内的气氛容易控制,加热温度均匀,设备机械化程度高,劳动条件好等。

在我国常采用的环行煤气加热炉的直径有8800mm、10100mm和11700mm等,基本上都采用连续式工作制度,可以用来加热铜及其合金等。

### 4.1.3 电炉

利用工频、中频、高频电炉加热有色金属锭坯,应用越来越广泛。主要优点是设备占地面积小,自动化程度高,劳动条件好,并且没有污染,另外,采用电炉加热,加热的周期短,并且加热质量好。

工频感应加热是利用工频交流电流(50Hz)进行感应加热。与中频、高频相比较,它不需要变频设备,结构简单;电流的透入深度大,可进行深层或穿透加热,加热质量好,因此应用较为广泛。

中频(500~10000Hz)感应加热炉也比较适用于热挤压的坯料加热。中频感应加热炉一般由中频感应加热器、进料机构、出料机构、电热电容器组、冷却系统等组成。

### 4.1.4　挤压筒加热

包括挤压筒预热和保温,多采用低频感应加热器加热。加热挤压筒时,可以在挤压筒未装到挤压机上之前预热,也可在挤压前迅速预热。后者的加热器装在挤压筒内,可以在短时间内使其温度达到250~300℃。

## 4.2　挤压机的类型及其结构

### 4.2.1　挤压机的分类

在有色金属挤压车间,挤压机是生产管、棒、型材的主要设备。

挤压机按其传动类型可以分为机械式和液压式两大类。机械式挤压机的最大的特点是不需要配备液压系统,且挤压速度快,但是在挤压过程中,挤压速度是变化的,这对于挤压工模具的寿命和制品性能的均匀性很不利,因此应用受到限制。目前在挤压领域应用最广泛的是液压传动的挤压机,包括水压挤压机和油压挤压机两大类,其中前者是适宜于大吨位、高速高压的挤压机。

挤压机按结构分类,主要分为带独立穿孔系统的挤压机和不带独立穿孔系统的挤压机,其中前者可以采用实心的锭坯,用独立穿孔系统挤压管材。

液压传动的挤压机按其总体结构形式(挤压轴线与地面的关系)可以分为卧式挤压机和立式挤压机两大类。

### 4.2.2　卧式挤压机

#### 4.2.2.1　卧式挤压机的特点

卧式挤压机的主要特点是挤压机的主要工作部件(包括挤压杆、挤压筒、穿孔系统等)的运动方向与地面平行,因此它具有以下特点:

(1)挤压机的本体和大部分附属设备皆可以布置在地面上,且设备高度较低,有利于在工作时对设备的状况进行监视、保养和维护。

(2)挤压机的各种机构可以布置在同一水平面上,上料、出料系统都是水平式,简单可靠,并且容易实现机械化和自动化。

(3)可以制造和安装大型的挤压机;因厂房高度较低,可减少建筑施工困难和投资;因为是水平出料,制品的规格不受限制。

(4)挤压机的运动部件,比如:柱塞、穿孔横梁和挤压筒等的自重皆加压在导套和导轨面上,易磨损、易偏心,因此难以保持挤压制品的精度;某些部件因受热膨胀而改变正确的位置,因而易导致挤压机中心失调。

(5)由于各主要部件水平布置在地面上,因此,占地面积大。

在用卧式挤压机生产管材时,由于上面的缺点,很难保证挤压的高精度和挤压筒与锭坯的同心性,因此最易产生管材的壁厚不均,即所谓的挤压偏心。但是,总体来说,卧式挤压机的优点较多,因此在生产中应用最广泛。

#### 4.2.2.2　卧式挤压机的分类

根据挤压机的用途和结构不同,可以将卧式挤压机分为棒型挤压机(单动式)和管棒挤压机

（复动式）。

单动式挤压机和复动式挤压机的主要区别是：后者有独立的穿孔系统，因此既可以采用实心的锭坯进行穿孔操作，挤压出空心的型材或管材，又可以采用空心的锭坯生产管材。棒型挤压机无独立的穿孔系统，主要用在挤压实心的棒材和型材上，但是也可以采用空心的锭坯与芯棒配合，挤压空心型材和管材，或者用实心的锭坯，采用组合模生产空心断面的制品。

卧式挤压机按其挤压方法又可以分为正向挤压机、反向挤压机和联合挤压机，其中后者既可以实现正挤压，又可以实现反挤压。

#### 4.2.2.3 卧式挤压机的技术特性

卧式挤压机的技术特性主要包括挤压力、穿孔力、挤压杆的行程、挤压杆的运动速度、穿孔针的行程、穿孔针的运动速度和挤压筒的尺寸等。

挤压机的额定能力，是挤压机最主要的技术参数，它标志着在工作时所能给出的最大挤压力。挤压机的额定能力等于工作缸的总面积与工作液体的额定比压的乘积。一般挤压机上都设有主挤压缸和副挤压缸，当两者同时工作时，挤压机的能力为高压力；只有主缸工作时，为低压力。

#### 4.2.2.4 卧式挤压机的结构形式

如图4-1所示，为一台25MN无独立穿孔系统的卧式棒型挤压机的剖面图。它是一台以乳液作为工作介质，采用泵站加压的正向挤压机。

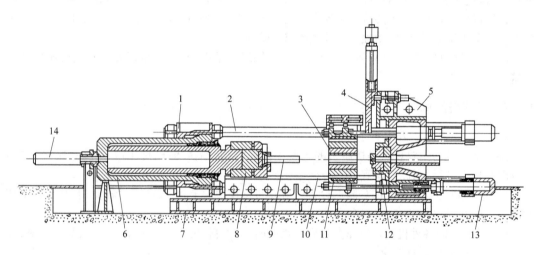

图4-1  25MN卧式棒型挤压机（无独立穿孔系统）

1—后机架；2—张力柱；3—挤压筒；4—残料分离剪；5—前机架；6—主液压缸；
7—基础；8—挤压活动横梁；9—挤压杆；10—斜面导轨；11—挤压筒座；
12—模座；13—挤压筒移动缸；14—张力缸（副液压缸）

卧式管、棒和型材挤压机的结构形式，一般是根据穿孔缸对主缸的相对位置来分类的，主要分为后置式、侧置式、内置式三种基本类型。

A  后置式

所谓后置式即穿孔缸位于主缸之后，它的布置形式如图4-2所示。这种结构形式的挤

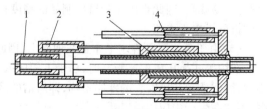

图4-2  后置式管、棒型挤压机工作缸的布置

1—穿孔缸；2—穿孔返回缸；3—主缸；4—主返回缸

压机的主要优点是:由于穿孔系统与主缸之间完全是独立的,穿孔柱塞的行程可以比主柱塞的行程长,因此可以实现随动针挤压,即穿孔后穿孔针随同锭坯一起前进,二者无相对运动,这样就可以减少穿孔针与锭坯金属之间的摩擦,延长穿孔针的使用寿命;由于针在挤压时可以自由前后移动,故可以生产内外径变化的变断面管子,如铝合金钻探管等;在挤压型、棒材时,可以将穿孔缸的压力迭加到挤压杆上,大大增加挤压力;维修比较方便。

这种挤压机的缺点是:由于两个挤压缸前后布置,因此挤压机机身比较长,占地面积大;由于穿孔系统很长,刚性较差,加之主柱塞导向衬套易磨损,因此在穿孔时易偏斜,导致管子偏心。

B 侧置式

侧置式管、棒材挤压机的结构特点是:穿孔工作缸位于主缸的两侧,如图4-3所示。

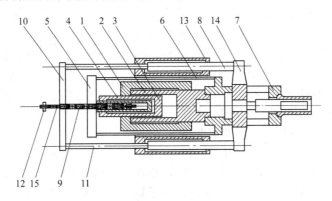

图4-3 侧置式管、棒型挤压机工作缸的布置

1—主缸;2—主柱塞;3—主柱塞回程缸;4—回程缸3的空心柱塞(同时又是空心柱塞9的工作缸);
5—横梁;6—拉杆;7—与主柱塞固定在一起的横梁(用拉杆6与横梁5和柱塞4相连);
8—穿孔柱塞;9—穿孔柱塞8的回程空心柱塞;10—横梁;11—拉杆;12—支架
(进水管15固定在其上);13—穿孔针;14—穿孔横梁;15—进水管

这种挤压机的特点是:穿孔柱塞与主柱塞的行程相同,因此不能够采用随动针挤压,穿孔针在挤压时不动对其使用寿命是不利的;机身也较长。

C 内置式

内置式挤压机在结构上比较先进,其特点是穿孔缸安置在前端的内部,穿孔缸和穿孔回程缸所需要的工作液体各用一个套筒式导管供给,因此可以互相利用,如图4-4所示。

此种挤压机的优点是:机身较短;刚性好,导向精确,穿孔时管子不易偏心;可实现随动挤压。但是此种挤压机维修和保养困难,且穿孔力受到一定的限制。

## 4.2.3 立式挤压机

立式挤压机的主要部件的运动方向和出料方向都与地面垂直,所以占地面积小,但是要求有较高的厂房和较深的地坑。由于运动

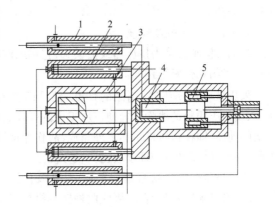

图4-4 16MN内置式管棒型挤压机工作缸布置

1—进水管;2—副缸及主回程缸;3—主缸;
4—穿孔缸;5—穿孔回程缸

部件垂直地面移动,所以磨损小且均匀,部件受热膨胀后变形也均匀,挤压机中心不易失调,故穿孔时管子的偏心很小。此种挤压机主要用来生产尺寸不大的管材和空心制品。

如图 4-5 所示,为挤压铜及其合金管材的 6MN 无独立穿孔系统的立式挤压机。

根据结构形式的不同,立式挤压机也可以分为带独立穿孔系统的和不带独立穿孔系统的两种。前者可以采用实心锭坯进行穿孔挤压,管子的偏心度很小,而且内外表面质量好。但是它的结构复杂,操作困难,应用不是很广泛。

立式挤压机的结构特点是:带一个装有两个模具横向移动的模座和一个装有工具的回转盘。在回转盘的同一圆周上交替的安装着两个带芯棒的挤压杆和两个冲头。在操作时,回转盘每次按同一方向转 90°,使其中的一个工件位于挤压中心线上。

立式挤压机分离压余的操作方式有两种:用剪切模分离压余和用冲头分离压余。前者在挤压后,利用液压缸使模座横向移动,借助于其中的剪切模将管子切断,挤压模连同压余用挤压杆再一次的行程推出挤压筒外。后者是利用冲杆(挤压杆)上的冲头将管子切断,残留在挤压筒中的压余则被冲头带去进行分离。

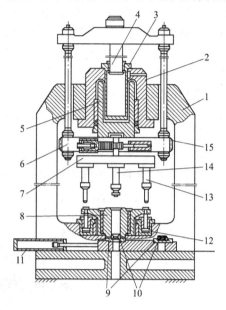

图 4-5  6MN 立式挤压机

1—机架;2—主缸;3—主柱塞回程缸;4—回程缸 3 的主塞;5—主柱塞;6—滑座;7—回转盘;8—挤压筒;9—模支撑;10—模具;11—模座移动缸;12—挤压筒锁紧缸;13—挤压杆;14—冲头;15—滑板

## 4.3  挤压机的主要部件及其结构

### 4.3.1  模座

在卧式挤压机上,模座是用来组装挤压模具的部件。在挤压机上,对模座的设计、制造、安装和使用方面,应该满足:保持高的精度;更换模具要方便;易使制品切断和占用的时间短等。

在挤压机上,按照模座的运动方式不同,可分为纵动式模座、横动式模座、转动式模座和联合式模座四种。

#### 4.3.1.1  纵动式模座

纵动式模座又称为挤压嘴或活动头,它在工作时可以沿着挤压中心线前后移动。如图 4-6 所示,为封闭式模座结构图。

采用纵动式模座时,制品的切断、模具的检修和更换,以及挤压残料的清除等辅助挤压工序的操作,皆在前机架的前面,即在挤压机机体之外完成,故作业面不太受限制,操作环境较好;处理事故也比较方便。

这种挤压机的出料台结构复杂;对易氧化的金属在挤压时,难以采用水封挤压,因此此种挤压机模座形式应用较少。目前主要用在挤压一些变断面的型材上。

#### 4.3.1.2  横动式模座

横动式模座又称为滑架,它是利用液压缸使之在挤

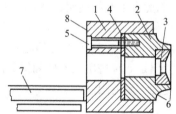

图 4-6  封闭式模座

1—模座;2—模支撑;3—模具;4—挤压垫;5—固定螺丝;6—密封锥面;7—出料槽;8—锁板配合面

压机两侧左右移动,以满足模具安装和挤压过程的要求。此种模座有一位式、两位式、三位式和四位式等,其中以两位模座应用最为广泛。

两位式模座是将两套模具放在模座两端的 U 形槽中,如图 4-7 所示。当一套模具位于挤压中心线上使用时,另一组模具放在挤压机体的外面,以便对模子进行检查、修理、冷却或加热等。

横动式模座结构牢固、可靠,能适应各种制品的切断方式,另外还能轮流使用,这对于保证制品的质量和防止模具过热都是极为有利的,因此应用广泛。但是,这种模座在进行模具的更换、检修和润滑时,操作者要在挤压机的两侧进行,给操作者带来一定的麻烦。另外在操作时,也不能直接在模具的后面使制品与残料分离。

### 4.3.1.3 转动式模座

转动式模座的旋转是利用液压缸和齿轮机构实现的。近代的转动式模座皆为两位的,在上面可以安放两套模具,模座可以在180°内旋转,以便能够满足两套模具轮流使用的要求。转动式模座有时还带有锁紧装置,用来承受分离制品时的剪切力。图 4-8 为带转动式模座的挤压机前机架。

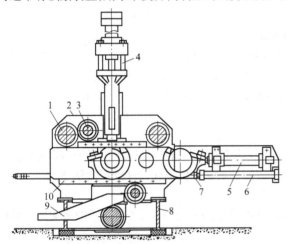

图 4-7 16MN 三柱卧式挤压机的两位横动式模座
1—张力柱;2—前机架;3—挤压筒移动缸拉杆;4—残料分离剪;
5—制品剪切剪;6—滑架移动缸;7—滑架;8—挤压机框架;
9—残料接收槽;10—滑架导轨

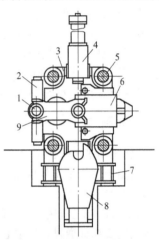

图 4-8 两位转动式模座
1—模具;2—模座旋转机构;3—前机架;
4—剪刀;5—张力柱;6—锁紧装置;
7—框架;8—锯;9—模座

转动式模座在使用时,模具的清理、润滑、修理和更换只在挤压机的一侧进行,所以只需要一套冷却、润滑和换模装置就能满足要求,而且操作也比较方便,使操作者的劳动强度降低。这种挤压机模座比较适合于换模、修理和冷却频繁的情况,比如挤压铜合金、难熔金属等。

### 4.3.1.4 联合式模座

在联合式挤压机上,要求安装两部残料分离机构,以便实现正挤压和反挤压,联合式模座就是用在这种挤压机上。图 4-9 为联合式模座。

联合式模座是由纵动式和横动式两种组合而成的,它可以使挤压筒移动缸有较大的力,以利于实现固定模的反挤压。

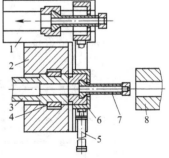

图 4-9 联合式模座
1—工具更换台;2—前机架;3—纵动式模座;4—模座3的锁紧装置;5—横动式模座的液压缸;6—横动式模座;7—空心挤压杆;8—挤压筒

## 4.3.2 机架

挤压机的机架是挤压机的骨架,用以安放挤压工模具和挤压机的零部件。挤压机的机架按其结构分为框架式和张力柱式两类。

#### 4.3.2.1　框架式

框架式机架一般用在能力不大的立式挤压机上。它是整体铸造的,也可以是用轧制的厚钢板经电渣焊焊接而成的。

这类挤压机的机架刚度大,因此可以保证装配精度,挤压制品的质量好。但是,这类机架的结构笨重,且铸造质量不好时,易导致整个机架的报废。

#### 4.3.2.2　张力柱式

张力柱式机架是将挤压机的前、后机架用锻造的 3～4 根钢柱(张力柱)连接在一起,使前后机架成为一个整体。当用三根张力柱时,三根柱子的布置形式有正三柱、倒三柱和侧三柱三种,其中倒三柱的结构形式应用较广。

近几年来,不论是小型、中型还是大型的挤压机皆趋向采用张力柱式结构,因为它安放横动式模座、残料分离机构或热锯以及自动化装置等比较方便。

张力柱式工作机架尽管应用很广泛,但是它也有一些缺点,主要是张力柱与前后机架是采用螺纹联结,它需要经常被检查和拉紧,而且常是张力柱破坏的地方。

为了克服张力柱式工作机架的这些缺点,提高在挤压时制品的尺寸精度,现在国内外已开始较多采用预应力机架。预应力机架的主要特点是:横梁与柱子之间不是采用螺纹连接,而是用高强度的扁钢丝在张力(预应力)作用下将它们缠绕连接在一起,框架承受着预压应力。

### 4.3.3　导轨

导轨是用来承受挤压活动横梁和挤压筒座重量的。旧式的棒型挤压机多采用张力柱作为导轨,但是由于磨损和安装精度问题,这种导向装置很难保证挤压杆、挤压筒和挤压模的同心度,因此已较少使用。

目前挤压机上应用最广泛的是菱形斜面导轨,如图 4-10 所示,为挤压机的活动横梁导向装置,导轨的支撑面通过挤压中心线。

近代的管、棒和型材挤压机和反向挤压机的挤压筒座,以及挤压活动横梁,多采用 X 形的导轨,如图 4-11 所示。

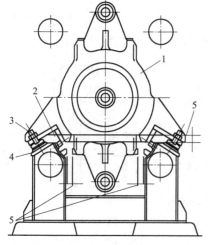

图 4-10　挤压机的活动横梁导向装置

1—主活动横梁;2—横向调整螺栓;3—纵向调整螺栓;
4—防磨板;5—定心基准面

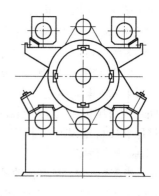

图 4-11　挤压筒座的 X 形导轨

在这种结构中,下面两个导轨主要承受挤压筒座和挤压活动横梁的重量,上面两个导轨则用以防止它们在挤压力偏心时产生偏斜,因此,活动部件的同心度高。

### 4.3.4 锁板

在采用纵动式模座时,为了在挤压过程中使模座固定不动且与挤压筒壁贴紧,以防止被挤压金属从贴合面处流出,挤压机上必须安装锁板。

目前应用在挤压机上的锁板,主要有两种形式:斜面锁板和平面锁板。

#### 4.3.4.1 斜面锁板

斜面锁板的一个工作面是斜的,因此可以用它来固定挤压筒,省去了挤压筒移动缸机器控制系统。但是此种锁板锁紧力有时不够,使工作变得不可靠。

#### 4.3.4.2 平面锁板

平面锁板的两个工作面是相互平行的,为了在挤压时能将纵动式模座锁紧,必须采用可移动的挤压筒,并且要有足够的靠紧力,约为挤压机名义挤压力的7%~10%。图4-12为安装在挤压机前机架上的平面锁板。

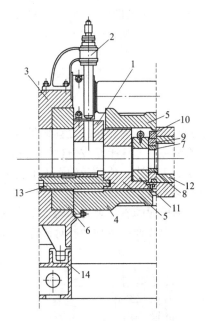

图4-12 平面锁板

1—锁板;2—锁板提升缸;3—前机架;4—模座支撑;5—模座;6—靠环;7—模具;8—模垫;
9—模支撑;10—压紧环;11—支撑环;12—挤压筒;13—活动受料台;14—机座

## 4.4 挤压机的辅助设备

在挤压生产车间内,挤压机的辅助设备和挤压机一起,构成了一套完整的生产系统。在挤压生产中,挤压机辅助设备的设计是否合理,结构是否完善,使用能否顺利进行,直接影响到挤压生产,包括生产率与成品率,操作人员的劳动强度,以及流水作业线的自动化程度等。

挤压机的辅助设备及装置主要有锭坯热切断和热剥皮装置、向挤压机供给锭坯的装置(供锭机构)、制品的牵引机构、挤压垫与残料分离及传送机构、制品接受及运输机构以及工模具速换装置等。

### 4.4.1　锭坯热切断和热剥皮装置

#### 4.4.1.1　剪切

锭坯切断的目的是为了得到合适的锭坯长度,以使得制品的长度满足要求,比如满足出料台架、冷床以及制品定尺的要求等。目前在挤压之前,锭坯的切断方式有冷剪切和热剪切两种。

对于铝合金来说,旧的生产工艺是将连续或半连续铸出的长锭坯经高温均匀化热处理后,在冷状态下将锭坯切成定尺,然后再车皮、镗孔后送进挤压车间进行加热和挤压,一般采用冷锯锯断。而新的生产工艺是:将均匀化热处理后的长锭坯直接送至挤压机前的感应或煤气加热炉中加热,并视挤压制品的断面大小和要求长度,利用计算机计算出锭坯的最佳长度,然后采用热剪切机把锭坯切断。余下的锭坯仍返回加热炉中加热,待下次挤压前再进行切断。切下的锭坯根据需要,可在热剥皮机上进行热剥皮,以保证锭坯的质量特别是表面质量能满足制品的要求。

采用热切断方式,比锭坯冷锯的劳动生产率高,金属的损耗小(无锯屑),可以提高金属收得率6% ~7%,而且还可以减少装卸锭坯的劳动量和占用的场地。

目前最常用的热剪切方式是带主动压料的剪切,即在活动剪刃下降切料时,不动剪刃对锭坯主动施加以压力,此压力约为剪切机额定剪切力的15% ~20%。此法可以限制金属锭坯有害的塑性变形,使剪切后的端面平齐。

如图4-13所示,为20MN挤压机的锭坯热剪切机简图。在剪切时要注意调整好剪切机两剪刃之间的间隙,以提高剪切质量。

#### 4.4.1.2　剥皮

为了提高挤压时制品的表面质量,一般要在挤压之前对锭坯进行表面剥皮。剥皮的方法主要有两种:旧工艺是在冷状态下将锭坯在车床上车皮,这种方法的劳动量大,且不能防止锭坯表面在加热时重新被氧化,因此应用越来越少。比较新的剥皮工艺是在锭坯热切断之后,在装入挤压筒之前,直接进入热剥皮机进行热剥皮。

如图4-14所示,为位于挤压筒前面的剥皮装置示意图。在这种设备上,锭坯在剥皮之前,先要通过定径模和导向套,从而保证剥皮厚度的均匀。对铝合金,剥皮厚度一般不超过2.5mm。

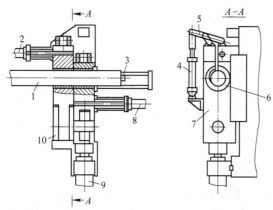

图4-13　锭坯热切机简图
1—锭坯;2,8—推锭机;3—定位器;4—压紧缸;5—压紧装置的
杠杆机构;6—活动剪切刃支架;7—剪刃压紧装置;
9—工作缸;10—不动剪刃支架

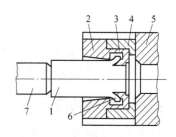

图4-14　锭坯热剥皮示意图
1—锭坯;2—导向套;3—剥皮模;4—外套;
5—挤压筒;6—刨屑;7—挤压杆

### 4.4.2 供锭机构

供锭机构的主要作用是:将锭坯送到挤压中心线上。它的结构形式有很多种,且多半与加热炉、挤压机的结构和布置有关系。

按工作方式,供锭机构主要有两大类:将锭坯直接送到挤压中心线上;将锭坯先送到挤压机,然后再升高到挤压中心线位置上。

按供锭机构的运动特点,又可以分为直线运动和回转运动两种方式。图4-15为一直线运动的供锭机构。它的动作过程为:带锭托3的滑板利用液压缸4上的齿条,通过齿轮5、1和滑板上的齿条2可以将锭坯直接送到挤压机中心线上。一般并列安装两个供锭机构,交替使用。

回转式的供锭机构,如图4-16所示。它的特点是结构紧凑,行程短,落位的精确度高,但是需要有锭托回转和锭坯及挤压垫夹紧装置。

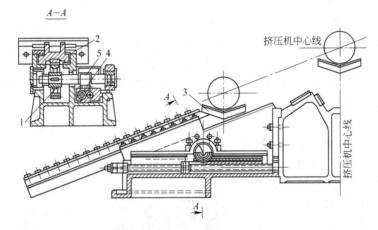

图4-15 35MN铜合金挤压机的供锭机构
1,5—齿轮;2—齿条;3—锭托;4—液压缸

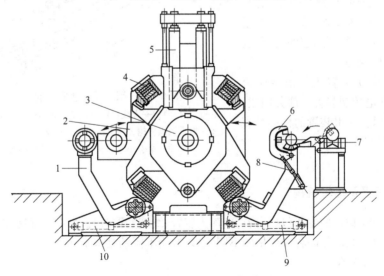

图4-16 带活动钳口的回转式供锭机构
1—挤压垫与残料的移出装置;2—横动式模座;3—挤压筒;4—张力柱;
5—剪刀;6—钳口;7—辊道;8,9,10—液压缸

### 4.4.3  制品的牵引机构

#### 4.4.3.1  制品牵引机构的作用

在现代化的挤压生产线上,为了防止挤压出的薄壁型材和断面复杂的型材出模孔后发生扭曲,防止多孔模挤压时制品的相互摩擦和缠绕,一般都配有牵引装置。牵引装置是挤压后部工序的重要辅机之一,在挤压机后面设置牵引装置后,特别是对于多孔模生产小断面薄壁或复杂断面型材时,可以获得明显的效果:

(1)多孔模挤压,当制品间的流出速度相差不大于 3% ~ 5% 时,则在牵引力的作用下,可以消除各根制品由于流速差而造成的长短不齐现象,从而提高制品的长度精度,保证型材定尺,减少废料量,提高成品率。

(2)由于消除了多根制品之间的相互摩擦,可以改变制品的表面质量。

(3)减轻了型材挤压后产生的扭曲和弯曲,特别是对于 15m 以上的长型材和断面复杂、薄壁的型材,基本上可以消除扭曲和弯曲变形。这不仅提高了型材的平直度,而且在拉伸矫直机上不需对制品进行扭拧矫直,有时还可以取消辊式矫直,从而为精整工序的自动化创造了条件,并且有利于实现整条生产线的自动化、机械化、连续化和高速化,大大提高了生产效率。

(4)使用牵引装置还省去了脱模操作,并可减少模具的磨损,大大减少修模次数,从而可以延长模具的使用寿命。

(5)可以代替拉料和运料的体力劳动操作,节省了劳动力,改善了劳动条件。

#### 4.4.3.2  牵引装置的类型与结构

牵引装置的结构按其驱动方式不同可以分为直流马达式、直线马达式和液压马达式三种。不论哪种驱动方式,必须保证牵引小车的拉力与运行速度无关,并保持恒定。否则会使牵引装置失去作用。

直线马达式牵引机由于具有传递速度高、远距离传送简单,惯性矩小,容易适应外部速度的变化,牵引力大小容易控制等优点,所以获得了迅速的发展,也是目前应用最广泛的牵引装置。

直线马达牵引装置主要由牵引机构、行走导轨和电控制装置三部分组成,如图 4 – 17 所示。牵引装置的核心是直线马达,而夹紧机构是挤压多孔模型材的关键部件。

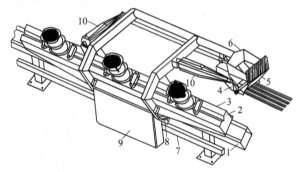

图 4 – 17  用直线马达驱动的牵引装置
1—运行导轨;2—直线马达;3—二次导体;4—夹头;5—夹爪;
6—夹爪操纵机构;7—夹头操纵机构;8—牵引小车控制箱;
9—牵引小车导轮;10—空气隙调整螺丝

### 4.4.4  制品接受及运输机构

制品接受及运输机构主要包括出料台、淬火装置、线坯卷取装置、横向运输冷却装置等,根据挤压机的结构、用途、产品品种和规格的不同,可以选用不同的结构形式。

#### 4.4.4.1  出料台

出料台由两部分组成:前出料台和后出料台。前出料台的长度为 1.5 ~ 3.5m,高度可调并且能够移开,以便适应不同断面外形尺寸的制品需要,以及安装线坯卷取装置、实现挤压机上淬火或水封挤压等。后出料台为链式或辊式传动,为了防止制品表面被划伤,皆应衬以石墨材料。

利用水封挤压装置可对一些铝合金或铜合金制品进行淬火,使挤压和淬火两个工序连续化。同时,更有利于防止易氧化金属比如紫铜等制品表面氧化,减少制品在冷轧或冷拔前的酸洗工序,提高金属的收得率。

#### 4.4.4.2　横向运输机构——冷床

挤压制品由挤压模孔挤出后,在出料台上用拔料机构或提升机构送至横向运输机构,即冷床上进行横移和冷却。

有色金属挤压车间的冷床,主要有两种结构形式:步进梁式和传动链式。步进梁式冷床由固定梁和活动梁组成,依靠活动梁的平移运动,使挤压制品前进,它能保证制品更好的冷却,但是在运动过程中容易碰伤制品的表面。对铝材趋向采用传动链式冷床:床体固定,而依靠链子上的拔爪来移动冷床台架上的制品。不论哪种结构形式的冷床,其工作表面皆应覆以石墨或石棉,用以减少制品的划伤或擦伤。

### 4.4.5　挤压垫与残料分离及传送机构

挤压残料与挤压垫片的分离方式根据挤压机的结构、挤压方式和被挤压金属及合金的品种不同而异。在用旧式纵动式模座时,挤压垫与残料随同制品一起移出前机架的窗口,然后采用液压剪分离制品,残料和挤压垫则落入溜槽并滚动到挤压垫与残料分离剪处进行分离。

当采用横动式模座或转动式模座时,制品要在挤压机上被切断,残料与挤压垫直接落入地面下的溜槽里,借助提升装置使溜槽升至地面,然后操作者将挤压垫与残料放在残料分离剪中进行分离。当采用脱皮挤压时,首先要用清理垫将残料、挤压垫和锭坯的外皮推出并移走。

图 4-18 是用转动式模座时取走残料和挤压垫,以及挤不动的锭坯的机构。当用挤压杆将残料、挤压垫和锭坯外皮推入机构 6 的容器中后,机构 6 回转将它们送至分离器 8 中,同时使残料位于下面。在此处先将清理垫由脱皮中分离下来,然后将挤压垫由脱皮和残料上分离下来,并

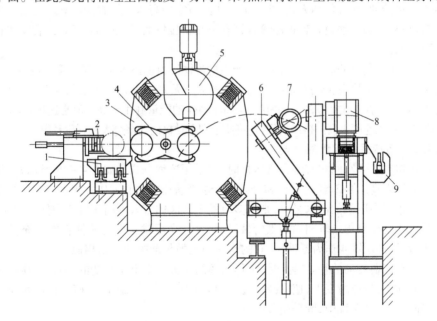

图 4-18　挤压铜合金用的残料和挤压垫移出与分离机构
1—活动台;2—换模装置;3—前机架;4—模座;5—锯;6—残料移出机构;
7—容器;8—分离装置;9—挤压垫溜槽

沿溜槽9滚到供锭机处备用。残料与脱皮则沿溜槽进入料箱中。

近年来,在软铝合金民用建筑型材生产线上,普遍采用固定垫片挤压,固定在挤压杆上的挤压垫片,因其与锭坯接触端面上涂抹了润滑油,故挤压完毕后会自动与残料分离,而厚度很薄(10~15mm)的残料,用液压剪一次即可切除。

### 4.4.6　工模具速换装置

为了提高挤压机的生产效率,延长挤压工模具的使用寿命,有利于实现挤压生产线的连续化、自动化,挤压工模具的速换装置必不可少,其中包括挤压筒、挤压杆、穿孔针等大型基本工具的速换装置和模具速换装置。特别是对于大型挤压机上的笨重工具和要求快速挤压的建筑型材模具,以及品种多、批量小,需要经常更换的模具来说,更为重要。目前,在现代化的挤压机上,更换一次大型工具(挤压筒、挤压杆、穿孔针等)只需几十分钟,更换一次模具只需1~3min。

## 4.5　挤压机的液压传动和控制操作

### 4.5.1　挤压机的液压传动

目前,广泛采用的挤压机是液压传动的挤压机,按传动方式可以分为油传动挤压机和水传动挤压机两大类。水力传动挤压机具有高速高压、设备维修容易、多台挤压机联用时经济等优点,比较适合于大吨位挤压机使用;而油压挤压机不需要泵站系统,且容易实现设备自动化,因此适用于单体和中小吨位的挤压机。

挤压机的液压传动,可分为两种基本类型:高压泵直接传动和高压泵－蓄能器传动,在个别情况下,也可以采用上述两种类型的联合传动。

#### 4.5.1.1　高压泵直接传动

高压泵直接传动,这种传动方式,挤压机工作缸所需的高压液体直接由高压泵通过控制机构供给。通常可将高压泵、油箱和各种阀等直接安装在挤压机的后机架的上面,或者安装在挤压机的附近,操作较为方便。

由高压油泵直接传动的基本特点是:泵所产生的液体压力视挤压时金属变形所需要的挤压力大小而变化,挤压速度(主柱塞的运动速度)与挤压力的大小无关,而只决定于泵的生产率。因此它的最大的优点是易改变和控制主柱塞的运动速度,且高压液体的能量利用率高。但是这种传动方式,对于能力较大或要求挤压速度很高的挤压机而言,将使泵和电动机的功率过大和利用系数不高。

#### 4.5.1.2　高压泵－蓄能器传动

大型挤压机或一个车间内有多台挤压机时,多采用这种方式。如图4－19所示,工作液体靠自重由水箱1进入高压泵2,经过管道和分配器8送至挤压机9的工作缸中。当挤压机在单位时间内的用水量小于高压泵的供水量时,则将多余的工作液体打入到高压罐4中储存起来;当挤压机的耗液量大于高压泵单位时间内的供给量时,储存在高压罐4中的液体就能补充供给挤压机使用。因此可见,高压罐4作为蓄能器,它的作用与机械传动中的飞轮相似。

高压泵－蓄能器传动的基本特点是:工作液体的压力基本上是不变的,但是挤压速度是随挤压力不同而变化的:挤压力变大,速度减慢,反之则加快。为了控制挤压速度,以满足挤压工艺的要求,在此种液压控制系统中,皆采用节流阀。

在实际生产中,当挤压速度变化不大时,比如挤压的合金品种单一或者性质相似,采用高压泵直接传动为佳;当挤压速度快、时间短和大型的挤压机或机组,则采用高压泵－蓄能器传动为好。在选择时应根据上面的原则。表4－2为挤压不同合金时所需要的挤压速度和最佳传动方式。

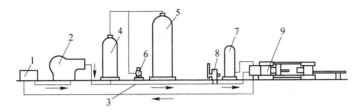

图 4-19 高压泵-蓄能器传动示意图

1—水箱；2—高压泵；3—回路；4,7—高压罐；5—低压罐；6—泵；8—分配器；9—挤压机

表 4-2 挤压速度和传动方式

| 用　途 | 挤压速度/mm·s$^{-1}$ | 传 动 方 式 |
|---|---|---|
| 铝及其合金 | 0~20 | 泵传动 |
| 铜及其合金 | 0~40 | 泵传动 |
|  | <80 |  |
|  | 0~150 | 泵+蓄能器传动 |
| 稀有金属 | 0~400 | 泵+蓄能器传动 |

### 4.5.2 挤压机的控制操作

挤压机的控制就是按照一定的程序操纵各种阀和适当的机构使挤压机动作,控制方式主要有手动控制、远距离控制和程序控制三种。

#### 4.5.2.1 手动控制

手动控制就是工作人员通过直接操纵分配器的操纵杆或手轮,以使挤压机完成所需的动作。它是一种比较过时的方法,只有在老式的小型挤压机上还采用。

#### 4.5.2.2 远距离控制

远距离控制的控制开关、按钮和手柄都集中安放在控制台上。挤压机的远距离控制有三种形式:液压控制分配器,电气-液压控制分配器和电气-机械控制分配器。

液压控制分配器中所用的阀用一个专门的液压缸或者每个阀各用一个液压缸控制,这些液压缸再通过安装在控制台下的分配器控制。

电气-液压控制分配器上装有液压缸,利用齿条和齿轮带动分配器的轴转动,以便开启或关闭分配器中的阀,而液压缸是用电磁换向阀控制的,此种方法应用较多。

电气-机械控制分配器是通过减速机,由电动机带动分配器的轴转动,而电动机的控制是由万用转换开关和安装在分配器轴上的主令控制器完成的。这种方法易实现挤压过程自动化。

不论哪种远距离控制方法,都是依靠操作者完成的,因此各操作工序之间的衔接不可能精确和紧凑,以至于会影响到挤压机的生产效率。

#### 4.5.2.3 程序控制

目前,比较先进的挤压机都采用程序控制。挤压机的程序控制就是用一些限位开关、时间继电器和压力继电器等完成的。根据挤压时所采用的锭坯条件、制品的品种以及所采用的挤压机的挤压方法,备有不同的程序以供选用。

挤压机控制的最新发展是用可编程序逻辑控制系统实现程序控制,并备有挤压数据检测、故障诊断、数据生产控制和报表打印系统等,可以显示挤压数据和挤压机的主要故障、打印报表以及对锭坯加热、挤压机操作、牵引装置和拉伸矫直等基本工序进行数据生产控制。

## 复习思考题

4 – 1　挤压车间所用的加热设备主要有哪些,怎样进行选择使用?

4 – 2　常用的挤压机是怎样进行分类的?

4 – 3　对比说明卧式挤压机和立式挤压机。

4 – 4　挤压机主要有哪些部件组成?

4 – 5　挤压机上采用的模座主要有哪几种,哪一种比较先进?

4 – 6　制品的牵引机构主要有什么作用?

4 – 7　挤压车间采用的冷床有哪两种,各有什么特点?

4 – 8　对比说明挤压机两种液压传动方式。

4 – 9　挤压机采用油或水作为介质,各有什么好处?

4 – 10　对比说明锭坯的两种切断方式(热切断和冷切断)。

4 – 11　说明张力柱式机架的特点。

4 – 12　挤压完了,怎样对挤压残料进行分离?

4 – 13　为什么采用立式挤压机生产管材的质量好?

4 – 14　挤压机的控制操作有哪三种方式?

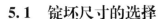

# 5 挤压工艺

## 5.1 锭坯尺寸的选择

挤压时,锭坯尺寸选择的是否合理,直接影响到挤压制品的质量、成品率、生产率等技术经济指标,另外还对挤压过程能否顺利进行产生很大的影响。

### 5.1.1 选择锭坯时应考虑的原则

#### 5.1.1.1 锭坯质量要求

用挤压方法生产的挤压件,不论是在尺寸精度、表面质量、金相组织以及力学性能方面,都比其他热压力加工方法所得到的制件来得好。因此,在挤压时,应根据被挤压金属及合金的特点、制品的技术要求和生产工艺,对金属锭坯包括内在质量和外部形状,提出高的要求。

锭坯的内在质量,主要是合金在熔炼与铸锭时形成的,熔炼和铸锭是影响挤压制品质量的重要工序。如果合金料的配比不符合产品的化学成分,熔体净化不彻底,合金液温度过高,或铸造工艺落后和操作不当,就生产不出质量好的锭坯,即使以后各道工序的操作工艺执行情况很好,也不可能生产出优质的产品。因此要求锭坯不能有缩孔、氧化夹杂、气泡、裂缝等缺陷。

对坯料的外部形状,必须达到尺寸精确,切割端面平齐且垂直于坯料轴线,还必须保证其断面不许留有切割毛刺等。

#### 5.1.1.2 根据合金的塑性确定适当的变形量

在挤压时,当挤压比较小时,制品内部与外层的机械性能不均匀性较为严重,而挤压比越大,由于变形深入,制品性能的不均匀性减小,甚至性能基本一致。因此为了保证挤压制品断面性能均匀和满足其他技术要求,其变形程度不小于85%。

#### 5.1.1.3 提高成品率

锭坯的尺寸越大,则制品越长,从而使切头尾、切压余的几何损失相对越少。为了提高挤压时的成品率,减少挤压时的工艺废料,要求采用的锭坯长度要大,一般锭坯长度为1.5~3倍的锭坯直径。

#### 5.1.1.4 必须考虑设备能力和挤压工模具的强度

在挤压时,锭坯的直径越大,长度越长,则挤压力越大,大到一定程度会超出挤压机的额定能力,因此要求选择的锭坯尺寸不能超过一定数值。

#### 5.1.1.5 方便生产

在挤压时,为了生产方便,保证锭坯能顺利地进入挤压筒中,锭坯与挤压筒之间要有足够的间隙,一般要使两者的直径差值在1~15mm之间。

#### 5.1.1.6 锭坯的形状

在挤压车间内,有色金属合金锭坯的形状基本是圆柱体,有实心和空心两种。在挤压一些难挤合金管、异型管或小内孔的厚壁管材时,为了保证质量,对锭坯要求供空心锭,其直径一般要比芯棒直径大1~5mm。

### 5.1.2 锭坯直径的选择

在选择锭坯直径时,首先应选择好实心锭还是空心锭,还要考虑挤压筒直径与锭坯直径的关系以及锭坯直径与成品率的关系。

选择锭坯直径时,一般应在满足制品力学性能要求和均匀性要求的前提下,尽可能地采用较小的挤压比。但是,在挤压外接圆大的复杂断面形状的型材时,为了使挤压过程顺利,避免出现挤压制品的分层缺陷,要考虑模孔轮廓不能太靠近挤压筒壁,即锭坯直径不能太小。在多孔模挤压时,还应考虑各模孔间的最小距离,既能保证各模孔间流动速度均匀,又要使挤压模的强度满足要求。

### 5.1.2.1　锭坯直径的计算

在计算锭坯直径时,要综合考虑挤压筒直径、锭坯直径偏差量、锭坯加热膨胀后仍能顺利进入挤压筒内等因素。

挤压管材、棒材时锭坯的直径,一般按照挤压筒与锭坯之间的间隙进行选择:

$$D_p = D_0 - \Delta D \tag{5-1}$$
$$d_p = d_0 - \Delta d \tag{5-2}$$

式中　$D_p$、$d_p$——锭坯外径与空心锭内径;

$D_0$、$d_0$——挤压筒直径与穿孔针针干直径;

$\Delta D$、$\Delta d$——使锭坯和针顺利进入又不产生纵向裂纹的间隙值,如表5-1所示。

表5-1　挤压筒直径与锭坯间隙

| 金属材料 | 挤压机 | | 挤压筒直径/mm | 间隙值/mm | | 备　注 |
| --- | --- | --- | --- | --- | --- | --- |
| | 类型 | 能力/MN | | $\Delta D$ | $\Delta d$ | |
| 铝 | 卧式 | | | 3~10 | 4~8 | |
| | 立式 | | | 1.5~3 | 3~4 | |
| | 冷挤压 | | | 0.2~0.3 | 0.1~0.8 | |
| 铜 | 卧式 | | ≤100 | 13 | 1~5 | |
| | | | 100~300 | 5 | | |
| | | | ≥300 | 10 | | |
| | 立式 | 6 | 75~120 | 1~2 | | |
| 稀有金属 | 卧式 | 4 | 65.72 | 1~2 | 1~1.5 | 包套挤压 |
| | | 15 | 85 | 1.5~3 | 1.5~2 | |
| | | 31.5 | 220~260 | 4~5 | 5 | 包套挤压 |
| | | 31.5 | 220~260 | 5 | 6 | 光坯挤压 |
| | 立式 | 6 | 65~120 | 1.5~2 | 1~1.5 | 包套挤压 |
| | | | | 1.5 | 1 | 光坯挤压 |

### 5.1.2.2　挤压筒直径的选择

在选择锭坯直径时,要用到挤压筒直径的大小。在选择挤压筒直径时,必须满足:挤压比大小应满足制品质量要求;单位挤压力大小应满足金属塑性变形的需要;挤压力的大小不能超过挤压设备和工具的能力。

## 5.1.3　锭坯长度的选择

一般来说,在一定的锭坯体积情况下,锭坯的长度越长,则挤压后期压余金属的损失越少,金属的收得率增加。但是,过分增加锭坯的长度,可能会使挤压后期金属显著的冷却,从而导致制品组织和性能很不均匀;此外还会由于金属的冷却而出现挤不动的情况。

圆断面锭坯的长度 $L_d$ 可按下式计算:

$$L_d = \{[(L_1 + l_1)m + l_2]/\lambda + h_y\}\lambda_c \qquad (5-3)$$

式中　$\lambda$、$\lambda_c$——挤压比和填充系数;

　　　$L_1$——要求供给下工序的毛坯长度,mm;

　　　$l_1$、$l_2$——长度裕量和切头尾的长度,mm;

　　　$m$——挤压根数;

　　　$h_y$——压余厚度,mm。

在进行生产时,一般不同的产品可以选取不同的挤压锭坯长度 $L_d$,以提高成品率。

### 5.1.4　挤压比

挤压比是指在挤压时挤压筒断面面积与制品断面面积的比值。一般根据金属或合金的塑性、产品品种性能以及设备能力等因素综合确定,挤压比的数值大致控制在 6 ~ 100 范围内。如表 5 - 2 所示,为 4MN、12MN 挤压机挤压比的范围。

**表 5 - 2　4MN、12MN 挤压机挤压比范围**

| 设备能力 /MN | 挤压筒直径 /mm | 管　材 | | | | 棒　材 | | | |
|---|---|---|---|---|---|---|---|---|---|
| | | 紫铜、黄铜 | | 青　铜 | | 紫铜、黄铜 | | 青　铜 | |
| | | 直径/mm | 挤压比 $\lambda$ | 直径/mm | 挤压比 $\lambda$ | 直径/mm | 挤压比 $\lambda$ | 直径/mm | 挤压比 $\lambda$ |
| 4 | 72 | 25 ~ 30 | 7 ~ 50 | | | | | | |
| | 82 | 26 ~ 40 | 8 ~ 60 | | | | | | |
| | 102 | 40 ~ 45 | 6 ~ 30 | | | | | | |
| 12 | 145 | 34 ~ 37 | 30 ~ 38 | 42 ~ 50 | 20 ~ 36 | | | | |
| | | 38 ~ 41 | 25 ~ 75 | | | | | | |
| | | 42 ~ 45 | 20 ~ 65 | 46 ~ 55 | 15 ~ 50 | | | | |
| | | 46 ~ 55 | 15 ~ 50 | | | | | | |
| | 180 | 56 ~ 60 | 10 ~ 30 | 56 ~ 60 | 10 ~ 25 | 7 ~ 16 | ≥88 | 10 ~ 16 | ≥88 |
| | | 61 ~ 66 | 10 ~ 45 | 61 ~ 66 | 10 ~ 20 | 17 ~ 24 | 56 ~ 113 | 17 ~ 24 | 56 ~ 113 |
| | | 67 ~ 71 | 10 ~ 35 | 65 ~ 70 | 10 ~ 20 | 25 ~ 30 | 36 ~ 52 | 25 ~ 32 | 32 ~ 52 |
| | | 72 ~ 81 | 6 ~ 30 | 71 ~ 80 | 6 ~ 15 | 31 ~ 50 | 13 ~ 34 | 33 ~ 50 | 13 ~ 30 |
| | | 82 ~ 90 | 4 ~ 25 | 81 ~ 90 | 4 ~ 15 | | | | |

#### 5.1.4.1　金属与合金的可挤压性

在挤压温度确定以后,随着挤压比的增加,制品流出模孔的温度和速度均升高。在挤压时,为了避免产品表面的粗糙化与裂纹,应选择合适的挤压比。

#### 5.1.4.2　制品的质量要求

根据制品断面上的组织和性能要求,挤压热加工态的制品时,挤压比一般不得小于 10 ~ 12;在挤压需要继续加工(比如轧制、拉拔或锻造等)的毛料时,挤压比最好不小于 5;挤压用于二次挤压的毛料时,一般不限制挤压比的大小,只根据二次挤压的挤压筒规格来推算出一次挤压的挤压比。

在挤压小断面型材时,为了使金属流动得较为均匀,可采用多模孔挤压,以降低挤压比,减小挤压力。

为了获得表面质量好的挤压制品,挤压比一般不得小于 20。在使用组合模挤压空心管材、型材时,应尽可能采用较大的挤压比,以及较高的挤压温度和较长的焊合腔,以保证挤压制品的焊缝质量能满足要求。

#### 5.1.4.3　设备能力的限制

在挤压时,锭坯与挤压机能力的关系为:挤压力与挤压比的对数($i = \ln\lambda$)成正比。因此应综合考虑挤压筒直径(决定挤压比)和金属材料在挤压温度下所需要的挤压力的大小,使所确定的挤压比既能实现挤压过程(单位挤压力应满足被挤压金属产生塑性变形的要求),又不超过设备的能力。

## 5.2　挤压方法与挤压设备的选择

### 5.2.1　挤压方法

采用挤压法生产有色金属管、棒、型材及线坯,已经成为压力加工的一种主要方法。目前主要应用的挤压方法是正向挤压和反向挤压,另外又出现了很多特殊的挤压新工艺和新方法。在选择这些方法时,主要应考虑以下几个方面的问题:

(1)在选定的挤压机上实现所需挤压工艺的可能性;

(2)挤压条件下被挤压金属的高温塑性;

(3)挤压过程中能否满足挤压产品的质量要求。

#### 5.2.1.1　正向脱皮挤压棒材

正向脱皮挤压是为了防止锭坯的表面缺陷挤到制品中去,而采用的比挤压筒直径小 1 ~ 3mm 的挤压垫的挤压方法。脱皮挤压主要应用在因流动不均匀而易形成挤压缩尾的有色金属及合金,比如铝青铜和一些黄铜等。每次挤压完了,必须将残留在挤压筒中的脱皮清除干净。

#### 5.2.1.2　正向不脱皮挤压棒材

正向不脱皮挤压棒材是挤压棒材最常用的方法,主要用来挤压一些难挤合金和黏性很大的紫铜等,挤压时要润滑挤压筒,并及时清理挤压筒内的残留金属。这种挤压方法对锭坯的表面质量要求较高,否则会使有缺陷的锭坯表面金属流到制品表面。

#### 5.2.1.3　正向挤压管材

正向挤压管材是有色金属及合金挤压管材的主要方法,所挤压的管材质量较好,但是穿孔时有较多的穿孔残料,使金属的成品率减小。

#### 5.2.1.4　联合挤压管材

所谓联合挤压管材,就是锭坯在穿孔时,前端用堵板堵住使金属倒流,穿孔后去掉堵板换上模子,然后再挤压成管材,如图 5 - 1 所示。这种方法具有正向挤压和反向挤压的特点,它的突出的优点是穿孔时残料头损失为最小,比较适合于挤压大直径的有色金属管材。

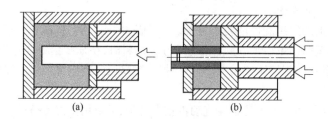

图 5 - 1　联合挤压管材法

(a)顶穿法;(b)轧机法

##### 5.2.1.5 反向挤压

反向挤压就是指在挤压时金属的流动方向与挤压方向(挤压杆的运动方向)相反的挤压方法。采用反向挤压的突出的优点是挤压力比采用正向挤压时少30% ~40%,并且金属的流动均匀,制品的性能好。

在反向挤压棒材时,用空心挤压杆和带模孔的挤压垫;而在反向挤压管材时,利用挤压杆前端的挤压垫直径控制管材的内径。

##### 5.2.1.6 特殊挤压方法

在挤压时,根据不同性能的合金品种而采用不同的特殊挤压方法,主要包括:用于挤压低塑性金属材料、复合合金制品、粉末材料成型以及断面形状复杂的制品的静液挤压;用于挤压热塑性较差的合金材料(如硬铝合金)、挤压后要立即淬火并要求沿长度上性能均一的合金材料(如锻铝合金等)的等温挤压法以及包套挤压、焊接挤压、润滑挤压、有效摩擦挤压、水封挤压等。

### 5.2.2 挤压机

##### 5.2.2.1 正向挤压机与反向挤压机

在挤压条件相同时,反向挤压机比正向挤压机可以节能20% ~40%,并且具有制品质量好、成品率和生产率都较高的优点,但是反向挤压机的产品规格受到工具强度的限制,且对锭坯的质量要求高,操作比较复杂,因此使用不如正向挤压机广泛。目前应用最广泛的是正向挤压机,基本上能生产各种金属制品。

##### 5.2.2.2 单动挤压机和双动挤压机

单动式挤压机是指无独立穿孔系统的挤压机,主要用于挤压实心的棒、型材,也可以采用空心锭和随动针(穿孔针随挤压杆一起前进)或使用实心锭和组合模生产空心的管材和空心的型材。

双动式挤压机是指具有独立穿孔系统的挤压机。由于具有独立的穿孔系统,因此可以采用实心的锭坯,首先进行穿孔,然后进行挤压,生产空心的管材或空心的型材。更换双动式挤压机的挤压杆和挤压垫,也可以生产实心的棒、型材。

##### 5.2.2.3 卧式挤压机与立式挤压机

在选择时要注意:卧式挤压机的操作、检测和维修都比较方便,普遍使用于所有规格、各种合金制品的挤压,但是在挤压管材时容易失调而造成管材的偏心;立式挤压机在生产管材时则无偏心现象。一般情况下,生产壁厚要求严格的中小口径的管材,最好采用立式挤压机,除此之外,最好选用卧式挤压机。

### 5.2.3 挤压工具与挤压技术

在选择挤压方法时,除要考虑金属的特性、挤压设备外,还要考虑挤压工具。选择挤压工具时的主要要求为:挤压工具的设计、制造要方便、简单,材料来源广,另外还要使挤压工具的寿命长。目前提高挤压工具的寿命的措施主要有:降低挤压力、冷却润滑挤压工具以及制定严格的挤压工艺参数等。

采用符合制品规格的挤压技术,比如采用套杆反向挤压、连续挤压、多模孔挤压等,也是选择挤压方法时要考虑的问题。

### 5.2.4 挤压新工艺和新方法

##### 5.2.4.1 静液挤压

静液挤压又称为高压液体挤压,它是指在挤压时挤压筒内通入高压液体(压力高达1000 ~

3000MPa），金属锭坯借助于挤压筒内的高压液体压力，从挤压模孔中被挤出，从而获得所需要的形状和尺寸的挤压制品的方法，如图 5-2 所示。高压液体的来源，是通过挤压杆压缩挤压筒内的液体而获得的。静液挤压法可以是在常温下进行，但是也可以在较高温度甚至高温下挤压，比如静液挤压耐热合金时的温度为 1000~1300℃。

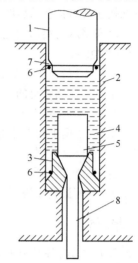

目前，静液挤压机已经用在挤压生产中。最大的静液挤压机能力可达 63MN，液体压力为 3000MPa，挤压筒的直径为 200mm，锭坯的长度为 300~1500mm。

静液挤压法比通常的挤压方法有很多优点：金属锭坯与挤压筒壁不直接接触，无摩擦，因而金属的变形极为均匀，产品质量好；可采用较长的锭坯，锭坯长度与直径的比值最大可达 40，挤压时锭坯不会产生弯曲；制品表面的粗糙度低；挤压力小，一般比通常的正向挤压力小 20%~40%，挤压比可达 400，对于纯铝可达 20000；可以实现高速挤压。但是目前还有一些需要解决的问题，比如高压下液体的密封、挤压工具的强度以及传压介质的液体选择等问题。

图 5-2  静液挤压工作原理图
1—挤压杆；2—挤压筒；3—模具；
4—高压液体；5—锭坯；6—O 形密
封环；7—斜切密封环；8—制品

### 5.2.4.2  全润滑无压余挤压

如图 5-3 所示，为全润滑无压余挤压棒材和管材示意图。采用锥形挤压垫和挤压模，对与金属锭坯接触的工模具比如挤压筒、挤压模和穿孔针的表面上，涂以润滑剂以改善表面摩擦条件。

全润滑无压余挤压时，由于表面摩擦条件的改善，金属流动的比较均匀，因此可减少和消除挤压缩尾现象，在挤压末期只留下很薄的压余，这样就可以大大提高金属的成材率。

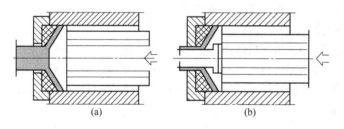

(a)                              (b)

图 5-3  全润滑无压余挤压
(a)挤压棒材；(b)挤压管材

### 5.2.4.3  随动挤压

随动挤压是指在挤压过程中，挤压筒随着金属锭坯前进的挤压方法，如图 5-4 所示。这种

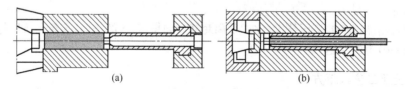

(a)                              (b)

图 5-4  随动挤压示意图
(a)挤压开始；(b)挤压结束

挤压方法的结构特点是:挤压模装在固定的长模支撑前端,并且固定不动,而挤压杆推动挤压筒和金属锭坯一起前进。

这种挤压方法比较适合挤压棒材,对低塑性的金属可提高挤压速度。其变形特点与反挤压法相同。

### 5.2.4.4 有效摩擦挤压

有效摩擦挤压是指在挤压时,挤压筒和金属锭坯都运动,但是挤压筒相对锭坯移向挤压模的速度快,这样挤压筒壁对锭坯作用的摩擦力成为促进外层金属流动的动力。

在进行有效摩擦挤压时,必须注意:挤压筒与金属锭坯之间不能有润滑剂,以便建立起高的摩擦应力。

有效摩擦挤压的最主要的优点是:制品的变形均匀,无缩尾缺陷,因此压余的厚度小,约为挤压筒直径的5%;挤压力小,约为正向挤压与反向挤压力的平均值;锭坯的表面层在变形区中不产生大的附加拉应力。

### 5.2.4.5 锭接锭挤压

锭接锭挤压又叫无残料挤压,它是指在挤压过程中,当前一个锭坯挤出2/3长度时,装入下一个锭坯进行连续挤压,因此它具有半连续挤压的性质。在挤压时,可以采用润滑挤压或无润滑挤压。图5-5为有润滑锭接锭挤压过程。

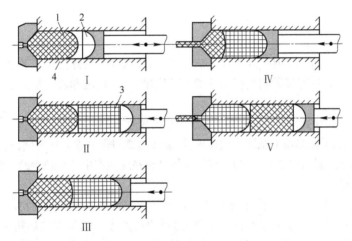

图5-5 有润滑锭接锭挤压过程
1—第1个锭坯;2—带凹形曲面的挤压垫;3—第2个锭坯;4—第1个锭坯端面变形后的形状
I、II、III、IV、V—不同挤压阶段

无润滑锭接锭半连续挤压主要用在生产长的制品,要求金属或合金在挤压温度下具有良好的焊合性能,比如铅、纯铝、低合金化的铝合金等,以便使前后锭坯的尾、首焊合在一起。

有润滑锭接锭挤压时,要特别注意锭坯的表面层在挤压工具上要均匀的滑动,以防止形成滞留区,消除制品表面出现的分层、起皮和压入等缺陷。

### 5.2.4.6 连续挤压

连续挤压时,挤压过程是连续不间断的进行的。金属的塑性变形完全是借助于金属与工具接触表面间的摩擦力来实现的。

如图5-6所示,在可旋转的挤压轮6的表面上带有方凹槽,其1/4左右的周长与一被称为挤压靴的导向块相配合,形成一个封闭的正方形空腔。模具被固定在导向块的一端。挤压时,将比正方形空腔断面大一些的圆坯料端头碾细,然后送入空腔中,依靠挤压轮槽与坯料间的摩擦力,将后者夹紧和拉入空腔中。坯料在初始夹紧区中逐渐塑性变形,直到进入挤压区时充满空腔的横断面。金属在挤压轮摩擦力的作用下不断地从模孔中被挤出,形成金属制品。

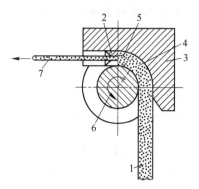

图 5-6　Conform 挤压工作原理图

1—坯料;2—模具;3—导向块;4—初始咬入区;5—挤压区;6—槽轮;7—制品

## 5.3　挤压温度

### 5.3.1　加热

#### 5.3.1.1　加热目的

现阶段有色金属及合金的挤压,主要是热挤压法,坯料加热是热挤压工艺过程的一个重要环节。加热质量的好坏,将直接影响到挤压件的内部质量、尺寸精度和表面粗糙度以及挤压过程能否正常进行等。

热挤压前坯料加热的目的,主要是为了提高金属的塑性,降低金属的变形抗力,使其易于变形。另外是利用金属的原子在高温下急剧扩散作用,使金属内部的化学成分均匀化,从而提高金属锭坯的内部质量,进而提高制品的质量。因此,坯料加热是热挤压生产中不可缺少的重要工序之一。

#### 5.3.1.2　加热方法

关于加热方法,根据热源的不同,基本上可以分为火焰加热和电加热两种。

火焰加热是利用燃料(主要是重油和煤气等)燃烧所产生的热量直接加热金属坯料的方法,所用的炉子为连续式斜底重油炉、环行煤气加热炉等。由于炉子的修造既简易又方便,投资费用少,加热的适应性强等,所以在现阶段的热挤压生产中,还普遍采用的。但是火焰加热的劳动条件差,加热温度难以控制,加热速度慢,氧化和脱碳严重,易出现过热或过烧等缺陷,因此使用越来越少。

电加热是利用电能转化成为热能来加热金属坯料的加热方法。电加热的方法很多,有电阻加热、盐浴加热、接触加热和感应加热等,其中应用较多的是感应加热。感应加热的主要优点是升温快,炉温易于控制,加热温度误差小,氧化脱碳少,劳动条件好等,因此在有色金属挤压车间的金属坯料加热中,应用越来越多。

#### 5.3.1.3　加热制度

有色金属锭坯的加热制度主要包括加热温度、加热速度、加热时间、炉内气氛以及炉内压力等。

加热温度是指金属锭坯出加热炉时的温度,加热温度减去温度降就是挤压温度,因此加热温度是比较重要的一个加热参数。选择加热温度时,主要根据挤压温度范围与出加热炉后到挤压之前的温度降确定。

加热速度和加热时间主要与金属锭坯的种类以及体积有关。为了使锭坯的温度均匀,并清除其内部的残余应力,使锭坯的化学成分及晶粒组织均匀化,就要有一定的加热时间。加热时间最好规定升温时间和保温时间,升温时间太短即加热速度太快,会使金属锭坯产生热应力,甚至产生裂纹;均热时间太短,会使锭坯内生外熟。但是加热时间太长会增加金属的氧化,甚至造成加热缺陷。

大部分有色金属及合金在微氧化性或氧化性气氛中进行加热,且一般采用微正压操作。对无氧铜,为了防止加热时增氧,需在微还原性气氛中加热。

### 5.3.2 挤压温度

在挤压过程中,最基本的工艺参数是挤压温度与挤压速度,二者之间有着紧密的联系,同时构成了对挤压过程控制十分重要的温度 – 速度条件。比如挤压过程中常采用大的变形程度,其结果将提高金属在变形区中的温度,当挤压速度或金属的流动速度愈大时,金属温度升高的越快,因此选择加热温度时,还要考虑挤压速度的大小。

在选择挤压温度时,要考虑多方面的问题,主要包括金属与合金的可挤压性、金属制品的质量要求以及挤压时的变形热等。

#### 5.3.2.1 金属与合金的可挤压性

金属与合金的可挤压性为金属材料的内在性能,它是指金属与合金在挤压过程中成材的可能性。金属与合金的可挤压性主要包括在高温条件下金属与合金的变形抗力与塑性两个指标,即在考虑挤压温度时,要在金属的塑性好而变形抗力较低的温度范围内进行挤压。合理的挤压温度范围,应该是根据金属的塑性图、相图和再结晶图决定的。

A 合金成分

不同的金属与合金在进行热塑性变形时,其加热温度是不相同的,一般是其合金熔点绝对温度的 0.75 ~ 0.95 倍。因此,应根据该合金的相图,确定合金的挤压温度的上、下限。另外,高温时存在相变的合金,最好要在单相区内进行挤压。

B 金属与合金的塑性

金属与合金应尽量在高温塑性范围的条件下进行热挤压,否则会由于金属的塑性太差,使挤压时超过金属的塑性范围,产生周期性的横向裂纹。当挤压高温易氧化、易黏结工模具的金属与合金时,应降低挤压时的温度范围,以防止表面过度氧化或黏结。

有色金属及合金的塑性图(见图 5 – 7),大致可以分为两类:一类是金属的塑性随着温度的增加而增加,这类合金的挤压温度应确定在塑性较高的高温度区间内;另一类是在某一个中间温度区间金属塑性下降,在高于或低于这个温度区间,塑性增高,对这一类合金的挤压温度,应尽量避开低塑性的温度范围。

C 金属与合金的变形抗力

在确定挤压温度时,除了要考虑材料的高温塑性外,还应使其变形抗力不能太高,否则会使挤压力过大而使挤压过程不能正常进行,或者使挤压比太小,而使挤压过程变得不经济。例如,紫铜在室温时的抗拉强度为 170MPa,加热到 700℃时便降低到 30MPa。

#### 5.3.2.2 制品组织与性能

挤压温度对热加工态的组织、性能的影响极大。如图 5 – 8 所示,为在同一挤压比($\lambda = 20$)和不同的挤压温度($T = 600℃$、$700℃$、$800℃$ 和 $900℃$)下,挤压的黄铜 H68 管材高倍纤维组织。由图 5 – 8 中可以看出:挤压温度越高,制品晶粒越粗大;对于温度升高会发生相变的某些金属及

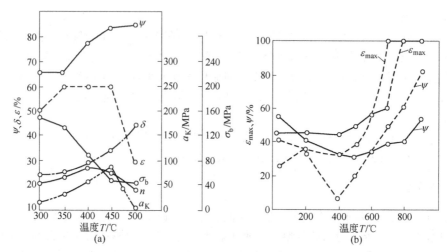

图 5-7  LY12 和 QAl9-4 的塑性图

(a) LY12;(b) QAl9-4

$\psi$—断面收缩率;$\varepsilon$—压缩率;——动载荷;----静载荷

合金,在高于相变温度时进行挤压,晶粒会变得很粗大。带粗晶的合金力学性能和疲劳极限都降低,影响使用。图 5-9 为不同温度下挤压铝材力学性能变化曲线。由图 5-9 中可以看出:所取的挤压温度越高,挤压制品的抗拉强度、屈服强度和硬度的值下降,伸长率增大;一旦温度超过500℃,由于晶粒过分长大,伸长率开始降低。

如图 5-10 所示,为挤压温度和变形程度对紫铜、H62 黄铜和 H68 黄铜晶粒度大小的影响关系曲线。由图 5-10 中可以看出:提高挤压温度对晶粒度的影响要比减小变形程度的影响大得多。因此,当挤压成品的力学性能不符合技术条件的要求时,首先应检查挤压温度是否控制得当。但是对于有挤压效应的铝合金,提高挤压温度能提高其力学性能。

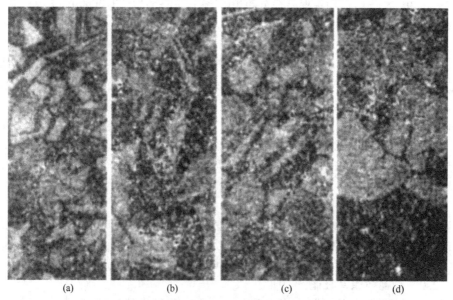

图 5-8  变形程度为 95% 的 H68 挤压管材的高倍组织

(a)600℃;(b)700℃;(c)800℃;(d)900℃

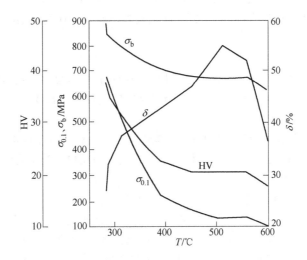

图 5-9 不同温度下铝挤压制品的力学性能

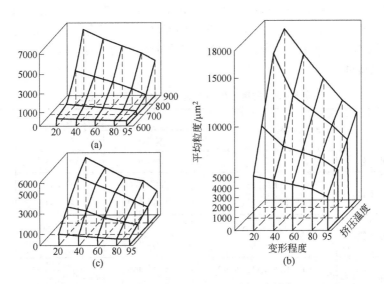

图 5-10 挤压制品的晶粒度与变形温度和变形程度之间的关系
(a)紫铜;(b)H68;(c)H62

因此,为了保证制品的组织、性能,挤压温度不宜过高;对有合金相变的材料,应避开相变温度;为了保证制品性能均一,可采用等温挤压技术,即在挤压时制品出挤压模孔时的温度不变化。

### 5.3.2.3 制品质量要求

挤压温度的高低,对制品的质量,包括尺寸精度、表面质量、焊缝性能以及挤压制品缺陷的多少等,都造成很大的影响。

**A 制品尺寸**

如果制品出模孔时的温度沿长度方向上波动,那么虽然制品出模孔时的断面尺寸相同,但由于金属的热胀冷缩,温度降不同,断面收缩不同,冷却后的断面尺寸沿长度上亦存在着波动。

在挤压时,一旦制品断面尺寸沿长度上存在波动,挤压工作者切不可首先判断为"模孔磨损"而急于换模或修模。比较实际的办法是:首先检查与调整锭坯的原始温度,无法及时调整时则严格控制挤压速度。

**B　表面质量**

对易于黏结工模具的金属锭坯,无论是工模具表面损伤还是黏结金属,都会使制品表面质量恶化,甚至因此而成为废品。因此,对于此类金属材料应在较低的温度范围内加热、挤压。

**C　焊缝质量**

在使用组合模挤制空心型材与管材时,因焊缝的质量好坏与挤压温度(焊合温度)有关系:温度越高,焊缝质量越高。因此应提高挤压温度来提高被挤压材料的焊合性能,以保证制品的焊缝质量。

**5.3.2.4　挤压时的变形热**

在挤压过程中,会产生很大的变形热和摩擦热。由于挤压法的一次变形量很大,而强烈的三向压应力状态又使锭坯金属的变形抗力增大,因此,挤压时产生的这种附加热量是很大的,可使制品温度上升几十度,甚至300℃以上,此温度与加热温度叠加,会使挤压温度过高,为了避免在挤压时温度过高,一定要注意挤压时的变形热。

不同种类的金属与合金具有各自的挤压温度范围,而且用同一合金挤压不同制品时,锭坯的加热温度也有差异,如表5-3所示。表中的挤压温度范围考虑到合金状态图、高温塑性图、第二类再结晶图,还要参考生产车间的实际生产规程与设备性能,同时要考虑变形热,以保证成品率、生产率以及制品质量等。

**表5-3　常用金属与合金挤压时锭坯加热温度**

| 金属种类 | 合金及牌号 | | 锭坯原始温度/℃ | | 挤压筒温度/℃ |
| --- | --- | --- | --- | --- | --- |
| | | | 棒型材 | 管材 | |
| 铝 | 纯铝 | L1 ~ L6 | 300 ~ 480 | 300 ~ 450 | 320 ~ 450 |
| | 防锈铝 | LF2,LF3 | 300 ~ 480 | 320 ~ 450 | |
| | | LF5 ~ LF11 | 340 ~ 450 | 340 ~ 440 | |
| | 锻铝 | LD1 ~ LD6 | 320 ~ 450 | 300 ~ 450 | |
| | | LD7 ~ LD10 | 370 ~ 450 | — | |
| | 硬铝 | LY2,LY6,LY16,LY17 | 440 ~ 460 | 340 ~ 440 | |
| | | LY11,LY12 | 320 ~ 450 | | |
| | 超硬铝 | LC4,LC6 | 320 ~ 450 | 360 ~ 440 | |
| 镁 | 镁合金 | MB1,MB8 | 300 ~ 430 | 360 ~ 430 | 300 ~ 430 |
| | | MB2,MB3 | 250 ~ 350 | 300 ~ 370 | 260 ~ 370 |
| | | MB5,MB6,MB7,MB15 | 300 ~ 350 | — | 300 ~ 370 |
| 钛 | α合金 | TA1 ~ TA3 | 750 ~ 900 | 750 ~ 900 | 400 ~ 480 |
| | | TA4,TA8 | 850 ~ 980 | — | |
| | | TA5,TA7 | 980 ~ 1020 | — | |
| | β合金 | TB1,TB2 | 1020 ~ 1050 | — | |
| | α + β合金 | TC1,TC2 | 780 ~ 800 | 780 ~ 800 | |
| | | TC3 ~ TC9 | 920 ~ 970 | — | |
| | | Ti - 32Mo - 2.5Nb | 1200 ~ 1300 | 1200 ~ 1300 | |

续表 5 – 3

| 金属种类 | 合金及牌号 | | 锭坯原始温度/℃ | | 挤压筒温度/℃ |
|---|---|---|---|---|---|
| | | | 棒型材 | 管 材 | |
| 铜 | 紫铜 | T2 ~ T4 H96,TU1 | 750 ~ 800 | 800 ~ 850 | 350 ~ 400 |
| | 黄铜 | H68,HSn70 – 1 | 700 ~ 750 | 780 ~ 840 | |
| | | H62,HSn62 – 1,HFe59 – 1 – 1 | 640 ~ 690 | 700 ~ 760 | |
| | | HPb59 – 1 | 580 ~ 630 | 580 ~ 630 | |
| | | HMn57 – 3 – 1 | 580 ~ 630 | 600 ~ 650 | |
| | | HSi80 – 3 | 720 ~ 770 | — | |
| | | HNi55 – 3 | 630 ~ 680 | | |
| | 青铜 | QAl9 – 2,QAl10 – 3 – 1.5 | 740 ~ 790 | 820 ~ 870 | |
| | | QAl9 – 4 | 800 ~ 850 | 820 ~ 870 | |
| | | QAl10 – 3 – 4 | 820 ~ 870 | 840 ~ 870 | |
| | | QCd1.0,QBe2.0,QBe2.5 | 710 ~ 770 | — | |
| | | QCr0.5,QZr0.2 | 800 ~ 850 | — | |
| | 白铜 | BMn40 – 1.5 | 920 ~ 970 | 980 ~ 1050 | |
| | | B30 | 900 ~ 950 | 950 ~ 1020 | |
| 镍 | 镍铜 | NCu28 – 2.4 – 1.5 | 1050 ~ 1150 | 1100 ~ 1250 | 350 ~ 400 |

## 5.4 挤压速度的选择

### 5.4.1 挤压速度与制品质量的关系

#### 5.4.1.1 挤压速度的分类

挤压时的速度一般可分为三种表示方法:挤压速度—挤压机主柱塞、挤压杆、挤压垫的移动速度;金属流出速度—金属制品流出挤压模孔时的速度;金属变形速度—单位时间内变形量变化的大小。在挤压时,一般比较注重金属的流出速度,而一般所说的挤压速度也是指金属流出的速度。

#### 5.4.1.2 挤压速度对制品质量的影响

挤压速度对挤压过程能否顺利进行,对挤压制品的质量均有很大的影响。特别是对低塑性金属和塑性区间很窄的合金来说,如果挤压速度过大,则金属由于外摩擦引起外层金属产生附加拉应力而使其超出金属的塑性范围,就将引起制品表面的开裂。所以挤压速度的选择是保证挤压制品质量的关键因素。

挤压速度与制品的组织、性能之间的关系,主要是通过影响金属的热平衡来体现的。挤压速度低,金属热量逸散的多,挤压温度就越来越低,造成挤压制品尾部出现加工组织;挤压速度高,热量来不及逸散,有可能形成绝热挤压过程使金属的温度升高,一般情况下,挤压速度越高,则挤压时的温升就越大。

### 5.4.2 确定挤压速度应考虑的原则

确定金属的流出速度时,应当综合全面考虑以下几个方面的因素。

#### 5.4.2.1 金属与合金的可挤压性

确定了挤压温度后,可根据金属的热量平衡关系确定金属塑性变形区内和模孔出口处的金属温度分布。当金属塑性变形区内的温度范围愈宽,则挤压时金属流出速度的范围也愈宽。此时,只要其他条件允许,便可以采用较高的金属流出速度。

在挤压时,一般纯金属的流出速度较之其他合金的要高;高温塑性范围窄的或存在低熔点成分的合金,应控制较低的金属流出速度;当实测的金属出口温度高于规定值时,应适当降低金属的流出速度;当热挤压高温高强度合金比如钛合金时,为避免挤压工模具对金属的冷却作用和钢质工模具受高热变形,一般采用高速挤压。

### 5.4.2.2 制品质量要求

挤压速度或变形区内金属的流动速度越快,则金属流动的不均匀性越严重。因此,为了减少挤压时金属流动的不均匀性,提高挤压制品的质量,在挤压时,有时要限制挤压速度。

比如,在挤压型材,特别是壁厚不均、断面形状复杂的型材时,为了避免充不满模孔和产生较大的附加应力,或减少挤压制品产生纵向上的弯曲和扭拧,要求金属流出的速度要比挤压圆棒时的金属流出速度要低。挤压管材时的金属流出速度,可比挤压棒材时的要高些,因为挤压管材时,由于穿孔针的参与,金属流动要比挤压棒材时的要均匀。表面摩擦状态差(外摩擦系数大)的,较之润滑条件好,且表面不黏结金属的挤压,金属的流出速度要低。同一合金,挤压同一制品时,如果挤压温度高,则要求挤压时的金属流出速度要低一些。

对于高温时易产生表面黏结的一些易变形合金,进一步提高挤压速度会使出口温度升高更易引起金属与工模具之间的黏结,导致制品表面质量恶化,同时也降低了流出模孔的制品力学性能。因此,对这类合金的挤压速度不能太高。

在采用组合模挤压空心型材和管材时,为了提高焊缝的质量(焊缝强度至少应达到机体金属强度的95%),要求各股分流的金属在组合模焊合腔内,除有必须的温度和压力外,还要有必要的接触时间,使金属有充分的扩散过程。提高挤压时的金属出口速度,会使金属接触时间减少,因此不能任意提高使用组合模挤压时的金属流出速度。但是,当需要较高的挤压速度以提高生产效率时,就要提高挤压温度和设计较大的焊合腔高度,以保证制品的焊缝强度能满足制品的要求。

### 5.4.2.3 设备能力的限制

在挤压时,挤压速度的高低是受挤压设备能力的限制的,提高挤压速度,有可能超过挤压设备的能力,使挤压过程不能顺利进行。挤压设备(主要是挤压机)能力限制挤压速度,主要表现在下面几个方面:

(1)挤压速度的提高,将使变形速度提高,金属的变形抗力增大,由此使挤压力增大,并有可能超过设备能力。比如使挤压工模具受到破坏、电机超载、泵站和管道的压力过大等,都容易使挤压机遭到破坏。

(2)挤压速度提高,有可能使挤压机主缸内的高压液体流量得不到保证。使用水泵站集中传动时,一般不会为一台挤压机的高速挤压而停止其余挤压机的生产的;高压泵单独传动时,高速挤压的能否实现,要考虑高压泵的生产效率。

(3)提高挤压速度,还要考虑锭坯加热炉的生产能力能否满足要求。一般设计好了的加热炉生产能力,能满足挤压机正常挤压速度的需要。若提高挤压速度,虽然可以使挤压温度有所降低,但是因为加热时间缩短,有可能使锭坯加热不透,即中间温度较低,有可能使挤压制品的质量不能满足要求。

### 5.4.2.4 最大挤压速度

在挤压过程中,挤压力是被挤压金属材料变形抗力的函数,而在其他条件不变的条件下,变形抗力一般与挤压温度成反比。热加工的目的,就是利用金属材料的这一特性来实现大变形量加工的,具有较高的变形抗力的合金必须加热到高的变形温度进行挤压,否则会使挤压力过大而使挤压过程不能正常进行。

挤压温度提高后,如果再提高挤压速度,有可能使制品的出口温度升高,以致进入合金的脆性区,甚至非常接近该合金的固相线温度,达到共晶的熔点,那么制品表面将产生裂纹、粗糙等,质量变坏。因此对这类合金来说,挤压温度确定后,最大挤压速度是受限制的。

对高塑性的合金,在挤压时,如果降低挤压温度,则可以提高挤压速度而不会出现制品的表面裂纹等缺陷。例如 LY12 铝合金,将加热温度由450℃降低至390℃,在以挤压比 $\lambda = 15$ 挤压棒材时,可以提高挤压速度2倍,而挤压力只增加15%左右。如表5-4所示,为不同铝合金挤压棒材时,流出速度与锭坯温度的关系。从表中可以看出,适当地降低锭坯温度,可以成倍的提高流出速度,从而提高了挤压机的生产效率。但是对于塑性差的合金来说,降低挤压温度,有可能使挤压力过大而造成挤压不能进行。

表5-4 挤压铝合金棒时流出速度与锭坯温度的关系

| 合　金 | 高温挤压 | | 低温挤压 | |
|---|---|---|---|---|
| | 锭温/℃ | 流出速度/m·min⁻¹ | 锭温/℃ | 流出速度/m·min⁻¹ |
| LY11 | 380~450 | 1.5~2.5 | 280~320 | 7~9 |
| LY12 | 380~450 | 1.0~1.7 | 330~350 | 3.5~5 |
| LD5 | 380~450 | 3.0~3.5 | 280~320 | 8~12 |
| LC4 | 370~420 | 1.0~1.5 | 300~320 | 3.5~4 |
| LD2 | 480~500 | 2.0~2.5 | 260~300 | 12~15 |

如图5-11所示,为最大挤压速度和出口温度之间的关系曲线。图5-11中给出两条极限曲线:1表示设备能力的挤压力极限曲线,超过它(即位于1曲线的左侧)将不可能实现挤压;2表示合金制品表面开始撕裂的冶金学极限,超过该线会使制品质量不能满足要求。两条曲线围成的面积(图中阴影部分)为该合金挤压所允许的加工工艺参数范围,而两条线的交点为理论上的最大挤压速度和相应的最佳出口温度。

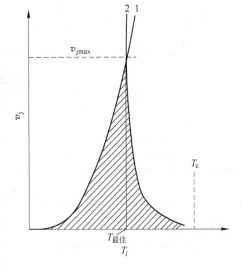

图5-11 挤压速度极限图
1—挤压力极限曲线;2—合金极限曲线
$T_l$—出口温度;$T_c$—固相线温度;
$T_{最佳}$—最佳出口速度;$v_j$—挤压速度;
$v_{jmax}$—最大挤压速度

### 5.4.3 金属流出速度的控制值

在挤压时,确定常规挤压时实际的金属流出速度,一般是在挤压温度已知的条件下,综合考虑被挤压金属材料的特性和工艺参数,包括金属的变形抗力、挤压比、不均匀流动的类型、工模具以及预热条件等,再结合设备条件,取得金属的流出速度。

表5-5为挤压铜及铜合金、镍及镍合金时的金属流出速度。

表5-6、表5-8为铝及铝合金挤压时的金属流出速度。对纯铝,一般不限制金属的流出速度,其大小取决于挤压机的最大速度;对其他铝合

金,可采用表5－6内的相应值然后乘上表5－7中的修正系数,或者直接查表5－8。例如:采用50MN挤压机挤制 LC4 大梁型材,其最大挤压速度为:(0.3 ~ 1.2) × 1.2 = 0.36 ~ 1.44m/min。

**表5－5　铜、镍挤压时的金属流出速度**　　　　　　　　　　(m/min)

| 制品种类<br>合金材料 | λ < 40 | | λ = 40 ~ 100 | | λ > 100 | |
|---|---|---|---|---|---|---|
| | 管材 | 棒材 | 管材 | 棒材 | 管材 | 棒材 |
| T2,TU1,TUP,H96 | 60 ~ 120 | 18 ~ 90 | 180 ~ 300 | 30 ~ 150 | 180 ~ 300 | 60 ~ 210 |
| H90,H85,H80 | 12 ~ 48 | 12 ~ 60 | | | | 60 ~ 240 |
| H62,HPb59 - 1,两相黄铜 | 42 ~ 48 | 24 ~ 90 | 120 ~ 240 | 36 ~ 180 | | |
| QAl9 - 2,QAl9 - 4,QAl10 - 3 - 1.5 | 9 ~ 15 | 6 ~ 12 | 30 ~ 48 | 18 ~ 48 | | |
| QSi3 - 1,QSi1 - 3,QSn4 - 3 | — | 2.4 ~ 6 | — | 4.2 ~ 9 | | |
| BAl13 - 3 | — | 30 ~ 60 | | 48 ~ 90 | | |
| BFe5 - 1,BZn15 - 20 | 30 ~ 66 | 30 ~ 60 | | 48 ~ 90 | | |
| QCd1.0 | — | 1.2 ~ 2.4 | | | | |
| H68,HSn70 - 1,HAl77 - 2 | 2.4 ~ 6.0 | 2.4 ~ 6.0 | 2.4 ~ 6.0 | 2.4 ~ 6.0 | | |
| QSn4 - 0.3,QSn6.5 - 0.1 | 1.8 ~ 3.6 | 1.8 ~ 3.6 | | | | |
| B30,N6,B30 - 1 - 1 | 1.8 ~ 72 | 1.8 ~ 72 | | | | |
| NCu28 - 2.5 - 1.5 | 1.8 ~ 60 | 1.8 ~ 60 | | | | |

**表5－6　挤压 LY12 硬铝合金棒材时的金属流出速度**　　　　　　　　　　(m/min)

| 制品种类 | 挤压机能力/MN | | | |
|---|---|---|---|---|
| | 50 | 30 | 20 | 15 |
| 普通型材 | 0.6 ~ 1.5 | 0.6 ~ 1.5 | 0.7 ~ 2.8 | 1.2 ~ 1.8 |
| 阶段变断面型材 | 0.3 ~ 1.0 | 0.3 ~ 1.0 | 0.7 ~ 1.2 | 0.7 ~ 1.2 |
| 大梁型材 | 0.3 ~ 1.2 | 0.3 ~ 1.2 | — | — |
| 棒材 | 0.25 ~ 1.0 | 0.6 ~ 1.0 | 1.5 ~ 1.8 | 1.5 ~ 2.0 |

**表5－7　使用表5－4数值时的修正系数**

| 合金牌号 | 制品种类 | 系　　数 |
|---|---|---|
| LY11,LD5,LF3 | 型　材 | 1.2 |
| LC4 | 型、棒材 | 0.7 ~ 0.8 |
| LF2,LF3,LD5,LD10 | 棒　材 | 2 ~ 3 |

**表5－8　挤制铝合金管材时的金属流出速度**　　　　　　　　　　(m/min)

| 合金牌号 | L2 ~ L6,LF21 | LF2,LF3,LD2 | LF5,LF6 | LY11,LY12 | LC4 |
|---|---|---|---|---|---|
| 金属流出速度 | 不限 | 1.0 ~ 10.0 | 0.8 ~ 6.0 | 0.8 ~ 4.0 | 1.6 ~ 3.0 |

## 5.4.4　挤压中的温度－速度控制

在挤压时,为了获得沿断面与长度上组织、性能均一,表面质量良好和无裂纹的制品,以及为了最大限度地提高生产率,要对挤压温度和挤压速度进行控制,特别是挤压对温度、速度敏感的合金,更应如此。

### 5.4.4.1　锭坯梯温加热

所谓梯温加热,就是加热后,锭坯在长度上或断面上存在温度梯度,也就是说,锭坯在单位长度上存在着一定的温差。

目前所常用的梯温加热法是沿长度上的梯温加热,如图 5-12 所示。使用梯温加热的目的是为了在挤压速度不变时,保证在挤压时金属制品的出口温度不变,从而使挤压制品性能均一。形成挤制品出口温度不变的原因是:挤压时大量的变形热,使挤压锭坯的温度越来越高,与原来的温度梯度相叠加,使出口温度不变。

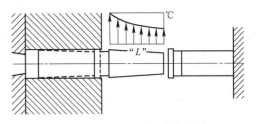

图 5-12 梯温锭坯的挤压
实线—入筒前;虚线—入筒后

如表 5-9 所示,为梯温加热和均匀加热的 LY12 硬铝合金锭坯挤压成棒材时,材料的机械性能测定值。由表 5-9 中可以看出,采用梯温加热后,制品沿长度上的性能差大大减小。

表 5-9 采用不同加热制度时对挤制品的力学性能比较

| 加热方法 | 锭坯温度/℃ | | 允许流出速度 | | 抗拉强度/MPa | | | 屈服强度/MPa | | | 伸长率/% | | |
| --- | --- | --- | --- | --- | --- | --- | --- | --- | --- | --- | --- | --- | --- |
| | 头部 | 尾部 | m/min | 比值 | 取 样 部 位 | | | | | | | | |
| | | | | | 头 | 中 | 尾 | 头 | 中 | 尾 | 头 | 中 | 尾 |
| 均匀加热 | 320 | 320 | 3.95 | 1.00 | 494 | 544 | 558 | 327 | 385 | 393 | 15 | 11.9 | 11 |
| 梯温加热 | 400 | 250 | 5.0 | 1.2 | 567 | 570 | 573 | 405 | 411 | 414 | 11.2 | 11.3 | 10.9 |
| | 450 | 150 | 5.0 | 1.2 | 558 | 544 | 562 | 400 | 358 | 399 | 10.4 | 12 | 11 |

在确定梯温加热制度时,应考虑被挤压金属和挤压工模具材料的导热性能、金属允许的加热温度、锭坯的长度和直径之比,以及锭坯在空气中的冷却时间等因素,另外还要考虑挤压时产生的变形热的多少以及散热条件等。

沿断面上的锭坯温度梯度可能有两种情况:内部温度高而外部温度低;外部温度高而内部温度低。对前者可以将均匀加热的锭坯浸入水中片刻或风冷片刻后再进行挤压,它适合于锭坯与挤压筒壁之间剧烈摩擦而产生大量的热使金属表面温升的情况。

### 5.4.4.2 控制工模具温度

为了及时通过工模具逸散变形区内的变形热,可以采用水冷或者液氮冷却挤压筒和挤压模的方法。采用水冷模挤压可改善挤压制品表面粗糙度,挤压硬铝合金时则使金属的流出速度提高了 30%~55%,但是,水冷模的寿命低于普通挤压模。图 5-13 为挤压筒与模支撑的内部冷却装置。

由于水冷却装置结构上和技术上的困难,挤压模寿命低,以及散热效果不显著等原因,水冷模应用较少。近年来,已经开始采用液氮或氮气冷却挤压模,同时还可以保护制品表面不被氧化,从而提高了挤压速度和制品质量。

### 5.4.4.3 调整挤压速度

在挤压过程中,还可以通过调整挤压速度来控制变形区内金属的温度。在挤压硬铝合

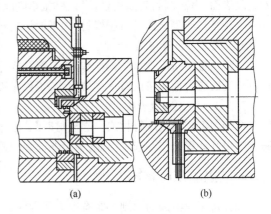

图 5-13 挤压筒与模支撑的内部冷却装置
(a)挤压筒冷却装置;(b)模支撑冷却装置

金时,过去常采用挤压后期降低挤压速度的方法,来避免变形区内的金属温度过分升高而造成的周期性横向裂纹。但是由此使挤压周期变长,生产率降低。现在普遍采用的方法是:用低温加热或不加热的锭坯进行高速挤压,可以取得很好的效果。

现在所采用的等温挤压技术,就是通过在挤压过程中自动调节挤压速度,使变形区内的金属温度保持不变。这种挤压技术为制品出模后直接进行淬火(挤压淬火)提供了可能性,从而可以省掉淬火前的重复加热和往返运输。

## 5.5 挤压时的润滑

### 5.5.1 挤压时润滑的作用

由于挤压时的一次变形量很大,金属与工具接触面上的单位正压力极高,相当于金属变形抗力的 3~10 倍,甚至更高。在此条件下,变形金属的表面发生剧烈的更新,从而使金属黏结工模具的现象严重。为了减少或消除这种现象的出现,在挤压时一般要采用润滑剂。

挤压时润滑剂的作用是尽可能地使接触表面的干摩擦转变为边界摩擦。这不仅提高了制品的表面质量和工模具的使用寿命,而且由于降低了挤压工模具对金属锭坯的冷却作用,减少了工模具对金属锭坯的摩擦阻力,使金属流动的不均匀性减少,提高了挤压制品的性能,并使挤压能耗降低。

### 5.5.2 工模具润滑的方法

#### 5.5.2.1 平模挤压

大多数的金属材料使用平模挤压棒材和型材,在挤压时,平模工作面与挤压筒壁交接处存在着一个环行的死区,它可以有效地阻止锭坯表面上的氧化物、夹杂与灰尘进入制品表面,可以大大提高制品表面质量。因此,在平模挤压时,挤压筒壁不允许涂抹润滑剂,否则将形不成死区。

但在使用平模挤压钛及钛合金时,必须进行润滑,这主要是由于新生的未经氧化的表面金属黏结工具很严重,使挤出的金属制品表面上形成较深的划痕与擦伤,使制品的表面质量更加不能满足要求。

#### 5.5.2.2 锥模挤压

采用锥模挤压棒材时,对挤压筒壁和挤压模要进行润滑。此时,若要防止锭坯不良的表面进入制品表面,提高制品表面质量,可以机械车削除去加热前锭坯表皮。

不论是挤压型材还是挤压棒材,均不润滑挤压垫,以防止挤压缩尾的形成。

#### 5.5.2.3 管材挤压

在使用锥模挤压管材时,不论是否有穿孔操作,均应润滑冷却穿孔针。这是因为穿孔针在穿孔时承受压应力而在挤压时承受拉应力,工作条件极为恶劣。

#### 5.5.2.4 组合模挤压

在使用组合模挤压管材或空心型材时,若采用润滑剂,则容易使润滑剂流入到焊合面,使金属不能很好地焊合在一起。因此,为了保证焊缝质量,绝对不允许润滑。

### 5.5.3 选择挤压润滑剂的原则

选择挤压润滑剂的原则主要有以下几方面:

(1)对接触表面尽可能有最大的活性。

(2)挤压润滑剂要有足够的黏度,以保证在挤压时,在很大的接触应力作用下,仍能在接触表面形成一层足够固定的润滑层。

（3）所选择的润滑剂化学性质要稳定，特别是对加工工具和变形金属要有一定的化学稳定性，不能腐蚀制品和工模具表面，并且易清除。

（4）挤压润滑剂应有良好的冷却性能，对挤压高温合金时的润滑剂，要求有良好的隔热和抗氧化性。

（5）为保证制品表面质量，润滑剂灰分要少，价格要低廉，制造要方便。

（6）劳动条件要好，对人身和环境少或者无污染。

### 5.5.4 挤压时常用的润滑剂

大多数有色金属管棒材在挤压时，都使用矿物油添加各种固体填料制成的润滑剂。所使用的矿物油可以是轻质矿物油，也可以是40号、45号机油。固体填料应用最多的是石墨，另外还有二硫化钼、氮化硼、云母和滑石。

在冬季，为了降低润滑剂的黏性，往往要加入5%～7%的煤油；夏季则加松香，这样可以使石墨等的质点处于悬浮状态。

在卧式挤压机上，也常采用无毒性的石油沥青作为穿孔针、垫片、挤压模的润滑剂。在小吨位挤压机上也可以采用高温钠基脂或钙基脂加30%石墨粉作为润滑剂。

### 5.5.5 玻璃润滑剂

#### 5.5.5.1 玻璃润滑剂的特性

玻璃润滑剂属于固体润滑剂，在高温时具有强黏着性、高熔点和高抗压强度；当与热锭坯接触时，从粉状转变成胶质状固体，玻璃一面软化一面产生一层隔热的胶体薄膜。这种胶体薄膜不仅起润滑剂的作用，同时也起隔热作用，保护工模具不受高热，也可以防止热锭坯表面冷却和氧化。如表5-10所示，为国内使用的部分玻璃润滑剂的成分及其软化温度。

表 5 – 10　玻璃润滑剂

| 牌　号 | 化　学　成　分　/% | | | | | | | 软化点/℃ |
|---|---|---|---|---|---|---|---|---|
| | $SiO_2$ | CaO | MgO | $Al_2O_3$ | $B_2O_3$ | $Na_2O$ | $K_2O$ | |
| S – 2 | 64.6 | 10.1 | 2.3 | — | 7.6 | 13.8 | 0.3 | 688 |
| A – 5 | 54.0 | 5.0 | 3.0 | 13.5 | 8.0 | 12.5 | — | 740 |
| A – 9 | 68.0 | 5.0 | 3.0 | 3.0 | 2.0 | — | 17.0 | 670 |
| G – 1 | 67.5 | 9.5 | 2.5 | 0.5 | 5.5 | 13.5 | — | 691 |

玻璃润滑剂主要用在挤压高温高强度合金上。采用玻璃润滑剂可以提高工模具寿命外，还可以使金属的流动和变形变得比较均匀、产品质量高，而且可以使挤压速度提高，摩擦系数降至0.02～0.033。

但是，玻璃润滑剂也有一些缺点：去除制品表面上的玻璃颇费工夫；在变形区内的润滑层较厚，制品的质量（主要是尺寸精度）不能得到保证；挤压速度受到一定的限制等。为了避免玻璃上述的缺点，又出现了盐类润滑剂和结晶润滑剂等。

#### 5.5.5.2 玻璃润滑剂的使用方法

玻璃润滑剂的使用方法主要有涂层法、玻璃粉滚黏法和玻璃布包覆法三种。涂层法是在金属锭坯上涂一层玻璃液体，或直接将锭坯浸入玻璃液体中。滚黏法是将锭坯沿着均匀撒上玻璃粉的倾斜工作面上滚过，使玻璃粉黏附于其侧表面上。包覆法是将玻璃布包于热锭坯上。各种工模具润滑方法如下：

(1)挤压模润滑。在挤压模之前放一个特制的玻璃垫，其内孔要比模孔稍大一些，而外圆直径要比挤压筒内径小4~5mm，厚度为3~10mm。玻璃垫可用40目的玻璃粉加入2.5%的工业水玻璃和2.5%的水配置成糊状后再成型并自然干燥。若粒度大时，应增加水玻璃而减少水的用量。

(2)挤压筒润滑。挤压筒的润滑，是用玻璃布包覆法，或者采用玻璃粉滚黏法，也可以在玻璃液中加热(涂层法)。

(3)穿孔针的润滑。穿孔针的润滑是否恰当对空心制品的内表面质量及穿孔针的寿命有很大的关系。润滑方法常采用玻璃布包覆法：先在穿孔针上涂一层沥青，然后包上玻璃布即可。

### 5.5.5.3　玻璃润滑剂去除方法

挤压后挤制品表面玻璃层应当去除，去除的方法主要有三种：喷沙法、急冷法和化学法。在生产中也可以混合使用这几种方法。

**A　喷沙法**

这种方法是在喷沙机上用沙粒或弹丸喷射制品表面，除掉黏附的玻璃壳层。这种方法基本上都能除掉黏附的玻璃层，喷后表面光亮。

**B　急冷法**

此法是将挤出的制品立即投入到冷水中，脆性玻璃层受急冷后碎裂剥落，以破坏制品表面黏附的玻璃，使其自然脱落。对于局部轻微的玻璃残余层可用拉伸矫直或拧扭的办法清除。

**C　化学法**

将挤压后的制品投入到氢氟酸加硫酸溶液中浸15~25min，使其中的玻璃层溶解，取出后要用冷水冲洗(时间为5min左右)，取出后再用清水清洗即可。也可以采用熔融的苏打和氢氧化钠融体溶解玻璃，再用水清洗。

## 5.5.6　不同合金挤压时润滑剂的选择与使用

### 5.5.6.1　铝及铝合金

对铝及铝合金，多采用在黏性矿物油中添加各种固态填料的悬浮状润滑剂，如表5-11所示。硬脂酸盐中含有硬脂酸铅，固体粉剂中含有铅丹，形成的铅的化合物有毒，在使用时应使用抽风装置加强通风，以防止中毒。

表5-11　铝及铝合金用润滑剂的组成

| 润滑剂编号 | 油剂/% | | 硬脂酸盐/% | | 固体粉剂/% | | | |
|---|---|---|---|---|---|---|---|---|
| | 72号汽缸油 | 250号苯甲基硅油 | 硬脂酸铅 | 硬脂酸锡 | 石墨 | 滑石粉 | 二硫化钼 | 铅丹 |
| A | 70~80 | — | — | — | 20~30 | — | — | — |
| B | 余量 | — | — | 5~7 | 15~25 | — | — | — |
| C | 65 | — | 15 | — | 10 | 10 | — | — |
| D | 65 | — | 10 | — | 10 | — | 15 | — |
| E | 余量 | — | — | — | 10 | 10 | — | 8~20 |
| F | — | 60~70 | — | — | 30~40 | — | — | — |

铝及铝合金冷挤压时，若出口温度不超过240~300℃，可使用轻质矿物油、黄蜡和脂肪酸作润滑剂，效果更佳。

### 5.5.6.2　铜及铜合金

大多数的铜及铜合金管棒材挤压时，可采用45号机油和20%~30%鳞片状石墨调制成的润滑剂；当挤制青铜或白铜时，可将石墨加至30%~40%。

### 5.5.6.3 高温高强度合金

在挤压高温高强度合金时,如铜镍合金、镍、钛及钢,目前大多采用了玻璃润滑剂。

### 5.5.6.4 特种合金

挤压钨、钼、钽、铌、镉及其合金时,也同样大多使用玻璃润滑剂。

对一些塑性较差或表面易氧化污染的金属及合金,可采用包套挤压法,然后使用普通润滑剂进行挤压。比如挤压钛、锆、铌、钨、铀和铸铁等金属材料时,可使用铜套或软钢套进行包覆;挤压硬铝、超硬铝等合金时,可使用纯铝套包覆。包套挤压还可以防止黏结、增强静水压力、提高被挤压金属材料的塑性以及防毒、减少辐射等功能。

## 5.6 挤压制品的组织性能

有色金属及合金热挤压的制品,不论是在表面质量上,还是在组织、性能上,一般要高于比如热轧、热锻造等其他的热加工方法,因此被广泛应用。但是,通常用正挤压法生产的有色金属制品的组织、性能分布较其他热加工方法获得的制品不够均一,并且有一些不同的特点。

### 5.6.1 挤压制品的组织

挤压制品的组织,主要是用金属及合金的相、晶粒的形状、大小和均匀性等来描述的。挤压变形的特点是:包括断面上和长度上的变形不均匀程度特别高,影响组织的不均匀性。变形不均匀与组织不均匀的关系表现为:

(1)棒材挤压时的不均匀性随挤压延伸系数(挤压比)的加大而降低。

(2)各种管材的不均匀性要比棒材的小。

(3)挤压润滑条件对不均匀性影响较大。

(4)挤压速度、挤压温度对塑性较差的合金不均匀性影响较大。

#### 5.6.1.1 挤压制品的组织不均匀性

挤压制品的组织不均匀性的规律为:沿制品的长度上前端晶粒粗大后端细小;沿断面径向上中心晶粒粗大外层细小。挤压制品的组织在断面上和长度上的不均匀性,主要是由于变形不均匀引起的。

合金的晶粒尺寸由棒材的头部向尾部逐渐减小的情况。同时还应注意到,制品的头部晶粒基本上未产生塑性变形,仍旧保流了铸造组织。

在挤压时,断面上和长度上的变形不均匀产生的原因主要包括变形程度不同、挤压温度和挤压速度不同、相变的影响。

A 变形程度不同

在挤压时,变形程度是由制品的中心向外层、由头部向尾部逐渐增加的。从挤压过程的坐标网格中可以看到:锭坯被挤压垫推进时,外层金属在进入塑性变形区之前就已经承受挤压筒壁的剧烈摩擦作用,产生了附加剪切变形。因此,外层金属在进入塑性变形区后,与中心层的金属变形程度不同,由此使外层金属的晶粒遭到较大的破碎,使制品的外层金属晶粒比较细小。

变形程度的不同,也是造成沿制品长度上的变形和组织不均匀的原因之一:越往后,金属锭坯承受挤压筒的摩擦作用时间越长,产生的附加剪切变形时间也越长,从而使后面的金属晶粒破碎程度逐渐加剧,晶粒越细小。

B 挤压温度和挤压速度不同

一般在挤压一些重有色金属时的挤压速度不高,锭坯在挤压筒内停留的时间很长。由于挤压筒壁的冷却作用,后端的金属较之前面的金属在较低的温度下变形,并且在挤压末期,金属的流动速度加快,由于上面的两个原因,使后端金属在变形区内的再结晶不完全。而前面的金属是在较高的温度下进行塑性变形的,出模孔后金属可以进行较充分的再结晶。由此造成了前端的金属晶粒粗大,而后端的金属晶粒细小,甚至得到纤维状组织。

与上述情况相反,在挤压铝及软铝合金时,由于变形热不易逸散而使变形区内的温度逐渐升高,后端的金属比前端的金属在较高的温度下塑性变形,导致制品的前端晶粒细小,而尾部晶粒粗大。

C　相变的影响

在挤压具有相变的合金时,由于温度的变化而使合金有可能在相变的温度下进行塑性变形,也会造成组织的不均匀。

例如:HPb59-1 铅黄铜的相变温度为 720℃,在高于 720℃ 的温度条件下挤压时,挤出的热态制品组织呈单相 $\beta$ 组织。冷却过程中,在相变温度下从 $\beta$ 相内均匀析出呈多面体的 $\alpha$ 相晶粒,组织比较均匀。但是如果在挤压时的温度为相变温度或更低时,所析出的 $\alpha$ 相会被挤压成长条状组织(一般称为带状组织)。如果对这种带状组织进行正常的热处理(其温度低于相变温度),带状组织一般不可能消除。

由于相变产生的组织不均匀,使相间的变形与流动不均匀,在金属内部产生附加应力,从而使制品易在以后的加工过程中产生裂纹。因此一定要注意:在挤压时要尽量避开相变温度。

### 5.6.1.2　挤压制品的粗大晶粒组织

挤压制品的组织不均匀性还表现在某些成分复杂的合金,在挤压时或在随后的热处理过程中,在其外层出现异常粗大的晶粒,其尺寸超过原始晶粒尺寸的 10~100 倍,比临界变形后热处理所形成的再结晶晶粒大得多。晶粒这种异常长大的过程称为粗化,这种粗化的组织称为粗大晶粒组织,简称粗晶粒,通常称之为"粗晶环"。

在铝、镍、锰和其他的有色金属合金中,经常发现粗晶环。例如,纯铝或 MB15 镁合金根据挤压温度的不同,挤压后会在制品的表面上出现深度不同的粗晶环,同时,挤压温度越高,此环越宽;含铜58%、铅2%的黄铜在725℃下挤压后的棒材,在锻造之前加热时,会在坯料的外层出现粗大晶粒组织。

A　粗晶环的分布规律

如图 5-14、图 5-15 所示,为不同形状的粗晶环。

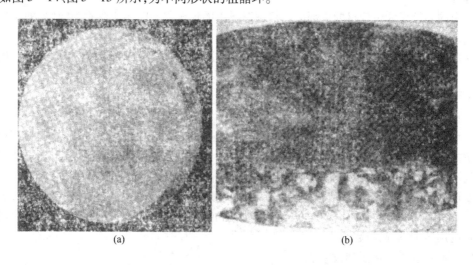

(a)　　　　　　　　　　　　　　　(b)

图 5-14　不同形状的粗晶环
(a)双孔模挤制棒材淬火后的粗晶环;(b)低碳钢镦压件形成的粗晶环

粗晶环在径向上的分布规律是:靠近挤压筒壁的部分出现较厚的粗晶环,工作带摩擦阻力较大的部分具有较厚的粗晶环;较厚粗晶环处的晶粒比较粗大。

沿挤压制品长度方向上的粗晶环厚度的分布规律是:头部薄、尾部厚,严重情况下会在全断面上出现粗晶组织。

B 粗晶环的形成机理

图 5 - 15 单孔模挤制异型材淬火后的粗晶环

粗晶环形成的部位常常是金属材料承受剧烈附近剪切变形的部位,该部位处于热力学不稳定状态,因此降低了该部位的再结晶温度。在该部位热处理加热时形成少量的再结晶核心,并以很高的速度长大和吞并周围的晶粒,从而出现异常粗大的晶粒。

C 形成粗晶环的影响因素

影响粗晶环的因素主要有合金元素、铸锭的均匀化、挤压温度以及变形应力等。

铝合金粗晶组织的产生与含有一定量的锰、铬、钛和锆等元素及其不均匀分布有关。比如,当含锰量在 0.2% ~0.6% 时,铝合金中出现的粗晶环的厚度最大,继续增加锰含量时,粗晶环逐渐减少以至完全消失。铝合金中锰含量的增加并不是避免了粗晶环的形成,而是提高了粗晶环在淬火时的形成温度,也就是说,锰含量高的铝合金只有在较高的淬火温度下才能形成粗晶环。若保持淬火温度不变,则只能通过增加锰含量来防止粗晶环的生成。

锭坯的均匀化热处理对不同的铝合金的影响不同。由于含锰对铝合金进行均匀化以后会促使粗晶环的增厚,而且均匀化的温度越高,时间越长,粗晶环会越厚,因此对含锰的 LY12 等硬铝合金的锭坯,可以根据具体情况,一般不进行均匀化热处理。对不含锰的铝合金,锭坯均匀化对粗晶环的产生影响不大,即无论均匀化与否,淬火加热过程中的制品内部都存在着粗晶环。

对于需要淬火实效热处理强化的合金,要尽量避免在合金两相区的温度条件下进行挤压,在生产中,应适当选择接近从两相区向单相区较高的温度条件下挤压,可减少甚至避免粗晶环的出现。

挤压时由于不均匀流动,使金属中心部分是附加压应力,外层则是附加拉应力。压应力大的地方 Mn 的扩散速度低,而有拉应力的地方 Mn 的扩散速度高。由此使外层中析出的 Mn 比中心部分的多,因此降低了对再结晶的抑制作用,不能阻止挤压过程中晶粒的长大,使外层易出现粗晶环。

D 减少或消除粗晶环的措施

在挤压过程中,应根据不同因素对粗晶环的形成与大小的影响,根据不同合金的具体情况,采取不同的措施来减少或消除制品上的粗晶环。

例如,对于 LD2、LD4 等锻铝合金,可以适当提高挤压筒的温度,降低淬火前加热温度;对于 LY12 硬铝合金则可以提高镁和锰的含量;对 LD10 锻铝合金,可以增加含锰量和含硅量以控制粗晶环。

总的说来,减少热挤压时的不均匀变形与不均匀流动,严格控制再结晶过程,是减少粗晶环,甚至消除粗晶环,确保制品质量的根本措施。

5.6.1.3 挤压制品的层状组织

挤压制品的层状组织也叫片状组织,层状断口如图 5 - 16 所示。层状组织的特征是折断后的制品断口出现与木质相似的形貌。分层的断口凹凸不平并带有裂纹,各层分界面近似平行于轴线,继续压力加工或热处理均无法消除这种层状组织。

层状组织对制品的纵向机械性能影响不大明显,但却会使其横向机械性能特别是其延伸率和冲击韧性显著降低。例如,使用这种具有层状组织的铝青铜做成的衬套,所承受的内压要比正常的管材低30%左右。

层状组织产生的原因,一般来说主要是由于铸造组织的不均一,譬如存在大量的气孔、缩孔,或是由于晶界上分布有未溶入固体的第二相质点或杂质。在挤压时,金属锭坯在强烈的两向压缩和一向延伸的主应力状态下铸造组织内存在的这些缺陷在周向上压薄、轴向上延伸,因而成层状。

较易出现层状组织的材料不多。在铜合金中最易出现层状组织的是含铝的铝青铜 QAl10 - 3 - 1.5 和含铅的铅黄铜 HPb59 - 1 等,铝合金中最易出现层状组织的是某些锻铝合金,比如 LD2 和 LD4 等。

图 5 - 16　铝青铜挤制管的层状组织

要防止层状组织的出现,一般是从改善铸造组织着手,如减少柱状晶区,扩大等轴晶区,同时要尽量消除气孔、缩孔等缺陷,并使晶界上的杂质分散或减少。对于铝青铜来说,在铸造时采用高度不超过 200mm 的短结晶器可以消除此种组织。而对于某些铝合金来说,产生层状组织的原因主要是合金中含有氧化膜或者金属化合物的晶内偏析,因此只要减少铝合金中的氧化膜或金属化合物在晶内的偏析,一般便可消除层状组织。对 LD2 锻铝合金,当锰含量超过 0.18% 时,层状组织即可消失。

### 5.6.2　挤压制品的力学性能

挤压制品变形和组织的不均匀,必然要反映到制品的力学性能上面,使制品的力学性能不均匀。

#### 5.6.2.1　挤压制品力学性能的不均匀性

**A　制品力学性能的分布规律**

挤压制品的力学性能的分布规律一般是:未经热处理的实心挤压制品内部与前端的 $\sigma_b$ 强度与 $\sigma_{0.2}$ 较低,而外层与后端的较高。伸长率 $\delta\%$ 的变化则相反。图 5 - 17 为挤压棒材横向与纵向上的抗拉强度的变化。

对于铝合金来说,强度较高的铝合金制品力学性能的分布规律与上面的相同,而较低的纯铝和软铝合金制品的分布规律则一般是内部与前端强度较高,伸长率较低,外层与后端的强度低,伸长率高。

**B　变形程度对力学性能不均匀性的影响**

不同变形程度时的力学性能的不均匀性表现为:当挤压比较小时,制品内部与外层的力学性能的不均匀性较为严重;当挤压比较大时,由于变形的深入,制品力学性能的不均匀性减小;当挤压比很大

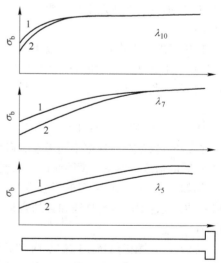

图 5 - 17　沿制品长度方向和直径
方向上的抗拉强度变化
1—外层;2—内层

时,内部的性能基本上一致。

如图 5 – 18 所示,为用镁合金(90%
Mg、10% Al)进行挤压试验所获得的力学
性能与变形程度的关系曲线。当变形程度
$\varepsilon$ 很小(20% 以下)时,制品的性能很差,但
是内外层性能基本一致;随着变形程度 $\varepsilon$
的增加,制品的性能越来越好,但是内外性
能差逐渐增大。当变形程度 $\varepsilon$ 超过 60%
时,内外性能差逐渐减小,超过 80% 时,性
能差逐渐消失。故在生产中,为了保证制
品的力学性能,减小制品内外力学性能差,
一般要规定变形程度在 90% 以上(挤压比
大于 10)。

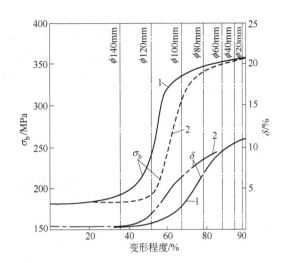

图 5 – 18　镁合金棒材力学性能与变形程度的关系曲线
1—外层;2—内层

C　挤压制品纵向性能与横向性能
的差异

挤压制品纵向性能与横向性能的差
异,也是挤压制品力学性能不均匀性的表现,由此造成了挤压制品的各向异性。

在挤压时的主变形状态图,使晶粒沿纵向延伸,轴向和周向上压缩,由此使存在于晶界上的
金属化合物、杂质、缺陷等也沿以上方向排列,使金属制品的内部组织呈现出具有取向性的纤维
组织。纤维组织的出现,使制品的纵向性能和横向性能出现差别,即出现了各向异性。

表 5 – 12 所列数据是在以挤压比 $\lambda = 7.8$ 的条件下,挤压锰青铜棒材实验中取得的。对于空
心管材,其断面上的力学性能分布基本上与挤压棒材时的一样。

表 5 – 12　锰青铜挤压棒材各方向上的力学性能

| 取样方向 | 抗拉强度/MPa | 伸长率/% | 冲击韧性/J·cm$^{-1}$ |
|---|---|---|---|
| 纵向 | 472.5 | 41 | 38.4 |
| 45° | 453.5 | 29 | 36 |
| 横向 | 427.5 | 20 | 30 |

D　粗晶环对制品力学性能的影响

在挤压时,某些合金易出现粗晶环,由此也将导致制品力学性能的差异:粗晶组织力学性能
降低。表 5 – 13 列出了几种铝合金挤压制品的粗晶区和细晶区的力学性能值。另外,无论合金
成分和粗晶区的位置如何,粗晶总是明显地沿挤压方向伸展,因此,粗晶也具有各向异性。

表 5 – 13　铝合金制品不同区域的力学性能

| 合　金 | $\sigma_b$/MPa | | $\sigma_{0.2}$/MPa | | $\delta$/% | |
|---|---|---|---|---|---|---|
| | 粗晶区 | 细晶区 | 粗晶区 | 细晶区 | 粗晶区 | 细晶区 |
| LD2 | 241.5 | 361.5 | 170.5 | 293.0 | 24.60 | 15.80 |
| LD10 | 344.2 | 497.8 | 240.0 | 337.0 | 31.16 | 13.48 |
| LY11 | 407.5 | 500.0 | 255.5 | 328.0 | 23.20 | 18.30 |
| LY12 | 443.0 | 544.0 | 332.5 | 411.0 | 25.40 | 13.70 |
| LC4 | 400.0 | 559.0 | 301.0 | 414.0 | 21.30 | 11.80 |

5.6.2.2　挤压效应

某些工业用铝合金经过同一热处理(淬火与时效)后,发现挤压制品纵向上的抗拉强度要比其他压力加工(比如轧制、拉拔或锻造)制品的高,而伸长率较低的现象。通常将此现象称为"挤压效应"。挤压效应使制品在长度方向上的力学性能提高,因此具有挤压效应的型材与棒材有利于作结构件的材料。

表 5-14 列出了几种铝合金采用不同的热加工方法后进行时效热处理,所测得的抗拉强度值。从表 5-14 中可以看出,挤压制品的抗拉强度与锻压件、轧件相比较,最大差值可达 150MPa。

表 5-14　铝合金不同加工方法的成品抗拉强度　　　　　(MPa)

| 材　料 | LD2 | LD10 | LY11 | LY12 | LC4 |
|---|---|---|---|---|---|
| 轧制板材 | 312 | 540 | 433 | 463 | 497 |
| 锻　件 | 367 | 612 | 509 | — | 470 |
| 挤压棒材 | 452 | 664 | 536 | 574 | 519 |

A　产生挤压效应的原因

产生挤压效应的原因主要有变形与织构和合金含有某些金属元素。

在挤压时,变形金属处于三向压缩的应力状态和两压一拉的变形状态,变形区内的金属流动平稳。晶粒沿轴向延伸被拉长,形成了较强的[111]织构,即制品内大多数晶粒的[111]晶向按挤压方向取向。对具有面心立方晶格的铝合金,[111]晶向是强度最高的方向,因此使得制品纵向抗拉强度提高。

凡是含锰、钛、铬或锆等元素的热处理可强化铝合金都会产生挤压效应。能抑制再结晶过程的锰、铬等元素,阻碍了合金再结晶过程的进行,也就是说可以显著地提高制品的再结晶温度,因此可以在淬火前加热时,制品内部不会发生再结晶,使热处理后的制品内保留有未再结晶的加工织构。

在挤压过程中产生在制品周边的粗晶环,会使制品的机械性能降低,削弱甚至抵消挤压效应;而内部的金属则充分显示了挤压效应的特征。

B　确保挤压效应出现的方法

在生产中为了确保挤压制品出现挤压效应,应正确地选择挤压时的工艺参数,包括挤压温度和挤压变形程度等,并应考虑合金元素的含量。

选择挤压温度来确保硬铝合金和 LD2 锻铝合金挤压效应的出现,主要取决于含锰量,含锰量直接影响淬火前加热时制品组织能否发生再结晶和再结晶的程度。

对于含锰量少的 LD2 锻铝合金,淬火前的高温加热,能使制品发生充分的再结晶,因此这种合金的机械性能(即能否发生挤压效应)的高低与在挤压时的挤压温度的高低关系不大。

对于中等含锰量(0.3%~0.6%)的硬铝合金和 LD2 锻铝合金,挤压温度对制品的挤压效应有着明显的影响,在不同的挤压温度下获得的挤压效应程度不同。

如表 5-15 所示,挤压温度为 380℃和 450℃,挤压含锰量为 0.4%的 LY12 合金,所得到的性能参数。从表中可以看出,在两挤压温度下力学性能的差值可以达到:$\Delta\sigma_b = 120$MPa,$\Delta\sigma_{0.2} = 11.5$MPa,$\Delta\delta = 8\%$。在含锰量(0.3%~0.6%)的范围内,合金的含锰量越高,会使再结晶的温度越高,则在热处理时发生再结晶所需要的温度越高,产生的再结晶的程度就越小,挤压效应显著提高。

表 5-15 不同挤压温度下的制品力学性能

| 挤压温度/℃ | $\sigma_b$/MPa | $\sigma_{0.2}$/MPa | $\delta$/% |
|---|---|---|---|
| 380 | 460 | 295 | 22 |
| 490 | 580 | 410 | 14 |

对于含锰量大于 0.6% 的合金特别是含锰量大于 0.8% 的硬铝合金,挤压温度对挤压效应的影响不大。

变形程度对硬铝合金挤压效应的影响在含锰量不同时也有所不同。当含锰量小于 0.1% 时,增大变形程度使制品的挤压效应降低,如表 5-16 所示。

表 5-16 不同变形程度下的制品力学性能

| 变形程度 $\varepsilon$/% | $\sigma_b$/MPa | $\sigma_{0.2}$/MPa | $\delta$/% |
|---|---|---|---|
| 72.5 | 460 | 314 | 14 |
| 94.5 | 414 | 260 | 21.4 |

当合金的含锰量在 0.36~1.0 范围内时,随着含锰量的提高,变形程度越大,挤压效应越显著。

采用二次挤压或在淬火前对制品施以适当的冷变形,促使化合物的破碎和减少组织的条状分布,均会增加再结晶程度而导致挤压效应的减弱。

### 5.6.3 挤压工艺参数对制品组织和性能的影响

挤压的工艺参数,包括挤压温度、挤压速度、挤压比等对制品的组织和性能有很大的影响。一般说来,力学性能的高低与组织有密切的关系,晶粒度对制品力学性能的影响规律是:晶粒越细小,强度越高,伸长率低;晶粒越粗大,强度越低,伸长率高。增加加工率可使晶粒细化,强度提高。

## 5.7 挤压制品的质量控制与检验

在热挤压生产过程中,由于各种原因,有可能使挤压制品产生各种缺陷,甚至出现废品。挤压制品的缺陷和废品的出现,将会降低产品质量,耗费大量的有色金属,降低劳动生产率,增加生产成本。因此,研究挤压制品缺陷的主要特征及产生的原因,从而采取切实有效的措施,对于防止废品的产生,提高挤压件的质量,提高成材率,具有很大的意义。

### 5.7.1 消除挤压制品的缺陷

挤压制品各种类型的缺陷,是由于各种方面的原因造成的,主要包括:由金属锭坯而产生的缺陷;由金属锭坯的剪切而产生的缺陷;由金属锭坯的加热而产生的缺陷;由热挤压产生的缺陷以及由热处理、冷却等产生的缺陷等,其中主要是由于挤压而产生的,比如在挤压过程中,当挤压工艺、工模具与挤压机的各参数控制不当时,这些行为的综合作用致使制品出现各种缺陷。

常见的挤压制品的缺陷主要有:挤压制品的断面、形状不合,尺寸精度差别大,制品表面质量差以及制品的组织和性能不能满足要求等。

#### 5.7.1.1 制品断面形状和尺寸

在挤压时,无论是热加工态的成品还是毛料,其实际尺寸最终都应控制在名义尺寸的偏差范围内,其形状也要符合技术条件的要求。但是,在挤压过程中,由于各种原因,会造成挤出的制品的断面形状和尺寸与实际的要求不符。

**A　型材挤压时的金属流动不均匀性**

金属流动不均匀除导致挤压制品的组织和性能不均匀外,还会造成其他的缺陷,比如拉薄、扩口、并口等。对此类缺陷的消除,可以采用更改模孔设计、修模等,以减小金属流动的不均匀性;对已经有缺陷的制品,可以采用型辊矫直(矫正)的方法克服。

**B　工作带过短、挤压速度和挤压比过大**

由此会导致由于挤压速度过快,部分金属来不及改变方向就已经流出模孔,产生工作带内的非接触变形缺陷,使制品的外形与尺寸均不规则。要消除此类缺陷,除在设计挤压模时加长模具的工作带外,还可以使挤压速度和挤压比适当。

**C　模孔变形**

在挤压变形抗力高,热挤压温度也高的白铜、镍合金制品时,由于挤压力大,模孔极易产生塑性变形,从而导致制品的断面形状和尺寸不符合要求。对这类缺陷的消除,主要从挤压工艺出发,正确选择与确定挤压工艺参数,以尽量减小挤压力。另外,模具的材质要尽量好。

**5.7.1.2　弯曲和扭拧**

在挤压过程中,由于挤压工艺控制不当,或者是工模具的问题,常产生沿制品长度方向上的形状缺陷,比如弯曲、扭拧等。某些较轻微的缺陷可在后续的精整工序(比如矫直)中纠正,严重时则报废。

**A　弯曲**

挤压模孔设计不当与磨损,使制品出模孔时单边受阻,流动不均匀;立式挤压机上制品掉入料筐受阻;锭坯加热时温度不均,造成所谓的"阴阳面",致使金属的塑性不均,都可以导致挤压制品的弯曲缺陷。一般,可以采用矫直工序(压力矫直、辊式矫直或拉伸矫直)予以克服。

**B　扭拧**

挤压型材时常出现制品的扭拧,产生的原因主要有:挤压工模具设计或制造不合要求;挤压工模具安装不对;挤压工模具润滑不均;金属锭坯的加热温度不均;挤压速度太快等,由此将导致金属流动的不均匀,从而导致出现扭拧缺陷。轻度扭拧可以采用牵引机或拉伸矫直克服,重度扭拧因操作困难或者拉伸矫直时会引起断面尺寸超差,往往成为废品。

**5.7.1.3　挤压缩尾**

挤压缩尾是挤压过程中产生的一种特有缺陷,主要产生在挤压过程的后期。挤压缩尾中常包含着氧化物、油污脏物及锭坯表面的其他缺陷,破坏了金属制品的致密性和连续性,严重影响着制品的性能。

为了剔除带有挤压缩尾及其他一些缺陷的制品,挤压后必须检查。生产中一般采用断口检验法,或截取横断面试样进行低倍组织检验,如发现有挤压缩尾必须切掉,直到观察不到缺陷为止。目前,工厂中已经使用了无损超声波探伤法,可直接测得缩尾缺陷的部位和长度。

产生挤压缩尾的原因主要有:挤压筒没有清理;挤压时没有留适当厚度的压余;挤压棒材时无脱皮或脱皮不完全;锭坯的温度过高或温度不均;锭坯的表面质量不好;挤压垫片端面有润滑油;挤压时的速度太快;挤压工模具预热温度太低等。

由于缩尾缺陷降低了金属的成品率,挤压工时和检验工时浪费较大,故生产中要采用一些相应的防止措施,主要包括:选用适当的工艺条件,使金属流动的不均匀性得以改善;进行不完全挤压,即在可能出现缩尾时,便终止挤压过程;进行脱皮挤压,使具有缺陷、油污、氧化物等的锭坯表面留在脱皮中;机械加工锭坯的表面,清除锭坯表面上的杂质和氧化皮层。

### 5.7.1.4 裂纹和开裂

塑性差的合金在进行挤压时,由于各种原因而造成的金属流动的不均匀性,将导致局部金属制品内产生附加的拉应力。当此附加拉应力超过了金属的塑性范围时,将会出现各种各样的裂纹,包括挤压时的表面周期性裂纹、头部开裂、撕裂等,如图5-19、图5-20所示。

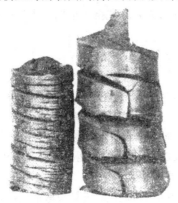

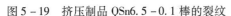

图5-19　挤压制品 QSn6.5-0.1 棒的裂纹　　　　图5-20　挤压制品 BAl13-3 棒的头部开裂

易出现裂纹的合金有:锡磷青铜、铍青铜、锡黄铜、LY12 硬铝合金和 LC4 超硬铝合金等。这类合金在高温时塑性范围较窄,挤压时速度稍快,就会由于变形热使锭坯的温度升高,强度降低,拉应力超出合金的塑性范围,使制品产生裂纹。

周期性裂纹一般外形相似、距离相等、呈周期性分布,所以称为周期性裂纹。裂纹的周期性产生的过程,是一种能量聚集与释放的过程,它与合金的品种、金属内部的应力状态、挤压温度及挤压速度等有关。

周期性横向裂纹产生的原因主要是挤压温度超过合金的塑性温度范围(临界温度),比如挤压时加热温度过高,或者挤压速度过快,导致挤压坯料温升过大等。

周期性横向裂纹是挤压工艺废料产生的重要缺陷之一,因此可采取以下工艺措施加以防范:制订与执行合理的挤压温度、速度规程;增强变形区内的主应力强度(比如增大挤压力、增大模子工作带长度以及带反压力等);采用挤压新技术(比如水冷模挤压、冷挤压、等温挤压以及梯温挤压等)。

### 5.7.1.5 层状组织和断口不合

挤压时出现的层状组织的特点是:制品在折断后,呈现出与木质相似的断口;分层的断面表现出凹凸不平并带有裂纹;分层的方向与挤压制品的轴线平行。

防止层状组织的措施一般是从改善铸造组织着手,比如减少柱状晶区、扩大等轴晶区,同时使晶界上的杂质分散或减少。

### 5.7.1.6 擦伤和划伤

挤压时制品的擦伤和划伤是由于挤出的制品与接触的凹凸不平的工具、导路以及承料台上的冷硬金属等相对运动而产生的,它会在制品的表面上留下纵向沟槽或细小划痕,使制品表面存在肉眼可见的缺陷。

影响挤压制品的擦伤或划伤的因素主要有:挤压筒清理不净;挤压工模具(模具、穿孔针等)变形或有裂纹,工模具润滑不好;金属粘在挤压模或穿孔针工作带上;出料台不光或有尖角等。

### 5.7.1.7 气泡

铸造过程中,析出的或未逸出的气体分散于铸锭内部,挤压前加热时,气体通过扩散与聚集形成明显的气泡,这些气泡若在挤压时不能焊合,就会形成制品皮下气泡。

挤压制品内外表面上有气泡,其产生的主要原因还有:挤压筒或穿孔针不光,润滑剂过量;锭坯内部有脏物或气体缩孔;穿孔针有裂纹等。

#### 5.7.1.8  起皮或夹灰

在挤压过程中,特别是在模孔内,浅表皮下气泡被拉破,或者是在挤压末期产生的挤压缩尾,在出模孔前表面不连续,都形成起皮缺陷。

夹灰是指在制品的表层或内部存在着氧化皮或其他非金属夹杂物。

起皮或夹灰产生的原因是:挤压筒中有水、油或氧化皮及脏物等;穿孔针预热温度太低或润滑油太多;坯料在加热时过热,产生大量氧化皮;锭坯中有铸造缺陷。

#### 5.7.1.9  挤压管材时的偏心

挤压工模具不对中或变形 挤压运动部件的磨损(在卧式挤压机上更为严重)不均或调整不当,致使工模具间装配不对中,以及未及时更换变了形的工模具,都有可能导致管材偏心。挤压时管材偏心的位置,有可能是在头部、尾部或者是在全长方向上。

管材头部偏心产生的原因是:锭坯未充填完就挤压;穿孔针前头秃或前头弯曲;锭坯加热温度不均等。

管材尾部出现偏心的原因是:垫片外圆磨损或尺寸小;垫片内孔磨损或尺寸大;挤压杆弯曲或端面不垂直,针支撑磨损;挤压筒严重磨损或模座配合不好等。

管材在全长方向上出现偏心的原因是:挤压杆根部端面斜或安装不正;挤压筒磨损;锁键与滑动模座配合面磨损;设备中心线不正。

### 5.7.2  提高挤压成材率

在挤压时,影响金属成材率的因素,除挤压缺陷和挤压废品外,还包括:压余;管材穿孔而造成的实心头;脱皮、剪切、锭坯表面车皮以及氧化烧损等。

#### 5.7.2.1  压余

在挤压时,为了消除或减少挤压缩尾的危害,一般情况下要进行不完全挤压,即在可能出现挤压缩尾时,便终止挤压过程。此时,留在挤压筒内的锭坯部分称为压余。

挤压压余的量,根据不同合金材料和不同规格的锭坯规格以及挤压机的不同而不同。用立式挤压机工作时,压余厚度一般为 1~3mm;而采用卧式挤压机时,挤压压余的量如表 5-17 所示。

表 5-17  在卧式挤压机上挤压时的压余量

| 挤 压 筒 | | | | | |
|---|---|---|---|---|---|
| 直径/mm | 150 | 180 | 200 | 300 | 370 | 420 |
| 压余量/mm | 20~30 | 25~35 | 30~45 | 30~45 | 35~45 | 35~50 |

在挤压时,为了提高成材率,降低金属的消耗,在不出现挤压缺陷的情况下,尽量减少挤压压余的量。

#### 5.7.2.2  穿孔废料

挤压管材时,穿孔的废料取决于被挤压管材的尺寸。较大尺寸的管材可以采用联合挤压法来减少挤压废料的量,以提高金属的成材率。

在管材挤压时,为了提高成材率和生产率,降低生产成本,也可以采用穿孔废料来挤制棒材,如表 5-18 所示。

表 5 - 18　穿孔时废料直径和由它挤制的棒材尺寸

| 穿孔时废料直径/mm | 穿孔时废料长度/mm | 挤压筒直径/mm | 可生产棒材直径/mm | | | 挤压模 |
| --- | --- | --- | --- | --- | --- | --- |
| | | | 铜棒 | H62 | QAl10 - 3 - 1.5 | |
| 120 ~ 145 | 220 ~ 350 | 180 | 12 ~ 20 | 10 ~ 20 | 16 ~ 20 | 单、双孔模 |
| 150 ~ 175 | 220 ~ 350 | 180 | 22 ~ 26 | 22 ~ 26 | 22 ~ 26 | 单、双孔模 |
| 180 ~ 200 | 280 ~ 400 | 205 | 30 ~ 60 | 30 ~ 60 | 30 ~ 60 | 单孔模 |
| 208 ~ 250 | 280 ~ 400 | 255 | 60 ~ 80 | 60 ~ 80 | 60 ~ 80 | 单、双孔模 |
| 252 ~ 300 | 300 ~ 400 | 306 | 60 ~ 100 | — | — | 单、双孔模 |

### 5.7.2.3　脱皮

在采用锥模挤压黄铜棒材和铝青铜棒材时,为了提高挤压制品的表面质量,使用了一种较挤压筒直径小约 1~4mm 的挤压垫,以进行脱皮挤压。脱皮挤压时的脱皮厚度如表 5 - 19 所示。

表 5 - 19　挤压筒直径与脱皮厚度的关系

| 挤压筒直径/mm | 脱皮厚度/mm |
| --- | --- |
| 125 ~ 150 | 1 |
| 180 ~ 225 | 1.5 |
| 300 ~ 400 | 2.0 |
| 500 | 2.5 |

在上面的情况下,由于脱皮挤压而造成的金属废料达 2%~4%。为了减少由于脱皮挤压而造成的挤压废料,提高成材率,要求在保证制品表面质量的情况下,尽量减少脱皮厚度;所有合金管、立式挤压机的坯料均不采用脱皮挤压。

### 5.7.2.4　机械加工

挤压坯料在挤压前机械加工时产生的废料,主要包括:切损(1.5%~3%);挤压坯料钻孔(6%~10%);挤压坯料车皮(5%~12%)。

从上面可以看出,在挤压之前的机械加工,消耗的金属的量是很大的。因此,为了减少金属废料,提高成材率,在挤压之前要适当进行机械加工。

### 5.7.2.5　烧损

烧损是指金属锭坯在加热时或高温锭坯在挤压之前,表层金属与氧或其他氧化性物质发生反应,形成的氧化物。

在加热炉内加热时,金属锭坯的烧损量与金属锭坯的种类、加热温度、加热时间、加热炉形式以及炉内气氛等有关系。

在氧化性气氛中加热锭坯时,金属烧损达到 0.25%~0.5%;加热铜锭、白铜锭和磷青铜锭时,金属烧损量特别多,而加热黄铜和铝青铜时,金属的烧损量较少。利用感应电炉加热时,由于加热时间短,金属的烧损显著降低。

## 5.7.3　保证挤压件质量

一般说来,在挤压之前或挤压时预防挤压制品的缺陷和废品,要比修正挤压制品的缺陷和废品容易得多,何况有些废品是根本无法修复的。因此,预防挤压制品的缺陷和废品的产生,就成了保证挤压制品质量的有力措施。为了保证挤压制品的质量,有效地防止缺陷和废品的产生,应该对生产工序和操作提出以下的要求。

#### 5.7.3.1　对金属坯料的要求

对于挤压所用的金属坯料,应该检查它的材料牌号、化学成分以及表面质量等。如果发现在金属坯料的表面上有裂纹、夹杂和折叠等缺陷存在时,必须将这些缺陷彻底清除后方可使用。

供挤压使用的金属坯料,必须完全符合挤压工艺卡片上规定的尺寸和技术要求,两端要求平整,在其断面上不许留有切割毛刺。

供料单位(熔铸车间)的检验人员和使用单位(挤压车间)的收料人员,必须严格执行工艺文件上的各项规定,凡是不符合要求的金属坯料,在未经专职工艺人员的许可下,不能供生产使用。

#### 5.7.3.2　对加热的要求

在加热车间,应该设有专职的测温人员,检查各加热炉的炉温和金属坯料的加热温度是否符合加热规范,发现问题应及时向加热工指出并纠正。凡是氧化严重,过热或过烧的金属坯料,不准投入生产,以防混入造成事故。

加热工是保证加热质量的关键,在加热前必须熟知该种金属坯料的加热规范和特殊要求,然后按照工艺要求进行加热。加热工应对金属坯料的加热质量负有主要责任,所以加热工在加热过程中,应与挤压工密切配合。

#### 5.7.3.3　对挤压的要求

在挤压生产中,操作工人必须严格执行操作工艺文件的各项规定,对违反工艺的操作是不允许的。操作工人应该遵守所规定的次序去完成所规定的工艺。实践证明,严格地遵守所规定的生产工艺,是保证生产顺利进行的必要条件,也是优质、高产、低消耗的可靠保证。

热挤压的生产工人,在生产过程中,应随时注意生产中所发生的各种异常情况。例如,当挤压制品脱模困难时,这就证明对挤压模具的润滑不良或模具磨损严重,此时,挤压工就必须仔细检查挤压制品的尺寸公差和表面情况以及模具工作部分的磨损情况,然后采取必要的措施予以修复和调整,再继续生产。

在挤压生产中,为了防止大批量地产生缺陷和废品,挤压工必须仔细检查第一件挤压制品的所有尺寸和表面情况,在完全达到工艺文件的要求时,再送交检验人员复验,在得到检验人员许可的情况下,方可进行大批量的连续生产。

#### 5.7.3.4　对技术检查者的要求

在挤压车间内,技术检查者的责任,不仅是验收产品和决定废品,而且还应该防止废品的产生。技术检查者要帮助生产工人发现问题,有权制止违反工艺规程和不符合要求的生产,指出问题所在并帮助解决,这对防止缺陷和废品的产生,提高产品的质量有很大的作用。

### 复习思考题

5-1　在选择挤压锭坯时要注意哪些原则?

5-2　选择挤压比时,主要考虑哪些问题?

5-3　挤压主要有哪些新方法?

5-4　什么叫静液挤压,它有什么特点?

5-5　什么叫有效摩擦挤压,挤压筒壁与锭坯之间的摩擦力有什么作用?

5-6　锭接锭挤压最大的优点是什么?

5-7　在选择挤压温度时,要考虑哪些问题?

5-8　在挤压时,主要是根据哪几个图来选择挤压温度的?

5 - 9 挤压速度与挤压制品的质量有什么关系?

5 - 10 选择挤压速度时要考虑哪些原则?

5 - 11 什么叫挤压时的速度 - 温度控制,它有什么作用?

5 - 12 在挤压时为什么要进行润滑?

5 - 13 在挤压时所使用的润滑剂主要有哪几种?

5 - 14 玻璃润滑剂主要有什么特点,主要用在哪些有色金属的挤压上面?

5 - 15 在挤压时,提高成材率的措施主要有哪些?

5 - 16 在挤压有色金属棒材时,制品的组织和性能各有什么特点?

5 - 17 什么叫粗晶环,它是怎样形成的,有什么危害?

5 - 18 在挤压时,怎样消除或减少粗晶环的出现?

5 - 19 什么叫挤压效应,产生挤压效应的原因有哪些?

5 - 20 怎样减小挤压制品机械性能的差异?

5 - 21 挤压制品主要有哪些缺陷,产生的原因和消除的方法各是什么?

5 - 22 怎样才能保证挤压制品的质量?

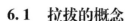

# 6 拉拔概述

## 6.1 拉拔的概念

### 6.1.1 拉拔的定义

拉拔是指在外加拉力作用下,利用金属的塑性,将具有一定横断面积的金属材料,通过断面尺寸逐渐缩小的模孔,以获得所要求的截面形状和尺寸的产品的过程。

按金属材料的断面类型,拉拔分为线材、管材、型材的拉拔。金属所以能够进行拉拔就是利用金属具有的塑性,即借助外力的作用使金属材料产生永久变形而不破裂,从而获得所需要的形状、尺寸,且满足国标或部标规定的力学性能和质量的要求。

### 6.1.2 拉拔过程

拉拔是以热轧或挤压产品为原料,经过一道次或多道次的拉拔获得所需规格尺寸的产品,其拉拔过程如图6－1所示。

坯料通过逐渐减小截面的模孔发生变形,主要是靠拉拔机加在拉拔轴向上的拉拔力 $P$ 和伴随着垂直作用于拉拔模壁上的正压力,此外,还有模孔与坯料表面接触处阻碍金属移动的外摩擦力的综合作用来实现的。

## 6.2 拉拔的基本方法

### 6.2.1 按制品截面形状分

6.2.2.1 实心材拉拔

实心材拉拔主要包括棒材、型材及线材的拉拔,如图6－2(a)所示。

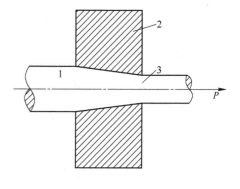

图6－1 拉拔示意图
1—坯料;2—拉拔模子;3—制品

6.2.2.2 空心材拉拔

空心材拉拔主要包括圆管及异型管材的拉拔,对于空心材拉拔有如图6－2所示的几种基本方法。

A 空拉

如图6－2(b)所示,拉拔时,管坯内部不放芯头,即无芯头拉拔,主要是以减少管坯的外径为目的。拉拔后的管材壁厚一般会略有变化:增加或者减少。经过多次空拉的管材,内表面粗糙,严重时会出现裂纹。

空拉法适用于小直径管材、异型管材、盘管拉拔以及减径量很小的减径与整形拉拔。

B 固定芯头拉拔

如图6－2(c)所示,拉拔时将带有芯头的芯杆固定,管坯通过模孔实现减径或减壁。

固定芯头拉拔的管材内表面质量比空拉的要好,此法在管材生产中广泛应用,但拉拔细管比较困难,而且不能生产长管。

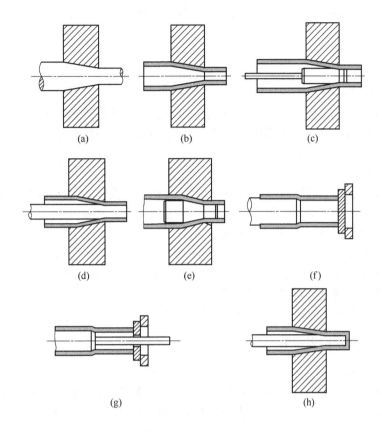

图6-2 拉拔方法分类

(a)实心材拉拔;(b)空拉;(c)固定短芯头拉拔;(d)长芯杆拉拔;
(e)游动芯头拉拔;(f)、(g)扩径拉拔;(h)顶管法

C 长芯杆拉拔

如图6-2(d)所示,将管坯自由地套在表面抛光的芯杆上,使芯杆与管坯一起拉过模孔,以实现减径与减壁,此法称为长芯棒拉拔。芯棒的长度应略大于拉拔后的管材长度。拉拔一道次以后,需要用脱管法或辊轧法取出芯棒。

长芯棒拉拔的特点是道次加工率较大,可达63%,但由于需要准备许多不同直径的长芯棒和增加脱管工序,通常在生产中很少采用,它适用于薄壁管材以及塑性较差的钨、钼管材的生产。

D 游动芯头拉拔

如图6-2(e)所示,在拉拔过程中,芯头不固定在芯棒上,而是靠本身的外形建立起来的平衡力,被稳定在模孔中。

游动芯头拉拔是管材拉拔中较为先进的方法,非常适用于长管和盘管生产,对于提高拉拔生产率、成品率和管材内表面质量极为有利。与固定芯头相比较,游动芯头拉拔的难度较大,工艺条件和技术要求较高,配模有一定的限制,故不可能完全取代固定芯头拉拔。

E 扩径拉拔

如图6-2(f)、(g)所示,管坯通过扩径后,直径增大,壁厚和长度减小。这种方法主要是受设备能力限制,不能生产大直径的管材。

F 顶管法

如图6-2(h)所示,将芯杆套入带底的管坯中,管坯连同芯棒一同由模孔中顶出,从而对管坯进行加工。在生产难熔金属和贵金属短管材时常用此种方法,适用于生产 $\phi$300～400mm 以上的大直径管材。

## 6.2.2　按温度分

### 6.2.2.1　冷拔

被拉拔的金属在室温下(再结晶温度下)进入模孔,并在模孔中产生塑性变形,这种情况下进行的拉拔,称为冷拉。拉拔一般都在冷状态下进行,冷拔产品的特点是具有光亮的表面、足够精确的断面尺寸和一定的力学性能。

### 6.2.2.2　热拔

被拉拔的金属加热到再结晶温度(700～900℃)以上,再进行的拉拔,称为热拔。热拔主要用于低塑性、高熔点、难变形的金属线材。热拔可完全消除拉拔过程中产生的加工硬化,可提高拉拔时坯料的塑性,比如钼、铍、钨等的拉拔。

### 6.2.2.3　温拔

被拉拔金属的预热温度控制在再结晶温度以下,恢复温度以上,所进行的拉拔,称为温拔。温拔主要用于低塑性材,比如具有六方晶格的锌、镁等合金。

热拔和温拔由于加热方法的困难,目前未得到非常普遍的使用。

## 6.2.3　按拉拔时采用的润滑剂分

### 6.2.3.1　干拔

干拔主要用于粗规格、中等规格的拉拔生产。干拉时是将干粉状的皂粉润滑剂放在模盒中,粉末覆盖着运动的拉拔,并黏附在拉拔表面带入拉拔模,拉拔经拉伸在其表面形成润滑薄膜。

### 6.2.3.2　湿拉

湿拉主要用于细规格的拉拔产品生产,特别是直径小于1mm的优质拉拔。湿拉使用的设备叫水箱拉拔机。整套设备的工作部分(塔轮、拉拔模)浸泡在液体润滑剂——肥皂水中,拉拔缠绕在塔轮上可产生适当滑动。

此外还有按照拉拔模的个数分为单模、多模拉拔;按受力情况分为无反拉力拉伸、带反拉力拉拔等等。

# 6.3　拉拔工模具

拉拔模具(也叫拉模)是实现金属变形的工具,它的主要部分是模孔。模孔一般划分为五个区段:

(1)入口锥。便于穿线及防止拉拔从入口方向擦伤拉拔模。

(2)润滑锥。使拉拔易于带入润滑剂,在拉拔表面形成润滑膜。

(3)工作锥。模孔的最重要部分,拉拔在拉拔过程中的塑性变形在这里完成。工作区的圆锥角(半角)的大小,与拉拔塑性变形的均匀度有很大关系,同时影响拉拔力($P$)的大小和拉拔的性能。

(4)定径带。其作用是使拉拔通过模孔时,能得到稳定的直径尺寸、较好的光泽和光滑的表面。

(5)出口锥。其作用是防止拉拔出口时不平稳,被模口刮伤。

在拉拔过程中,拉拔材的截面积逐渐减小,根据体积不变定律,拉拔材的长度逐渐增长。通过拉拔,改善了拉拔表面的粗糙度和尺寸精度。与相同成分的热轧材相比,冷拔工艺明显地改变了产品的力学性能和工艺性能,使金属的强度、韧性等指标均有显著提高,而且可消除热轧材留下的凹坑、扭歪、弯曲、划痕等表面缺陷。

## 6.4 拉拔的特点

拉拔的特点如下:

(1)经拉拔的制品,尺寸精确,表面质量好,粗糙度低。

(2)拉拔制品的种类多,规格多。

(3)断面的受力和变形均匀对称,故断面质量好。

(4)经拉拔的制品力学性能显著改善。

(5)拉拔的设备规模小,工具简单,维护方便,在一台拉拔机上可生产多种规格和品种的产品。

(6)为实现安全拉拔,各道次的压缩率不能过大,因此拉拔道次较多,摩擦力较大,消耗能量较多(冷轧消耗的能量是拉拔的60%),道次变形量和各次热处理间的总变形量都不大,使拉拔道次、热处理次数、表面处理等工序繁多,成品率较低。

## 6.5 拉拔生产的现状与发展

### 6.5.1 拉拔历史

拉拔具有悠久的历史,在公元前20～30世纪,人们把金块锤锻成条后,通过小孔用手拉成细金丝,在同一时期还发现了类似拉线模的东西;公元前15～17世纪进行了各种贵金属的拉线;公元8～9世纪,能制造各种金属线;公元12世纪有了锻线工与拉线工之分。不过这时拉线的动力是人力,并直接用手拉拔。

公元13世纪中叶,德国首先制造出利用水力带动的拉线机——水力拉拔机,并在世界上逐渐推广。直到17世纪才接近现在的单卷筒拉拔机。1871年连续拉拔机诞生。

20世纪20年代,韦森伯格西贝尔(Weissenberg siebel)发现了划时代的反拉力拉拔法。由于反拉力的作用,拉拔力随后稍有提高,但净拉阻力显著减小,使拉模的磨损大幅度的减少,同时改善了制品的力学性能。1925年,克虏伯(Krupp)公司研制出硬质合金模,拉拔模由原来的铁模发展到合金模,并逐渐用于各种金属的拉拔。

1955年,柯利斯托佛松(Khristopherson)研制成功强制润滑拉拔,大幅度减少摩擦力和拉拔难加工的材料,同时使拉模寿命明显延长。同年布莱哈(Blaha)和拉格勒克尔(Lagencker)发展了超声波拉拔法,使拉拔力显著减小。

1956年,五弓等研究成功辊模拉拔,使材料表面的摩擦阻力大大减少,因而减少了拉力、增加了每道次的加工率,大大改善了拉拔材料的力学性能。

### 6.5.2 拉拔现状

在研究许多新的拉拔方法的同时,展开了高速拉拔的研究,成功地制造了多模高速连续拉拔机、多线链式拉拔机和圆盘拉拔机;高速拉线机的拉拔速度达到80m/s;圆盘拉拔机可生产$\phi$40～50mm以下的管材,最大圆盘直径为$\phi$3m,拉拔速度可达25m/s,最大管长为6000m以上;多线链式拉拔机一般可自动供料、自动穿模、自动套芯杆、自动咬料和挂钩、管子自动下落以及自动调整中心等。

随着拉拔技术的发展,拉拔制品的产量在逐年增加,产品的品种和规格也在不断增加,例如用拉拔技术可生产直径大于 500mm 的管材,也可拉出 $\phi0.002$mm 的细丝,而且性能合乎要求,表面质量好。拉拔制品广泛地应用在国民经济的各个领域。

### 6.5.3　拉拔技术的发展趋向

目前,根据拉拔技术的发展,主要围绕下列问题展开研究:

(1)拉拔装备的自动化、连续化和高速化。

(2)扩大产品的品种、规格,提高产品的精度,减少制品缺陷。

(3)提高拉拔工具的使用寿命。

(4)新的润滑技术的研究和新的润滑剂的应用。

(5)发展新的拉拔技术和研究新的拉拔理论,达到节能、节材、提高产品质量和生产率的目的。

(6)拉拔过程的优化。

复习思考题

6-1　拉拔的分类方法有哪些?

6-2　拉拔与其他压力加工方法相比有哪些特点?

6-3　拉拔模孔分为哪几部分,各部分的作用是什么?

# 7 拉拔原理

## 7.1 拉拔的变形程度指数及其计算

### 7.1.1 变形程度指数

金属丝通过模孔拉拔变形的结果,其横断面积减小而长度伸长;变形程度越大,上述变化也越大。为了表示金属丝拉拔的变化程度大小,采用下列变形程度指数。

### 7.1.2 延伸系数

延伸系数也叫拉伸系数,常用 $\mu$ 表示。它是指拉拔后的长度与原来长度之比,或表示金属丝在拉拔后横断面积减小的倍数,即

$$\mu = \frac{L_K}{L_0} = \frac{F_0}{F_K} = \frac{d_0^2}{d_K^2} \qquad (7-1)$$

式中　$F_0$——金属丝拉拔前的横截面积;

$F_K$——金属丝拉拔后的横截面积;

$L_0$——金属丝拉拔前的长度;

$L_K$——金属丝拉拔后的长度;

$d_0$——金属丝拉拔前的直径;

$d_K$——金属丝拉拔后的直径。

由于拉拔的结果总是金属丝的横断面积减小,因此延伸系数 $\mu$ 总是大于 1 的。

在实际生产中,金属丝须经过一系列模子,进行多道次拉拔,才能获得所需的截面尺寸和力学性能,因此把金属丝通过每一个模子拉拔后所得的延伸系数叫道次延伸系数,用 $\mu_n$ 表示;把金属丝通过二道以上拉拔(各道次间不经过热处理)所获得延伸系数叫总延伸系数,用 $\mu_{总}$ 表示。为计算方便起见,常假定各道次变形程度一致,即各道次的延伸系数相等,用平均延伸系数 $\mu_{均}$ 表示。

总延伸系数 $\mu_{总}$ 与平均延伸系数 $\mu_{均}$ 的关系如下:

$$\mu_{总} = \frac{F_0}{F_n} = \frac{F_0}{F_1} \times \frac{F_1}{F_2} \cdots \frac{F_{n-1}}{F_n} = \mu_1 \mu_2 \mu_3 \cdots \mu_n = \mu_{均}^n \qquad (7-2)$$

式中　$\mu_1 、\mu_2 、\mu_3 、\cdots 、\mu_n$——第一、第二、第三、$\cdots$、第 $n$ 道次的延伸系数;

$F_0 、F_1 、F_2 \cdots 、F_{n-1}$——第一、第二、第三、$\cdots$、第 $n$ 道拉拔前金属丝的截面积;

$F_n$——第 $n$ 道拉拔后金属丝的截面积;

$n$——拉拔道次。

### 7.1.3 压缩率

压缩率也叫减面率,常用 $q$ 表示。它表示金属丝在拉拔后截面积减小的绝对量(即压缩量)与拉拔前的截面积之比。$q$ 的大小反映变形的真实情况。由于拉拔后的截面积总是小于拉拔前的截面积,因此压缩率总是小于 1 的,$q$ 值多用百分比表示。即

$$q = \frac{F_0 - F_K}{F_0} \times 100\% = \frac{d_0^2 - d_K^2}{d_0^2} \times 100\% \tag{7-3}$$

把金属丝通过每一个模子拉拔后所得的压缩率叫部分压缩率,用 $q$ 表示;把金属丝通过二道以上拉拔(各道次间不经过热处理)所获得的压缩率叫总压缩率,用 $Q$ 表示。假定各道变形程度一致,即所谓平均部分压缩率,用 $q_{均}$ 表示。

总压缩率 $Q$ 与平均部分压缩率 $q_{均}$ 的关系如下:

因为

$$Q = \frac{F_0 - F_n}{F_0} = 1 - \frac{F_n}{F_0} = 1 - \frac{1}{\mu_{总}} = 1 - \frac{1}{\mu_{均}^n}$$

由表 7 - 1 可知

$$q_{均} = \frac{\mu_{均} - 1}{\mu_{均}} = 1 - \frac{1}{\mu_{均}} \cdot \frac{1}{\mu_{均}} = 1 - q_{均}$$

所以

$$Q = 1 - (1 - q_{均})^n$$

### 7.1.4　伸长率

伸长率是指金属丝拉拔过程中的绝对伸长与原长度之比,用 $\lambda$ 表示。当变形程度不大时,伸长率的数值是小于 1 的,因此伸长率也常用百分比表示,即

$$\lambda = \frac{L_K - L_0}{L_0} \times 100\% = \frac{F_0 - F_K}{F_K} \times 100\% = \frac{d_0^2 - d_K^2}{d_K^2} \times 100\% \tag{7-4}$$

### 7.1.5　变形程度指数之间的关系

上述三个变形程度指数之间有一定的关系,三者之间的关系是建立在被拉拔线材的体积不变这一定律基础上的。如延伸系数与其他变形程度指数的关系为:

$$\mu = \frac{L_K}{L_0} = \frac{F_0}{F_K} = \frac{1}{1 - \frac{F_0 - F_K}{F_0}} = \frac{1}{1 - q} = \frac{F_0 - F_K}{F_K} + 1 = \lambda + 1 \tag{7-5}$$

为方便计算各种变形程度指数,将三个变形程度指数的关系列于表 7 - 1。

表 7 - 1　变形程度指数的关系式

| 变形程度指数 | 符　号 | 用下列各项表示指数值 | | | | | |
|---|---|---|---|---|---|---|---|
| | | 拉拔直径 $d_0$ 及 $d_K$ | 截面积 $F_0$ 及 $F_K$ | 长度 $L_0$ 及 $L_K$ | 延伸系数 $\mu$ | 压缩率 $q$ | 伸长率 $\lambda$ |
| 延伸系数 | $\mu$ | $\dfrac{d_0^2}{d_K^2}$ | $\dfrac{F_0}{F_K}$ | $\dfrac{L_K}{L_0}$ | $\mu$ | $\dfrac{1}{1-q}$ | $\lambda + 1$ |
| 压缩率 | $q$ | $\dfrac{d_0^2 - d_K^2}{d_0^2}$ | $\dfrac{F_0 - F_K}{F_0}$ | $\dfrac{L_K - L_0}{L_K}$ | $\dfrac{\mu - 1}{\mu}$ | $q$ | $\dfrac{\lambda}{\lambda + 1}$ |
| 伸长率 | $\lambda$ | $\dfrac{d_0^2 - d_K^2}{d_K^2}$ | $\dfrac{F_0 - F_K}{F_K}$ | $\dfrac{L_K - L_0}{L_K}$ | $\mu - 1$ | $\dfrac{q}{1-q}$ | $\lambda$ |

**例 7 - 1**　要生产的金属丝直径为 2.0mm,采用直径为 4.0mm 铅淬火线材,经 6 道拉拔而获得。求总压缩率、平均部分压缩率、总延伸系数、平均延伸系数。

**解:**总延伸系数

$$\mu_\text{总} = \frac{F_0}{F_n} = \left(\frac{d_0}{d_n}\right)^2 = \left(\frac{4.0}{2.0}\right)^2 = 4.0$$

总压缩率

$$Q = \frac{d_0^2 - d_n^2}{d_n^2} \times 100\% = \left[1 - \left(\frac{d_n}{d_0}\right)^2\right] \times 100\% = \left[1 - \left(\frac{2.0}{4.0}\right)^2\right] \times 100\% = 75\%$$

平均延伸系数

$$\mu_\text{均} = \sqrt[n]{\mu_\text{总}} = \sqrt[6]{4.0} = 1.26$$

平均部分压缩率

$$q_\text{均} = \left(1 - \frac{1}{\mu_\text{均}}\right) \times 100\% = \left(1 - \frac{1}{1.26}\right) \times 100\% = 20.7\%$$

## 7.2 拉拔时的变形分析和应力分布

### 7.2.1 实现拉拔的条件

#### 7.2.1.1 稳定和安全拉拔的条件

在拉拔时,如果拉拔力过小,坯料将不能被拉过模孔,即不能实现拉拔过程。但是,若拉拔力过大,又易缩丝或断丝,使拉拔过程不稳定或不安全。上述情况都影响生产的正常进行,使生产率、产品质量和成品率降低。因此,为了顺利、稳定和安全地实现拉拔过程,必须遵守一定的拉拔条件。

在拉拔过程中,防止产生缩丝或断丝的基本条件是:使拉拔应力 $\sigma_p$ 小于被拉金属在拉拔模出口端的屈服强度 $\sigma_s$ 或抗拉强度 $\sigma_b$,即

$$\sigma_p < \sigma_s < \sigma_b \text{ 或 } \sigma_b/\sigma_p = K_A > 1$$

式中 $K_A$——安全系数。

在拉拔过程中,如果 $\sigma_p > \sigma_s$,则金属从模孔中被拉出来以后,又将产生第二次塑性变形,使丝径再一次变小,从而引起丝径粗细不均匀;如果 $\sigma_p > \sigma_b$,将引起断丝。因此,保证稳定和安全拉拔的条件是 $K_A > 1$。

安全系数 $K_A$ 既是用来表示拉拔过程的可靠程度,同时在生产实践中又是将它作为衡量拉拔模质量和润滑质量的标准。因为,在其他条件相同时,若拉拔模和润滑质量好,则所需要的拉拔力小,相应会使安全系数 $K_A$ 值增大,因而拉拔过程的可靠程度提高。在拉拔过程中,一般取 $K_A = 1.40 \sim 2.00$,即相当于 $\sigma_p = (0.7 \sim 0.5)\sigma_b$。

当 $K_A < 1.40$ 时,说明拉拔应力较高或金属的抗拉强度低,因而 $K_A$ 值减小,反映拉拔过程不稳定或欠安全,容易引起缩丝或断丝。

当 $K_A > 2.00$ 时,说明拉拔应力较小或金属的抗拉强度较高,即金属的加工硬化较显著,因此 $K_A$ 值增大。同时,这种情况还反映所选用的道次压缩率太小,没有充分利用金属的塑性,从而使生产率降低。此外,在采用过大的安全系数时,还会加剧金属表面层与中心层之间的不均匀变形程度,引起残余应力增大。

表 7 - 2 给出了拉拔不同线径的拉拔时的 $K_A$ 值。

表 7 - 2 $K_A$ 值的选取范围

| 丝径/mm | 1.0 | 1.0 ~ 0.4 | 0.4 ~ 0.1 | 0.1 ~ 0.05 | 0.05 ~ 0.015 |
|---|---|---|---|---|---|
| $K_A$ | 1.4 | 1.5 | 1.6 | 1.8 | 2.0 |

#### 7.2.1.2　拉拔在模孔内的受力分析

拉拔时金属丝在拉丝模孔变形区内所承受的外力有三种,如图7-1所示。

A　拉拔力 $P$

由拉拔机给予金属丝出口端轴线方向的拉力,此力一部分用于克服金属塑性变形的阻力,另一部分用于克服被拉拔金属与拉丝模孔之间包括变形区和定径区的摩擦阻力。

B　正压力 $N$

由拉拔力引起作用于金属与模壁之间的压缩力。正压力 $N$ 是由于模孔壁阻碍或抵抗受拉拔力作用的金属流动而在变形区产生的。正压力的方向垂直于模壁表面,正压力的大小取决于拉拔的材质、金属丝的变形程度、模孔的几何形状和尺寸。正压力很大,是拉拔时影响变形的主要的力。通常是拉拔力的许多倍,致使拉拔承受的压力超过金属的屈服极限产生塑性变形。如果不考虑可能的接触面不均匀性和材料的加工硬化,可将正压力在模孔变形区内换算成一个平均压应力 $(\sigma_{\mathrm{F}})$。

C　摩擦力 $T$

拉拔时金属丝在变形区和定径带的接触表面上产生的外摩擦力,是由于金属丝与模子间的接触表面产生相对滑动的缘故。此力的方向总是与拉拔运动的方向相反,并与变形金属和模孔内壁的接触面成切线方向。因此摩擦力 $T$ 在变形金属内部引起附加切应力,其大小与模具和变形金属的表面状况、润滑剂种类、拉拔速度及正压力 $N$ 的大小有关。

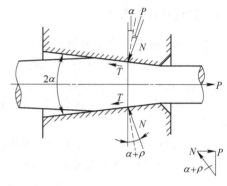

图7-1　模孔中拉拔时的受力

由图7-1中相应的力三角形,可以得出拉拔力 $(P)$ 和正压力 $(N)$ 之间的平衡关系:

$$P = N\sin(\alpha + \rho)$$

式中　$\alpha$——工作区圆锥角(半角);

　　　$\rho$——摩擦角。

由于拉拔模的工作锥角 $2\alpha$ 通常介于 $10° \sim 20°$ 之间,同时由于摩擦系数 $f = \tan\rho$,在有合适的拉拔润滑时,$f$ 值小于 $0.05$,即相当于摩擦角 $\rho$ 小于 $3°$,所以作用于拉拔材料的正压力 $(N)$ 可以为拉拔力 $(P)$ 的 $4 \sim 7$ 倍。而摩擦力则可根据摩擦条件确定,即:

$$T = fN$$

### 7.2.2　金属在变形区的流动特性

为了研究金属在模孔内的流动特性及塑性情况,通常采用坐标网格法。此法是将金属试样沿中心线分成两部分,将对称面抛光,并在其中的一个剖面上用车刀、铣刀刻上正交的坐标网格,然后将试样两半牢固地组合起来,进行拉拔。试样的组合形状和分开形状,如图7-2所示,研究金属拉拔后坐标网格的变化,可以定性地看出拉拔在模孔内变形情况和金属的流动

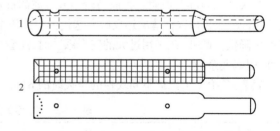

图7-2　拉拔时圆断面组合试样

1—组合形状;2—分开形状

特性。

图 7-3 为采用网格法测得的在锥形模孔内拉拔圆截面线材坐标网格变化的示意图。

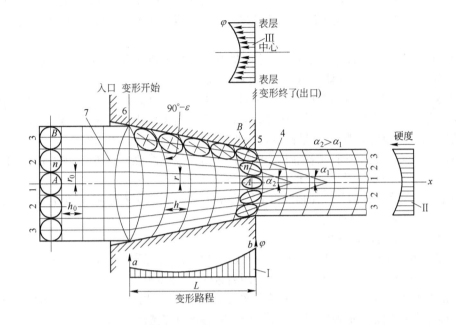

图 7-3 拉拔圆截面线材坐标网格变化特点

Ⅰ—第2层变形曲线 ab 下面的面积;Ⅱ—拉拔后金属丝的硬度曲线;Ⅲ—中心层和表层的变形分布;
1—中心层网格;2—中间层网格;3—表面层网格;4—前端非接触变形区;
5—变形区出口面;6—变形区入口面;7—后端非接触变形区

通过对坐标网格在拉拔前后的变化情况分析可以看出:

(1)在轴向上网格的变化规律。拉拔前在轴线上的正方形格子 A 拉拔后变成了矩形,内切圆变成了椭圆,如图 7-4(a)所示。其长轴和拉伸方向一致,根据格子变化情况可认为,在轴线上的变形是延伸,径向是压缩。

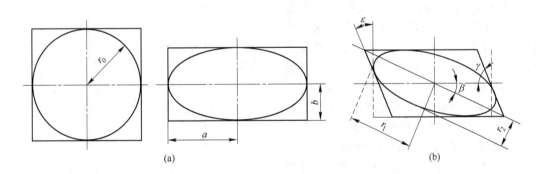

图 7-4 格子变形放大图
(a)拉拔前;(b)拉拔后

拉拔前在周边层的正方形格子 B 拉拔后变成了平行四边形,轴向上被拉长,径向上被压缩,方格的直角变成锐角和钝角,内切圆成斜椭圆,其长轴与拉伸方向成 $\beta$ 角,如图 7-4(b)所示。

该角度由入口端向出口端逐渐减小。由此可以得出结论:在周边上的格子除受到轴向拉伸,径向压缩外,还发生了剪切变形 $\gamma$。产生剪切变形的原因是由于金属在变形区中受到正压力 $N$ 和摩擦力 $T$ 的作用,而在其合力 $R$ 方向上产生剪切变形,沿轴向被拉长的椭圆形的长轴不与 1 - 2 线重合,而与模孔中心线构成不同角度。随着模角 $\alpha$ 增加,压缩率增大,摩擦增大,剪切变形 $\gamma$ 值也增大。

(2)在横截面上网格的变化规律。网格的横截面在拉拔前是直线,进入变形区后开始变成弧形线凸向拉拔方向,实为一球形弧面。这些弧形线的曲率由入口端到出口端逐渐增大,直到出口端后方才稳定不变。这说明在拉拔过程中周边层的金属流动速度小于中心层,并且随模孔角度、摩擦系数的增加,横截面上金属不均匀流动越明显。由于周边层金属流动阻力较大,周边层和中心层金属流动速度差明显,结果使金属原来是平的后端面出现了凹坑。

由网格中还可看到,在同一横截面上,椭圆长轴与拉拔轴线交成 $\beta$ 角,由中心层向周边层逐渐增大。说明在同一横截面上切变形是不同的,而且周边层大于中心层。

(3)坐标网格在拉拔前与模孔轴线相平行的各直线,拉拔后仍然是直线,但各直线间距离缩短,只是在变形区内发生倾斜。

综上所述,可以得出以下结论:

(1)金属丝拉拔时,周边层的实际变形要大于中心层。这是因为在周边层除了延伸变形外,还有弯曲变形和剪切变形。与拉拔中心线的距离愈远,弯曲变形程度愈大。

(2)由于外摩擦力的作用,不仅会使金属丝在拉拔时产生附加变形(中心部分除外),而且会使边缘的金属沿轴向运动的速度减慢(愈靠近边缘,速度减慢愈严重)。

(3)金属丝在进入模孔之前,靠中心部分变形早已开始,并且在离开模孔前该处变形已终止;而靠近边缘部分,变形开始得晚,结束得也迟。显然,这种情况随模孔角度、部分压缩率、摩擦系数愈大而愈明显。

## 7.2.3　金属在变形区内的应力分布规律

研究应力的分布规律离不开对线材拉拔时在变形区的形状的分析。根据坐标网格法的分析,通常把拉拔变形区分为三个区:Ⅰ区和Ⅲ区为非塑性变形区或称弹性变形区;Ⅱ区为塑性变形区,如图 7 - 5 所示。

Ⅰ区和Ⅱ区的分界面为球面 $F_1$,Ⅱ区和Ⅲ区分界面为球面 $F_2$,$F_1$ 与 $F_2$ 为两个同心球面,半径分别为 $r_1$ 和 $r_2$,原点为模子锥角顶点 $O$。因此,塑性变形区的形状为:模子锥面(锥角为 $2\alpha$)和两个球面 $F_1$、$F_2$ 所围成的部分。

根据固体变形理论,所有的塑性变形皆在弹性变形之后,并且伴有弹性变形,而在塑性变形之后必然有弹性恢复,即弹性变形。因此,当线材进入塑性变形区之前肯定有弹性变形,在Ⅰ区内存在部分弹性变形区,若拉拔时

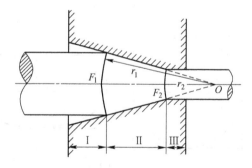

图 7 - 5　线材拉拔时变形区的形状

存在反拉力,那么Ⅰ区变为弹性变形区。当线材从塑性变形区出来之后,在定径区会观察到弹性后效作用,表现为断面尺寸有少许的增大,网格的横线曲率有少许减小。因此正常情况下,定径区也是弹性变形区。

塑性变形区的形状与拉拔过程的条件和被拉线材的性质有关,如果被拉拔的金属材料或拉

拔过程的条件发生变化,那么变形区的形状也随之变化。

现将变形区内应力分布特点分述如下。

#### 7.2.3.1 轴向的应力分布

在拉伸方向上的应力分布规律,如图7-6所示。

**A 拉应力 $\sigma_1$**

轴向拉应力 $\sigma_1$ 由变形区入口端向出口端逐渐增大,即:$\sigma_{1入} < \sigma_{1出}$。

因此,如果金属内部存在裂纹,则将自入口方向朝着出口方向逐渐增大,从而在出口端容易引起断丝。

轴向拉应力 $\sigma_1$ 由变形区入口端向出口端逐渐增大的原因是,变形区内任意横断面在向拉模出口端移动时,其断面面积逐渐减小,而变形区入口端球面与这些断面间的金属变形体积又不断增大,因而轴向拉应力 $\sigma_1$ 必然增大。

**B 径向应力 $\sigma_r$ 和轴向应力 $\sigma_\theta$**

$\sigma_r$ 和 $\sigma_\theta$ 的分布情况恰好与 $\sigma_1$ 的分布规律相反,它们是由入口端向出口端逐渐减小的,即:$\sigma_{r入} > \sigma_{r出}$ 及 $\sigma_{\theta入} > \sigma_{\theta出}$。

实践证明,拉模入口端表面的磨损比出口端明显,特别在无反拉力作用,模角 $\alpha$、摩擦力和道次压缩率较大时,还极容易出现入口端环形沟槽,如图7-7所示。

此外,根据塑性变形条件得知,由于 $\sigma_1$ 由变形区入口端向出口端逐渐增大,而在无明显加工硬化的条件下,$K_A$ 可视为一常数,所以 $\sigma_r$ 和 $\sigma_\theta$ 必然由变形区入口端向出口端逐渐减小。

在变形区出口端,因为拉模对金属的压缩作用结束,可使径向压应力降低至零;特别在模角 $\alpha$、摩擦力和道次压缩率较大时,拉应力 $\sigma_{1出}$ 可达金属的变形抗力 $\sigma_{s出}$。

#### 7.2.3.2 径向的应力分布

**A 轴向拉应力 $\sigma_1$**

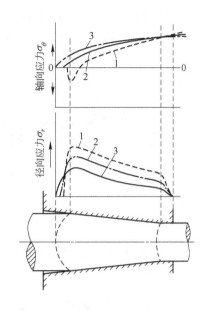

图7-6 变形区中的应力分布曲线图
1—表面层应力变化曲线;2—中间层应力变化曲线;
3—中心层应力变化曲线

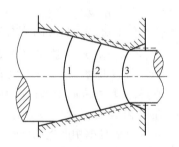

图7-7 拉模入口端环形沟槽
1—磨损环深度,以虚线表示;2—使用前模孔形状以实线表示;
3—磨损后模孔形状以虚线表示

轴向拉应力 $\sigma_1$,沿坯料横断面上的分布是由表面层向中心逐渐增大的,这意味着坯料的中心层主要是在拉应力 $\sigma_1$ 的作用下实现延伸变形的。因此,当模角 $\alpha$、道次压缩率和摩擦力较大时,特别是在被拉拔金属的中心部分存在气孔、微裂纹或强度较低的情况下,随着金属向模孔中运动和拉应力增加,在金属的中心部分出现裂纹,在应力集中和拉应力的作用下,裂纹向四周扩展。由于离开中心处的金属流速落后,故使两个断裂面形成顶部朝向拉拔方向的锥形。金属产生裂纹后,使其后面的一部分区域出现应力松弛。但是,随着金属不断地进入模孔和拉应力逐渐增加,又会出现下一个裂纹。这样,就在坯料的中心形成形状、大小和距离相似的周期性"伞"状裂纹,如图7-8所示。

拉拔后线材内部存在的裂纹,可以用测量其外径或用手摸其表面是否平整来判断,在有裂纹处,丝径 $d_p$ 通常小于无裂纹的丝径 $d$,因此表面不平整。

但是,当拉拔已经加工硬化的金属或在拉拔过程中产生剧烈加工硬化的金属时,特别是在使用过大的模角和过小的过渡圆角半径 $r_x$ 的拉模及摩擦力较大的情况下,由于变形程度大的表面层加工硬化也最显著,对拉应力极敏感,因而也可能在表面层开始产生类似的裂纹。

在变形区出口处断面上的应力分布则与变形区内的相反,如图 7 - 9 所示。

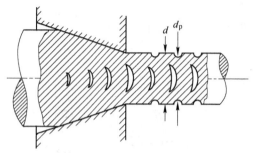

图 7 - 8　中心层裂纹示意图

$d$—完整试样直径;$d_p$—断裂处试样直径

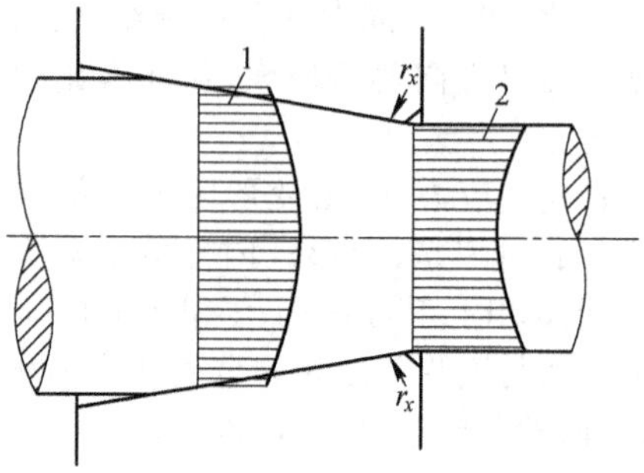

图 7 - 9　变形区内及出口处的轴向拉应力分布

1—变形区内;2—变形区外出口处

在变形区外出口处的断面上,表面层的轴向拉应力大于中心层。因为,在变形区出口处,由于拉模过渡圆角半径 $r_x$ 的影响,会引起轴向金属流线在表面层比中心层的弯曲剧烈一些,再加上摩擦力作用的结果,因而表面层的轴向拉应力增大。随着拉模过渡圆角半径减小,则金属表面层轴向拉应力增大程度相应加强。因此,这时线材的表面易产生裂纹。

B　径向压应力 $\sigma_r$ 和轴向压应力 $\sigma_\theta$

根据塑性条件得知,$\sigma_r$ 和 $\sigma_\theta$ 的分布规律与轴向拉应力 $\sigma_1$ 的分布相反,即表面层的 $\sigma_{rH}$ 和 $\sigma_{\theta B}$ 大于中心层的 $\sigma_{rB}$ 和 $\sigma_{\theta B}$。这可以作如下解释:每一环形层(见图 7 - 10)可以看成是一环形薄壳,在其外表面受到正应力,$\sigma_{rH}$ 的作用,在其内表面则受到反作用力 $\sigma_{rB}$ 的作用。由于在圆环壁中产生的周向应力卸载作用,故 $\sigma_{rB} < \sigma_{rH}$。

从这里可以看出,在拉拔时,金属表面层的压缩变形程度要比中心层大些。在实际生产中,被拉金属在变形区中的应力分布规律还取决于具体的拉拔条件。

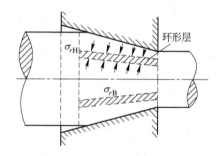

图 7 - 10　作用在变形区环形层内外表面的径向应力

### 7.2.3.3　反拉力及其对变形特性和受力状态的影响

拉拔在一般拉拔情况下,作用在模孔内变形区接触面上的正压力很大,则使得外摩擦损耗功也很大,而外摩擦也会降低拉拔质量,因此拉拔时,某些情况采用带反拉力拉拔,即在进入模子的拉拔末端加一个与拉拔力 $P$ 方向相反的拉力 $Q$,一般会导致塑性区轴向拉应力的提高。塑性区内,开始并没有轴向拉应力,只是达到反拉力的某个值(临界反拉力)时,轴向拉应力才明显提高。故不宜把反拉力增加到很大值。反拉力对拉拔力的影响如图 7 - 11 所示。

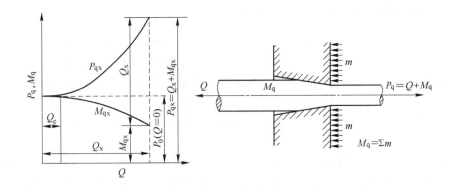

图 7 - 11 反拉力对拉拔力与模子压力的影响

随着反拉力 $Q$ 值的增加,模子所受到的压力 $M_q$ 近似直线下降,拉拔力 $P_q$ 逐渐增加。但是,在反拉力达到临界反拉力 $Q_c$ 值之前,对拉拔力无影响。临界反拉力或临界反拉应力 $\sigma_{qc}$ 值的大小主要与被拉拔材料的弹性极限和拉拔前的预先变形程度有关,而与该道次的压缩率无关。弹性极限和预先变形程度越大,则临界反拉力也越大。因此,可将反拉应力控制在临界反拉应力值范围内,在不增大拉拔应力和不减小道次压缩率的情况下,减小模子入口处金属对模壁的压力磨损,以延长模子的使用寿命。

在临界反拉应力范围内,增加反拉应力对拉拔应力无影响的原因是,随着反拉应力的增加,模子入口处的接触弹性变形区逐渐减小。与此同时,金属作用于模孔壁上的压力减小,使摩擦力也相应减小。摩擦力的减小值与此时反拉力值相当,故拉拔应力并不增加。当反拉应力值超过临界反拉应力时,将改变塑性变形区内的应力图 $\sigma_r$、$\sigma_1$ 的分布,使拉拔应力增大。图 7 - 12 为有反拉力和无反拉力拉拔时变形区的应力变化。

无反拉力下的纵向应力变化线为 $\sigma_{10}$,有反拉力的纵向应力变化线为 $\sigma_{1q}$,变形区每个点的纵向和径向应力之和的变化线为 $(\sigma_1 + \sigma_r)$,塑性区的这条线的位置不取决于有无反拉力,也就是说不取决于反拉力的值。在塑性区 $YY$ 的任何横截面中,纵坐标 $ac$ 部分表明无反

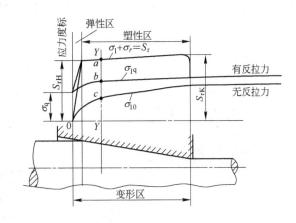

图 7 - 12 有反拉力和无反拉力拉拔时沿变形区的纵向和径向主正应力变化示意图

拉力时某点的主径向正应力值,纵坐标 $ab$ 部分表明有反拉力时同一点的主径向正应力值。且 $ab$ 小于 $ac$,也证实了有反拉力时,上述径向应力减小。

## 7.3 拉拔时工作条件的影响

影响拉拔状态的因素包括内在因素和外在因素。内在因素有拉拔的化学成分、组织状态、热处理方式、材料的力学性能等;外在因素有润滑条件、模具的尺寸、拉拔速度、拉拔温度、拉拔方式等。

### 7.3.1　拉拔时接触摩擦的特点和润滑剂的导入

金属在拉拔变形过程中,其表面与拉拔模孔壁之间的摩擦为外摩擦,在拉拔模孔变形区内,拉拔本身外层金属与内层金属之间变形不均匀而形成的摩擦为内摩擦。拉拔金属时,紧靠模孔壁的摩擦给拉拔过程造成困难,因此应尽可能地减小接触摩擦力。可采取表面预处理,如酸洗、涂层等,应用润滑剂产生湿摩擦来代替干摩擦。产生湿摩擦取决于润滑剂的活性和黏度、润滑剂导入变形区的条件、拉拔速度、模孔形状和变形区的温度,因为这些参数影响润滑剂的性质和导入的条件。

目前拉拔金属材使用的润滑剂是肥皂粉。为了将润滑剂导入金属材与模子的接触表面之间,一般采用自然导入法。金属材通过装有润滑剂的拉拔模盒,在大气压力的作用下,润滑剂被带入模孔附近,润滑剂自然地导入变形区,不依靠附加的外界作用,仅依靠被拉拔金属的黏附作用。这种情况下大部分润滑剂被挤出,润滑膜急剧减薄。由于一般润滑方法的润滑膜较薄,未脱离边界润滑的范围,故摩擦力较大。润滑膜厚度还取决于拉拔速度,因为润滑剂的温度和粘附性随着速度的变化而变化。近年来,由于拉拔速度的提高,采用下面的润滑剂导入方式。

(1)流体动力润滑法,也叫强迫导入法。使用由工作模和压力管组合而成的装配模盒,增压管孔与进线金属材之间有很小的间隙(仅0.15~0.20mm),当金属材以较高的速度行进时,压力管与金属材之间的润滑剂产生流体动力学效应,在模孔入口处,润滑剂的压力提高,将润滑剂压入工作模的模孔中,使金属材表面形成较厚的润滑膜,减少接触摩擦,降低拉拔温度。如图7-13所示。

(2)流体静力润滑法。将润滑剂以很高压力送入拉拔模孔中,为了使润滑剂封闭,还有一个密封模,也称为双模强制润滑,如图7-14所示。润滑剂的压力越高,润滑效果越好。

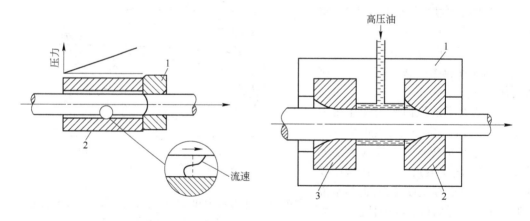

图7-13　流体动力润滑示意图　　　　图7-14　双模流体静力润滑示意图
1—模子;2—增压管　　　　　　　1—模套;2—拉拔模;3—密封模

### 7.3.2　拉拔时拉拔和模具的发热及冷却

在金属材拉拔生产中,金属材发热是普遍存在的现象和问题,也是影响金属材生产质量的关键问题。拉拔条件对金属材性能的影响,可以归纳为"热量"对金属材的影响,发热一方面影响产品质量,另一方面影响拉拔速度的提高,即影响生产效率。

一般拉拔条件下,金属材每拉一次,金属材平均升温约 60~80℃,而高碳金属材则达 100~160℃。在连续式拉拔机上拉拔,若不采取有效措施控制温升,多次拉拔后,金属材温度累积增加,在模孔变形区内金属材与模具间的温升可达 500~600℃。拉拔时产生的热量大部分被金属材带走,金属材与模具表面接触处,由于热传导的作用,约有 13%~28% 的热量保留在模具中,给拉拔条件带来危害及影响。

### 7.3.2.1 发热的危害

**A 润滑剂的润滑失效**

在某一特定的温度界限内,拉拔温度升高,可使润滑剂更好地吸附到金属材表面的微隙中去,提高润滑作用,降低拉拔力。若温度超过这一界限值,会引起润滑剂的焦化、润滑膜破裂和消失,使拉拔力急剧增大,摩擦系数急剧升高,金属材不均匀变形程度加剧,甚至有拉断的危险。肥皂粉的温度界限约为 170℃,若拉拔温度超过 170℃,会出现润滑膜破裂和拉拔力急剧增大,如图 7-15 所示。

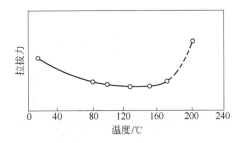

图 7-15 肥皂粉润滑时温度对拉拔力的影响

**B 缩短模具使用寿命**

拉拔时的发热量约有 20% 累计在模具中,使模具温度升高,虽然模芯为硬质合金材料,具有一定的红硬性(即在 500℃ 以下有较高硬度),但模孔温度分布是不均匀的,变形区内局部会形成较高的温度,使模子易于磨损且磨损不均匀,影响模子的使用寿命。

**C 金属材表面质量下降**

拉拔时的发热,造成金属材表面温度急剧升高且高于金属材中心部分,形成残余应力。特别是高速拉拔时,若润滑不良,会产生很大的残余应力,引起金属材表面产生裂纹,甚至拉断金属材;若润滑层被破坏,引起金属材表面发白、划痕。

**D 引起金属材力学性能的下降**

由于发热引起温升,使金属材在拉拔过程中常处于 150~240℃ 或更高的温度范围,引起应变时效,使金属材强度增高,韧性下降,金属丝脆化。

由于拉拔时的发热造成许多危害,且随着拉拔速度的提高,发热会更加严重,因此降低发热是提高拉拔速度的首要条件。影响发热的因素很多,归纳为两大类,第一类因素主要有:变形程度、拉拔速度、金属材直径和金属材的真实变形抗力。这些因素的增大,都会使发热增大,从而使金属材和模具的温升增大。第二类因素主要有:润滑方式和冷却装置的选择。

目前降低发热量采用的主要措施是:在保证产品技术要求前提下,选用合理的拉拔工艺;改进润滑方式,采用流体动力润滑,以降低摩擦系数;采用反拉力拉拔,减少模孔压力;采用可靠的冷却装置,靠冷却剂来带走热量,减少金属材和模具的温升。

### 7.3.2.2 冷却的方法

**A 模子的冷却**

模子多用水冷,其冷却方式有两种:

(1)开式冷却。采用循环水进行自流排出。缺点是水的循环速度较缓慢,冷却效果差,因为是开式的,润滑粉尘易落入水中,会造成水管经常堵塞。

(2)闭式冷却。将模盒密封,冷却水有压力,故水流速度大,冷却效果较好。

B　卷筒的冷却

卷筒也常采用水冷却,多采用窄缝式水冷却卷筒,如图7-16所示。其特点是在卷筒内壁固定一个水套,水套与卷筒内壁之间有5~6mm的缝隙,冷却水进入卷筒底部,再由循环水封进入缝隙,迫使附在壁上的热水被挤出,提高了冷却效果。由于卷筒内壁长期与水接触,容易产生铁锈,降低冷却效果,因此,常采用防锈循环水系统,以提高冷却效果。

C　拉拔的冷却

拉拔冷却方式主要有三种:

(1)高速风冷。在卷筒外壁缝隙处,喷出高速空气,直接吹在金属丝表面上,如图7-17所示。

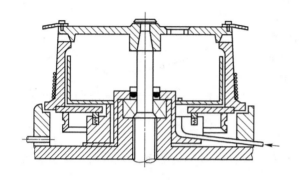

图7-16　窄缝式水冷却卷筒　　　　图7-17　风冷拉拔示意图

(2)拉拔道次间的喷水冷却。在拉拔卷筒周围安装喷射水雾装置,使通过拉拔模后的金属丝温度迅速降到冷却水的温度。拉拔进入下一个拉拔模前,用橡皮滚轮和压缩空气把拉拔擦干,如图7-18所示。

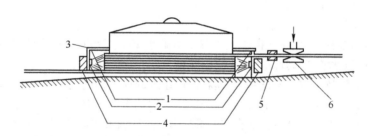

图7-18　喷水冷却拉拔装置示意图
1—水雾环;2—水雾喷嘴;3—铝套;4—分支水管;5—橡皮擦子;6—压缩空气擦子

(3)直接过水冷却金属丝。在拉拔机模具出口处安装一个直接水冷却装置,使金属丝通过水套快速冷却,如图7-19所示。冷却水从冷却盒下侧进入,它不仅可以冷却模具的外围,而且通过模具与模盒套之间的沟道,进入到金属丝出口模模孔处,将金属丝直接冷却,冷却水流经冷却管后自出口处排出,在此期间,冷却水一直与金属丝直接接触。在冷却管前端通入压缩空气,其作用既可吹去粘在金属丝表面上的水膜,又可防止冷却水沿拉拔方向流出,即起气封作用。

这种装置冷却效果好,可大大降低金属丝表面温度,从而使金属丝力学性能改善,并提高模具寿命,因此推广使用这种装置。

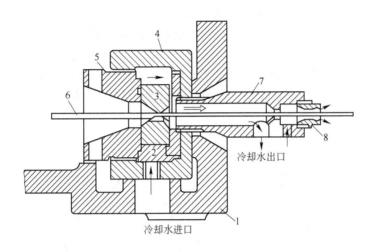

冷却水出口

冷却水进口

图7-19 直接过水冷却拉拔装置示意图

1—模座;2—垫片;3—模子;4—模套;5—盖;6—拉拔;7—冷却管;8—气封

### 7.3.3 变形工作条件的分析

#### 7.3.3.1 总压缩率

所有的金属材的强度都随着总压缩率的增加而增加,这是由于随着变形量的加大,金属内部晶粒不断产生滑移。随着滑移系的减少及晶格产生位错歪扭,防止再变形进行,故使塑性变形抗力增加,金属形成的冷加工化现象加剧,因而导致金属材的破断拉力加大,即金属材的抗拉强度升高。随着抗拉强度升高,金属材的屈服极限、弹性极限也增高,而延伸率和断面收缩率下降。因此总压缩率的选择,不仅要考虑产品强度要求,而且要考虑产品韧性指标要求,金属材强度指标的保证不能单靠加大总压缩率,还要选择适当的原料。

总压缩率的选择主要考虑:不同产品要求的强度极限,良好的韧性;尽量减少拉拔过程中的热处理次数,使工艺循环周期最短。

总之,总压缩率值的大小既与原料的性质、塑性、表面涂层状态有关,还与加工过程有关。

#### 7.3.3.2 拉拔速度

在现有生产设备,特别是无良好的润滑、冷却系统的前提下,当拉拔速度增高到某一定值后,再继续增加拉拔速度,将明显地影响到成品金属材的力学性能,使强度升高,弯曲、扭转值下降。主要是因为冷拉金属材发热,产生时效硬化作用的结果。随着拉拔机冷却系统的改善及新的冷却方式的出现,如:窄缝式冷却、透平式冷却、金属材出模后直接过水冷却装置的出现,大大改善了道次间的冷却效率,使拉拔速度提高到一个较高水平。

研究表明,金属材在拉拔速度1.92m/s和6.9m/s下拉拔,只要保证良好的冷却条件,拉拔后金属材的抗拉强度、断面收缩率、伸长率差别不大。可见高速拉拔是能够实现的,但需要高效的冷却设施、良好的表面处理效果、新型润滑剂、优质金属线材及相应的辅助条件,如大盘重线材、自动下线设备、耐磨的拉拔模具等。

#### 7.3.3.3 模具角度及材质

金属材在拉拔时,模孔的工作锥角$\alpha$越大,摩擦系数越高,拉拔截面上应力不均匀分布越严重,变形不均匀程度越大,从而造成金属材力学性能不均匀程度越大,残余应力越大。当采用不同的变形程度拉拔金属材时,总有一个最佳的模孔工作锥角$\alpha$,使拉拔应力最低,变形效率最高,

一般工作锥角 $2\alpha$ 在 $6° \sim 12°$ 的范围,变形效率最高。

工作锥有时采用接近圆弧形的锥孔,也叫放射形工作锥,如图 7-20 所示,放射形工作锥比圆锥形工作锥有许多优点。如沿变形区长度方向上的变形程度,圆锥形工作锥随加工硬化的增加变形程度逐渐增加,放射形工作锥却随加工硬化的增大变形程度随之降低,显然合理得多。又如,放射形工作锥的磨损是逐渐过渡的,先磨损成圆锥形,以后才形成凹形圆环,显然,其使用寿命比圆锥形工作锥长。

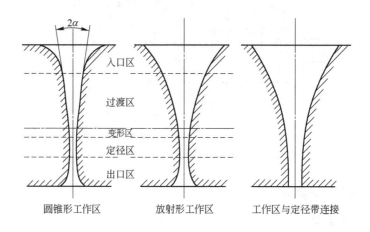

图 7-20　圆锥形、放射形模孔形状简图

采用工作锥为放射形的模孔时,其变形锥长度应等于圆锥形工作锥为最佳模孔工作锥角 $\alpha$ 时的变形锥长度。

模具材质对拉拔力影响很大,拉拔模质量(指模孔的几何形状、粗糙度、硬度)的好坏,对金属材表面质量的好坏和拉拔的顺利与否关系很大,对金属材的力学性能和动力消耗有一定影响。实验表明,水箱拉拔机采用钻石模比用硬质合金模拉拔力减少 36%;当拉拔的金属材强度较高,增加模子材料强度,可提高变形效率;较硬材料模具,由于获得了较高的光洁度,从而减少了摩擦力,减少了动力消耗;碳化钨模尤其是钻石模,比金属模明显地减少动力消耗。

### 7.3.3.4　带反拉力的拉拔

带反拉力拉拔与普通拉拔方法相比,对变形特性和受力状态的影响在前面已经分析过。这里主要讨论拉拔力 $P$ 和模子受的轴向力 $P_d$ 与反拉力 $Q$ 的关系。带反拉力拉拔示意图,如图 7-21 所示。

带反拉力拉拔,由于存在反拉力 $Q$,此时的拉拔力 $P$,不仅要克服作用在模座的轴向压力 $P_d$,还要克服反拉力 $Q$,此时,$P = P_d + Q$。

显然,带反拉力拉拔时所需的拉拔力比普通拉拔(不带反拉力拉拔)时所需的拉拔力大,而且随反拉力 $Q$ 的增加而增大。但是,拉拔力

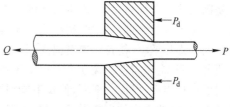

图 7-21　带反拉力拉拔示意图

$P$ 所增大的值并不等于反拉力 $Q$ 的值。这是因为模座上的轴向压力 $P_d$ 不是一个定值,$P_d$ 随着反拉力 $Q$ 的增大而减小。如图 7-22 所示。

当反拉力 $Q$ 达到最大值 $Q_{max}$ 时,拉拔力 $P = B_1$,处于拉拔极限即拉断的边缘,这是正常拉拔

所不允许的。

由于带反拉力拉拔时,$P_d$ 随 $Q$ 的升高而降低,就使模孔内的压力减小,提高了模子的使用寿命。同时,由于金属丝与模孔壁间的摩擦力的降低,减少了金属丝表面、拉拔模的发热,改善了金属丝的力学性能。

图 7-23 为从拉拔模具上测得的轴向压力 $P_d$,随反拉力 $P$ 增大而减小的变化曲线。

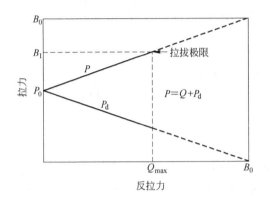

图 7-22 拉拔力 $P$ 与轴向压力 $P_d$、反拉力 $Q$ 的关系近似图

$B_0$—拉拔前线材的破断力($= F_0\sigma_b$);$B_1$—拉拔后线材的破断力($= F_0\sigma_{b1}$);$P_0$—无反拉力时的拉拔力;$Q_{max}$—最大反拉力;$F_0$—线材原始横截面积;$\sigma_b$—线材原始抗拉强度;$\sigma_{b1}$—拉拔一道后的抗拉强度

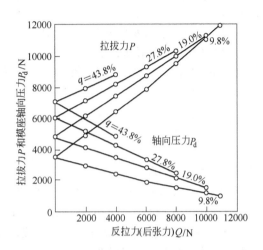

图 7-23 $w(C) = 0.58\%$ 钢(经铅淬火处理)采用反拉力时的拉拔力

### 7.3.3.5 旋转模子的拉拔

采用一种专用装置使模子旋转,拉拔在这个旋转的模子内拉拔,如图 7-24 所示。

由于金属丝在旋转模内变形,则拉拔在变形区内,其表面与模具产生相对螺旋运动,使拉拔与模具之间的摩擦力方向发生改变。即由于改变了外摩擦力的方向,使阻碍拉拔的轴向摩擦分力 $T_x$ 减小,从而可以减小拉拔力,有利于拉拔的进行。但是外摩擦力的切向分力 $T_y$,存在(见图 7-25),有可能使拉拔发生扭转现象。尤其是线径较细而切应力又较大时,更为严重,甚至造成

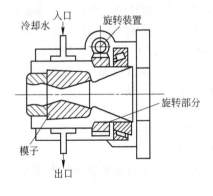

图 7-24 旋转模拉拔

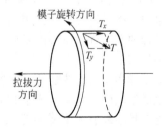

图 7-25 拉拔通过旋转拉模时摩擦力方向示意图

横向扭转断裂。可见,旋转拉模尽管使拉拔力有所降低,但由于扭转应力存在,其安全系数并未升高,每道次最大允许变形量也未增加。

采用旋转模拉拔的优点是:由于轴向摩擦力减小,使金属材内外变形不均匀程度减小。拉拔时,由于模子的高速旋转,模孔内壁的磨损较均匀,沿金属材径向的压缩也较均匀,并能保证金属材的尺寸精度(固定模拉拔成 $\phi 1.0$mm 金属材的椭圆度约为 $0.06 \sim 0.008$mm,旋转模拉拔却只有 $0.001 \sim 0.002$mm)和表面光洁,还能提高模子的使用寿命。通常以下情况可用旋转模:

(1)对于表面质量要求很高,椭圆度要求很小的金属材,可在成品道次或成品道次前二、三道采用。

(2)对于塑性低,变形抗力大的金属或合金可采用。

(3)对于椭圆度较大或已经有表面伤痕的线材也可采用。

天津某厂的 9/900 连拉机,在第一道和最后一道采用旋转模拉拔,从进线 $\phi 13.0$mm 拉到 $\phi 5.24$mm。

### 7.3.4　拉拔时的断丝原因及断口形状

在生产中,变形条件在拉拔过程中不是一成不变的,如进入变形区金属的力学性能、受传动机构不完善影响的拉拔速度、磨损的拉拔工具、用废的润滑剂等,所有这些变化,都妨碍变形过程,因而,拉拔时的力和应力会变得使被拉拔金属断裂。拉拔时发生的金属局部断裂,影响生产率和设备利用率。断裂率即单位时间内断裂的数目,它取决于许多原因:

(1)使用超出最佳范围界限工作锥角度的拉拔模;定径区长度大;过渡区圆角半径不足。消除办法是确定合适的拉拔模孔型。

(2)抛光不良或磨损,造成拉拔模孔表面粗糙度大;反拉力不足时,在变形区入口处接触表面上常出现环状凹陷;润滑剂的活性和黏度不足;润滑剂进入接触表面不良。消除办法是选择适宜的变形区温度,改善润滑剂的导入条件,建立起静压或动压润滑,选择适宜的拉拔速度。研究表明,用皂质润滑剂及提高拉拔速度可减少断裂率,然而,有时变形区温度太高会引起润滑剂黏度的急剧减小或润滑剂焦化,不可避免地导致拉拔过程恶化,提高断裂率。

(3)线材在变形区进口和出口处显著弯曲,接触表面一侧急剧增长;在拉拔模孔中积聚金属尘埃或润滑剂膜组成的其他脏物。引起拉拔力显著增高,常导致断裂。

(4)强烈预变形的金属更是常常断裂,必须采用中间退火,当个别部分退火不均匀,造成不同的塑性储备,导致塑性低的部分断裂。

(5)因夹头制作不良(带有缺陷)和拉拔机高速启动,拉拔速度过快地提高到工作速度时,由于大的加速和惯性力使线材破裂;因为,一是高速启动时,金属材要克服很大的静摩擦,二是设备启动时,润滑剂尚未能很好地吸附到金属材表面,金属材与模子之间的摩擦系数较大,三是金属材在启动时是冷状态,其塑性的恢复比正常运行时差。另外,拉拔装置的振动(机器驱动、齿轮传动等强烈的动载荷施加),在高速拉拔细小线材时,常常引起金属断裂。

(6)原料缺陷造成断丝:

1)金属丝由于铸造缺陷,如:铸造模内涂油操作不当,造成金属锭表面增碳,致使金属材铅淬火后表面生成网状渗碳体,塑性降低,拉拔后引起开裂而断丝。

2)金属锭在轧制成金属坯后,切头率不够,留有残余缩孔,严重时金属坯或线材断面有空洞,造成金属材拉拔后劈裂或断丝。

3)线材表面产生折叠的情况较多,连续或断续出现在线材的局部或全长。折叠严重的线材,拉拔金属材受力不均,特别在出口处受附加弯曲应力时,会造成断丝。

4)高、中碳金属(钢)材原料组织不佳。当线材有局部脆性马氏体组织时,拉拔出现断丝,且断口平直。这是由于在轧制过程中局部急冷而产生的;当线材存在魏氏体组织、晶粒粗大、有网状铁素体大量析出时,材料强度低、韧性差,拉拔易断丝。

5)"氢脆"引起断丝。金属材酸洗时间过长,浓度过高,在酸洗反应中生成的氢气沿晶界进入金属基内,引起拉拔断丝。断口分析有酸浸润过酸洗的痕迹。消除"氢脆"的办法:将"氢脆"线坯放置一段时间或再进入干燥炉内加热保温一段时间后,"氢脆"便会消除。

(7)电接不良引起断丝。电阻对焊接头操作不当,引起电接处拉拔性能低劣而断丝。在断口附近可见表面摩擦痕迹。

(6)和(7)两种情况的拉拔断丝,均属于不正常的脆性断裂,因而金属材断口往往呈各种不正常形状,如阶梯形、犬牙形、劈裂形、杯锥形、平切形等。而金属材正常的塑性断裂,其断口形状,对于低碳金属材是断口两头带有缩颈,中、高碳金属材略微带有缩颈或斜断的断头。由金属材断口的不同形状,可以粗略估计拉拔断裂的原因。

# 7.4 拉拔力及拉拔机功率计算

## 7.4.1 影响拉拔力的因素

### 7.4.1.1 被加工金属的性质

被拉拔金属的化学成分、组织状态不同,则金属的塑性和变形抗力及能承受的拉拔应力不同。图 7 - 26 为以 34% 的压缩率拉拔各种金属线材,抗拉强度与拉拔应力的关系图。

### 7.4.1.2 变形程度

拉拔应力与变形程度成正比,减面率增加时,拉拔应力增大,如图 7 - 27 所示。

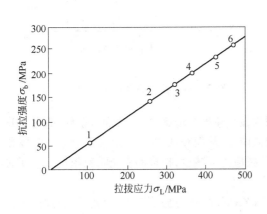

图 7 - 26 金属抗拉强度与拉拔应力的关系

1—铝;2—铜;3—青铜;4—H70;

5—含铜97%镍3%的合金;6—B20

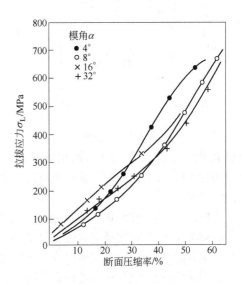

图 7 - 27 拉拔应力与断面压缩率的关系

### 7.4.1.3 模子的角度

拉拔模角度 $\alpha$ 常采用直线形的圆锥孔,$\alpha$ 是全锥角度的一半。随着模角 $\alpha$ 的增大,拉拔应力发生变化,总有一个相应的最佳模角 $\alpha$,使拉拔应力最低,变形效率最高。如图 7 - 28 所示,随着变形程度增加,最佳模角α值逐渐增大。

最佳模角α与摩擦系数有关。在普通拉拔条件下(无反拉力),摩擦系数和金属丝直径越大,最佳模角稍有增大。这主要是因为摩擦系数大时,使外摩擦损耗功增大较显著,适当增大模孔角度,可达到降低外摩擦力的效果。

#### 7.4.1.4　拉拔速度

实践和实验证明,拉拔时,当拉拔速度在极低的范围(5m/min以下)内时,拉拔应力随拉拔速度的增加而增加;当拉拔速度为6~50m/min时,拉拔应力随拉拔速度的提高而降低,拉拔力可减少30%~40%;当拉拔速度由50m/min提高到400m/min时,拉拔力只减少5%~10%,即拉拔力变化不大。总之,在正常拉拔条件下,提高拉拔速度,可使拉拔力降低。图7-29为拉拔制绳金属丝(含碳0.44%,直径从φ2.13mm拉拔到φ2.00mm)时,拉拔速度对拉拔力的影响。

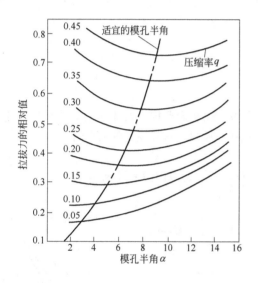

图7-28　拉拔应力与模角α的关系　　　　图7-29　拉拔速度对拉拔力的影响

提高拉拔速度为什么会使拉拔力降低呢?因为拉拔速度的增高,能改善润滑条件,适当温升能促进润滑剂表面活性分子吸附在被润滑物体的微隙中,从而降低摩擦系数,减少克服外摩擦和附加切变形所需的力,因而降低拉拔应力。由于拉拔应力的减少,拉拔的安全系数随拉拔速度的提高而增大。

另外,在开动拉拔设备的瞬间,由于产生冲击现象而使拉拔力显著增大,金属丝极易被拉断。由于启动瞬间的拉力,比稳定运转过程中的拉力大0.4~1.1倍。启动时由静止而骤然加速,首先要克服静摩擦阻力,故所需的拉拔力比运动时的大。因此,在较高速度的拉拔中,需采用特种联轴器或其他调速装置,在启动到正常运转过程中稳步加速,防止拉断。

另外影响拉拔力的因素还有。润滑剂、反拉力等,在前面已有分析说明,此处不再赘述。

### 7.4.2　拉拔力的确定

拉拔力是拉拔变形的基本参数,确定拉拔力的目的在于提供设计拉拔机与校核拉拔机部件强度,选择与校核拉拔机电动机容量,制订合理的拉拔工艺规程所必需的原始数据。

### 7.4.2.1 实测法确定拉拔力

A 在拉力试验机上测定拉拔力

如图 7-30 所示为测定拉拔力的装置,可以测定带反拉力和无反拉力时的拉拔力。图 7-30(a) 为无反拉力的测力装置,拉拔力 $P$ 引起轴向作用力 $M$,并通过拉模和框架传递给测力计显示读数。图 7-30(b) 为带反拉力的测力装置,为了确定作用于拉模的轴向作用力 $M_q$,在放丝盘的一端,装有制动负荷 $Q$,以造成一定的反拉力。图 7-30(c) 为带反拉力辅助模的测力装置,采用此装置时,先测出用模 4 拉拔时的拉拔力,此力即为用模 2 拉拔时的反拉力 $Q$,然后在试验机指示盘上可得 $M_q$,带反拉力的拉拔力 $P_q$ 为 $Q$ 与 $M_q$ 之和。图 7-30(d) 为带固定模支撑的测力装置,将模支撑 10 固定在模子架 11 上,测定拉拔力 $P_q$。

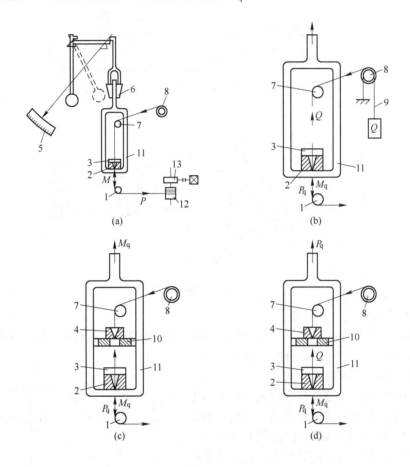

图 7-30 拉力试验机上测定拉拔力的装置

1—导轮;2—模子;3—润滑垫;4—反拉力模;5—刻度盘;6—夹头;7—导轮
8—放线盘;9—建立反拉力的荷重;10—支撑;11—模子架;12—收线盘;
13—收线盘传动装置;$Q$—反拉力;$M$—模子压力;$P$—拉拔力;
$M_q$、$P_q$—带反拉力时的模子压力与反拉力

B 用液压测力计测定拉拔力

如图 7-31 所示,为液压测力计,通过测力计表头读数可直接读出拉拔力。

C 用弹簧秤测量拉拔力

用弹簧秤测量拉拔力,这种方法最简单,适用于生产条件下直接测量,如图 7-32 所示。

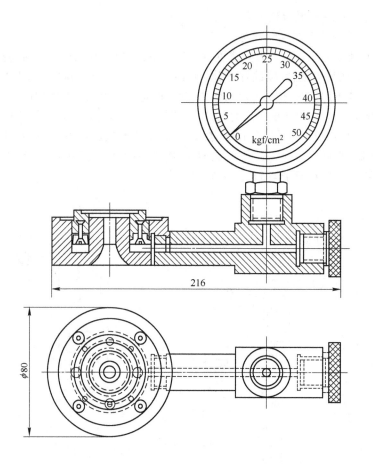

图 7 – 31　液压测力计

D　用电阻应变仪直接测量

用电阻应变仪直接测量,这种方法的精度很高,而且适用于动态测量。但这种方法比较复杂,且需要配备一整套专用仪器和部件,如下几种。

a　机械转换器也叫测压头

在测定拉拔力时,将它安装在拉模与模支撑之间,以便直接承受拉模传递的作用力。在圆柱形的测压头四周牢固地贴上电阻应变片,随着拉伸力的变化,由于测压头在拉伸方向所产生的轴向弹性压缩变形量的改变引起电阻应变片的长度和断面积相应变化,从而使电阻成线性变化。电阻应变片是机械转换器中的核心元件,它的作用就是把机械参量(弹性变形)转换为电参量(电阻的变化)。

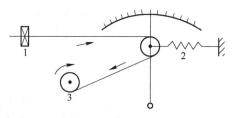

图 7 – 32　弹簧秤测力计
1—拉模;2—弹簧秤;3—卷筒

b　电阻应变仪

电阻应变仪将电阻的变化数值转换为较易测量的电参量,如电流或电压。由于电阻的变化是极微小的,所以需用放大器将电流或电压的输出信号放大。

c　指示及记录仪

用示波器等将经过放大的测量信号加以显示或记录。

E 用测定能耗法求拉拔力

直接用功率表或电流和电压测量拉拔机所需要电动机的功率消耗,建立其与拉拔力的关系,从而确定拉拔力的大小。这种方法较简便,在生产中应用较为广泛。

(1)由主电机的实际功率来确定拉拔力的方法 先测定空载时主电机的功率和拉拔过程中的功率及走线速度,就可由下式确定拉拔力:

$$P = 1000(N - N_0)\eta/v \qquad (7-6)$$

式中 $P$——拉拔力;

$N$——拉拔时拉拔机的实际功率;

$N_0$——拉拔机空载时电机的功率;

$\eta$——机械传动效率;

$v$——金属丝的走线速度。

(2)通过测试电机的电流及电压(电机工作时的电压、功率因数波动很小的情况下),建立拉拔力与电流的线性关系(图7-33为某厂测定的拉拔机的拉拔力与电流关系图),由此可得出拉拔力与电流的换算公式:

$$P = 9800K(I - I_0) \qquad (7-7)$$

式中 $P$——拉拔力;

$I$——电机工作稳定电流值;

$I_0$——拉拔机空转时电机电流值;

$K$——系数(需要结合具体设备的实际测试,决定其变化范围)。

实测法由于十分接近拉拔过程的情况,所测定的拉拔力较为准确,但要求有一套特殊测量设备及仪器。

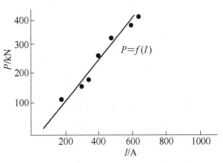

图7-33 拉拔力与电流关系图

### 7.4.2.2 经验公式计算拉拔力

(1)加夫利林科拉拔力公式:

$$P = \sigma_F(F_0 - F_1)(1 + f\cot\alpha) \qquad (7-8)$$

式中 $f$——摩擦系数;

$\alpha$——模孔工作锥角度(半角);

$F_0$——金属丝拉拔前的断面积;

$F_1$——金属丝拉拔后的断面积;

$\sigma_F$——模孔表面上单位面积上的压应力,计算时可用 $\sigma_{bcp} = (\sigma_{b0} + \sigma_{b1})/2$ 代替。($\sigma_{b0}$,$\sigma_{b1}$,为金属丝拉拔前后抗拉强度)。

(2)克拉希里什科夫拉拔力公式:

$$P = 0.6d_0^2 q^{1/2}\sigma_{bcp} \qquad (7-9)$$

式中 $d_0$——金属丝拉拔前直径;

$q$——部分压缩率;

$\sigma_{bcp}$——平均抗拉强度。

(3)勒威士拉拔力公式:

$$P = 43.56d_1^2\sigma_{b0}K_q \qquad (7-10)$$

式中 $d_1$——金属丝拉拔后直径;

$\sigma_{b0}$——金属丝拉拔前抗拉强度;

$K_q$——与压缩率有关的系数,见表 7 - 3。

表 7 - 3　压缩率系数 $K_q$

| 压缩率 $q/\%$ | 系数 $K_q$ | 压缩率 $q/\%$ | 系数 $K_q$ | 压缩率 $q/\%$ | 系数 $K_q$ | 压缩率 $q/\%$ | 系数 $K_q$ |
|---|---|---|---|---|---|---|---|
| 10 | 0.0054 | 22 | 0.0104 | 34 | 0.0146 | 45 | 0.0206 |
| 11 | 0.0058 | 23 | 0.0107 | 35 | 0.0155 | 46 | 0.0214 |
| 12 | 0.0066 | 24 | 0.0110 | 36 | 0.0160 | 47 | 0.0222 |
| 13 | 0.0070 | 25 | 0.0112 | 37 | 0.0161 | 48 | 0.0224 |
| 14 | 0.0072 | 26 | 0.0115 | 38 | 0.0166 | 49 | 0.0227 |
| 15 | 0.0081 | 27 | 0.0118 | 39 | 0.0172 | 50 | 0.0232 |
| 16 | 0.0082 | 28 | 0.0120 | 40 | 0.0176 | 51 | 0.0234 |
| 17 | 0.0084 | 29 | 0.0121 | 41 | 0.0184 | 52 | 0.0238 |
| 18 | 0.0090 | 30 | 0.0124 | 42 | 0.0190 | 53 | 0.0243 |
| 19 | 0.0092 | 31 | 0.0129 | 43 | 0.0195 | 54 | 0.0246 |
| 20 | 0.0097 | 32 | 0.0134 | 44 | 0.0200 | 55 | 0.0250 |
| 21 | 0.0102 | 33 | 0.0139 | | | | |

**例 7 - 2**　将 $\phi3.27$mm 的金属丝拉拔成 $\phi2.74$mm 的拉拔,已知模孔半角 $\alpha=6°$,定径带长度 $l=1.37$mm,拉拔前 $\sigma_{b0}=92$MPa,拉拔后 $\sigma_{bk}=110$MPa,摩擦系数 $f=0.06$,求拉拔力 $P$。

**解：**

按勒威士经验公式：　$P=43.56d_1^2\sigma_{b0}K_q$

$$q=1-(d_k/d_0)^2=1-(2.74/3.27)^2=30\%$$

由 $q$ 值查表 7 - 3 知 $K_q=0.0124$

故　　　　　　　　$P=43.56\times2.74/2\times94\times0.0124=3810$N

(4)别尔林拉拔力公式：

$$P=\sigma_{bcp}F_1\ln\frac{d_0^2}{d_1^2}(1+f\frac{2L_变}{d_0-d_1})\tag{7-11}$$

式中　$L_变$——模孔变形区内总长度；

　　　$F_1$——拉拔后金属丝直径。

(5)考尔布尔拉拔力公式：

$$P=\sigma_{bcp}F_1[\ln\mu(1+5/\alpha)+0.77\alpha]\tag{7-12}$$

式中,$\alpha$ 计算时应转化为弧度。

### 7.4.3　拉拔机功率的计算

#### 7.4.3.1　普通拉拔机功率的计算

普通拉拔机指不带反拉力的拉拔机,其电动机的功率计算方法,按传动方式不同而有所不同。

**A　单独传动的单次或多次拉拔机**

单独传动是指,拉拔机每个卷筒分别由一台电动机通过减速箱等中间传动装置拖动进行生

产,拖动各卷筒电动机的功率可按下式计算:

或
$$N = Pv/102\eta_\mathrm{D} + N_{xx} (\mathrm{kW})$$ (7-13)

式中 $P$——拉拔力;

$v$——卷筒的线速度;

$\eta_\mathrm{D}$——拉拔机传动机构与电动机的效率,在 0.80~0.92 之间;

$N_{xx}$——空载功率可用电工仪表测出,通常为拉拔机总功率的 10% 左右。

B 集体传动的单次或多次拉拔机

集体传动是指用一台电动机通过减速箱并由一根总轴带动拉拔机上的所有卷筒,每个卷筒的启动、制动控制用摩擦离合器或抱闸完成,这种拉拔机属于老式设备,目前基本淘汰。其电动机的功率可按下式计算:

$$N = \sum Pv/102\eta_\mathrm{D} + N_{xx} (\mathrm{kW})$$ (7-14)

**7.4.3.2 带反拉力的连续式拉拔机功率的计算**

带反拉力的连续式拉拔机,如活套式拉拔机、直进式拉拔机。这种拉拔机的卷筒转速能自动调节,均为直流电动机单独传动,因此,卷筒的调速范围很大。拉拔时,除第一道次外,其余各道次拉拔时均存在反拉力。反拉力的大小可由弹簧的拉力来调节。如图 7-34 所示,为活套式拉拔机调速装置简图。

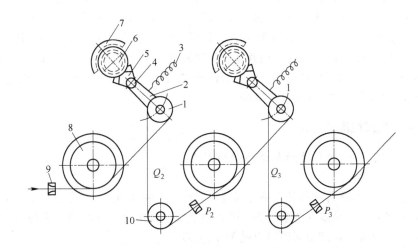

图 7-34 活套式拉拔机调速装置简图

1—张紧轮;2—平衡杠杆;3—张紧弹簧;4—支轴;5—扇形齿轮;
6—齿轮;7—变阻器;8—卷筒;9—模子;10—固定导轮

带反拉力的连续式拉拔机拖动各卷筒的电动机的功率可按下列公式计算。

(1)第一个卷筒和中间各卷筒:

$$N_1 = (P_1 - Q_2)v_1/102\eta_\mathrm{D} + N_{xx}(\mathrm{kW})$$ (7-15)

$$N_2 = (P_2 - Q_3)v_2/102\eta_\mathrm{D} + N_{xx}(\mathrm{kW})$$ (7-16)

式中 $P_1$、$P_2$——第一道、第二道的拉拔力;

$Q_2$、$Q_3$——第二道、第三道拉拔时的反拉力;

$v_1$、$v_2$——第一道、第二道的拉拔速度。

(2)精拉卷筒(最后一道):

$$N_n = P_n v_n / 102 \eta_D + N_{xx} \quad (\text{kW}) \tag{7-17}$$

注意:上述各道拉拔力,除第一道的拉拔力 $P_1$ 可用前面介绍的拉拔力公式计算外,其余各道的拉拔力计算,应考虑反拉力的影响。带反拉力拉拔时,会使所需要的拉拔力增大,通常拉拔力的增加值 $\Delta P$ 可按下式计算:

$$\Delta P = f \cot \alpha F_K Q / F_0 \mu \tag{7-18}$$

式中　　$Q$ ——反拉力;

　　　　$\alpha$ ——模孔工作锥角度(半角);

　　　　$F_K$ ——拉拔后金属丝截面积;

　　　　$F_0$ ——拉拔前金属丝截面积;

　　　　$f$ ——摩擦系数;

　　　　$\mu$ ——延伸系数。

用计算拉拔力的有关公式,求出拉拔力 $P$ 后再加上 $\Delta P$,即可得到有反拉力拉拔时的拉拔力。

## 7.5　拉拔产品的应力状态与力学性质

金属丝经过冷拔变形后会引起组织、性能的深刻变化。组织结构发生的变化有:显微组织变化——晶粒被拉长;晶格畸变,晶粒破碎;当变形量很大时,使晶粒具有择优取向的组织——变形织构。性能同样也发生了很大变化,如出现加工硬化,即在冷加工过程中,随着变形程度的增加,变形阻力增大,强度和硬度升高,而塑性、韧性下降的现象。消除加工硬化需中间热处理。在韧性损失的同时,抗拉强度增加,金属丝的其他力学性能也发生变化,如,反复弯曲次数、扭转次数、弹性极限、屈服极限等,为了使产品具有规定的性能,需要继续进行处理。本节介绍拉拔产品应力状态的特征,因为它对力学性能产生影响。

### 7.5.1　拉拔后拉拔性能的变化

#### 7.5.1.1　盘条性能对拉拔后拉拔性能的影响

A　盘条直径的影响

盘条性能通过轧制条件和热处理条件只能控制在一定的范围内。盘条直径会影响轧后的冷却速度,因而也影响组织性能和力学性能。因为粗金属丝比细金属丝冷却速度慢,所以,在相同的生产条件下,粗金属丝比细金属丝组织粗大,抗拉强度低。

各生产厂家制订的生产工艺对盘条直径的允许偏差进行了规定,直径允许偏差对金属丝力学性能有影响,因为拉拔时实际压缩率偏离了公称压缩率。若盘条直径位于上偏差范围内,则实际得到的压缩率大于公称压缩率,盘条的直径越小,这种偏差就越大。

B　盘条表面粗糙度和氧化铁皮的影响

盘条的表面性质对力学性能只有次要的影响,只有当盘条表面非常粗糙时,使润滑载体层不好和润滑剂供给不足,就可能出现拉拔温度的显著升高,并影响力学性能。

如果只用较小的总压缩率(最大为20%)把盘条拉至成品,则盘条的表面状态在很大程度上决定着成品金属材的表面状态。如果用较大的压缩率拉拔,则盘条的粗糙度对拉拔后金属材表面状态的影响次于拉拔条件的影响,关于粗糙度参数对金属材的使用性能的重要性还没有一个确切的概念,然而,人们越来越注意这个问题了。

有科学家研究了105Cr4金属和硬弹簧金属盘条在用机械法或化学法去除氧化铁皮后表面粗糙度的情况。在用喷射法去除氧化铁皮的状态下和酸洗法去除氧化铁皮的状态下,直径

5.0mm的盘条都具有约50μm的粗糙深度,然而,酸洗后金属材的粗糙度比机械法去除氧化铁皮的金属材呈现出较小的不平峰角,在用约45%的压缩率经三道拉拔后,粗糙深度可减少约70%,只有15μm左右。

可以证实,一定均匀的粗糙度对拉拔过程的润滑是有利的,润滑载体均匀地分布在金属材表面,因此,在拉拔过程中有足够的润滑剂被带入拉拔模孔内。当拉拔速度变得较大时,有较明显的粗糙度对拉拔过程中的良好润滑是必不可少的。

然而,拉拔后金属材的粗糙度不仅仅取决于盘条的粗糙度,盘条的化学成分,去除氧化铁皮的方法,去除氧化铁皮的条件,特别是使金属材表面氧化的热处理和最后的拉拔条件,都可能影响拉拔金属材的粗糙度。

C 化学成分的影响

金属的化学成分极大地影响金属丝性能。随着盘条含碳量的增加,因渗碳体形成量的增加和铁素体晶体张力的增大,盘条的强度也增加,因此,金属材经铅浴淬火后,再进行拉拔,其强度显著增加;锰有同样的效果,只是较弱而已。其他伴生元素仅仅由于偏析、晶粒度、夹杂物等间接地提高强度。

D 组织状态的影响

组织状态对金属材的拉拔特性和力学性能也有很大影响。有专家专门研究晶粒度对拉拔金属材力学性能的影响,得出:

(1)粗晶粒对于获得优良的成品金属材是有利的,对于细晶粒金属,铅浴淬火的温度必须适当提高,然而,这时会引起严重的边缘脱碳的危险和金属材出铅锅时挂铅。

(2)奥氏体晶粒度对力学性能毫无影响。综合上述结果可见:当压缩率达到85% ~87%时,晶粒度无决定性影响,只有在更高的变形程度时,才产生具有明显特征的影响。

7.5.1.2 拉拔工艺参数对拉拔后拉拔性能的影响

A 压缩率的影响

加工硬化随总压缩率的增大而增加,金属材的含碳量越高,加工硬化越大。

对于铅浴淬火金属材,第一道次的抗拉强度与总压缩率成正比例增加。当变形程度较大时,抗拉强度的增加变得相当激烈,直到变形能力耗尽为止,于是金属材断裂。屈服极限和弹性极限,通过第一道次约20%的压缩率拉拔,其增加强度比抗拉强度要强烈。屈强比强烈增加。当变形量较大时,抗拉强度和屈服极限相互成正比地增加,而弹性极限的增长相当缓慢。当变形量很大时,弹性极限的增长将进一步减小。断裂伸长率在第一道次以后就降低到很低值,尽管如此,还在不断继续下降。断面收缩率在第一道次以后同样强烈地降低,但没有断裂伸长率那样强烈,当变形能力接近耗尽时,就几乎不变,并开始断裂。

对于低碳退火金属材,当压缩率达到20%时,抗拉强度、屈服极限和弹性极限首先强烈地增加,然后,三种特性值的增加又都减小。但是,在高的变形之后,增长程度比高碳铅浴淬火金属材要缓慢。屈服极限随压缩率的增大逐渐接近于抗拉强度,最后,随压缩率的增大而又降低。退火金属材的断裂伸长率很高,然而,在第一道次就显著降低,而后降得更低。退火金属材的断面收缩率,随变形量的增加由高的起始值均匀下降。

如图7-35所示,给出了这方面的试验结果。

重要的还是压缩率对弯曲次数和扭转次数的影响。通过单纯的冷变形获得所希望的抗拉强度值是比较容易的,然而,在高强度值时还要保证具有较高弯曲次数和扭转次数则是困难的。

弯曲次数同样受金属的含碳量和金属材的压缩率的影响。含碳量为0.03%的退火未拉拔金属材,其弯曲次数比铅淬火高碳金属材要高很多。当含碳量达0.7%时,通过拉拔,弯曲次数

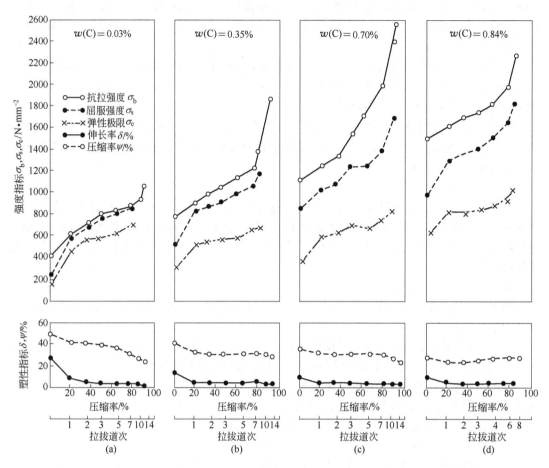

图 7 - 35　拉拔对金属材抗拉性能的影响

(a)钢 A;(b)钢 B;(c)钢 C;(d)钢 D

不断增加。当含碳量超过 0.7% 时,弯曲次数的增加落后于只含碳 0.7% 的金属材的弯曲次数的增加。因此,当含碳量再高时,弯曲次数又下降了。如图 7 - 36 所示。

扭转次数随总压缩率的增大而显著降低。当金属的含碳量低时,这种下降程度比中、高含碳量时要大得多。在很高的总压缩率之后,金属材的扭转能力才耗尽;于是扭转次数激烈降低。这种扭转次数激烈降低的情况,随含碳量的增加,在较小的总压缩率时就已经开始,且降低程度随含碳量的增加而增大,如图 7 - 37 所示。

在高总压缩率的范围内,弯曲次数随变形量的增加而不断降低。当总压缩率达 83% 时,随含碳量的增加,弯曲次数只有微小的降低;在更高的压缩率时,含碳量的影响较明显。金属材含碳量越高,随变形量的增加,弯曲次数降低越激烈。

道次压缩率的大小对成品金属材性能只产生间接的影响,只有达 70% 总压缩率时,道次压缩率对金属材性能才有影响,在总压缩率较高时,这种影响较小或完全消失。

拉拔方向对金属材力学性能没有什么影响。

B　拉拔温度的影响

拉拔温度对拉拔金属材的力学性能有重要的影响。出现高和低的拉拔温度的极限条件如表 7 - 4 所示。

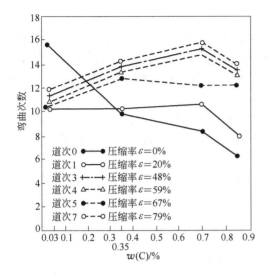 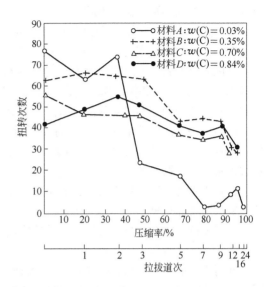

图7-36 不同含碳量、不同压缩率对弯曲次数的影响　图7-37 拉拔道次和压缩率对扭转次数的影响

表7-4 出现高和低的拉拔温度的极限条件

| 影响因素 | 高的拉拔温度 | 低的拉拔温度 |
|---|---|---|
| 拉拔模角度 $2\alpha$ | 大 | 小 |
| 定径带 | 长 | 短 |
| 拉拔模的材质 | 软、粗糙 | 硬、光滑 |
| $\Delta Q_{道次}$ 的大小 | 大 | 小 |
| $\Delta Q_{总}$ 的大小 | 大 | 小 |
| 润滑剂 | 缺乏润滑作用 | 有良好的润滑作用 |
| 拉拔速度 | 高 | 低 |
| 拉拔模的冷却 | 不足 | 良好 |
| 拉拔卷筒的冷却 | 不足 | 良好 |
| 拉拔机类型 | 非积线式拉拔机，直进式拉拔机 | 积线式拉拔机，单次拉拔机 |
| 反拉力 | 小 | 大 |

0.70% C 金属材在不同拉拔温度下进行拉拔,随拉拔温度的升高,首先是弹性极限,其次是屈服极限有显著提高。相反,抗拉强度的增加要小得多,屈强比超过90%。金属材的总压缩率越高,抗拉强度值的增加也就越大。当拉拔温度达300℃,弹性极限达到最大值,当拉拔温度达200℃时,屈服极限和抗拉强度达到最大值。当拉拔温度达300℃时,屈服极限和抗拉强度又重新降低。

断面收缩率随拉拔温度的升高先是降低,达300℃时又稍有升高。断裂伸长率开始稍微有降低,达300℃时又显著升高。

在0.35% C 的较低含碳量时,当拉拔温度达300℃时才达到强度增长的最大值。在0.84% C 的较高含碳量时,情况与所叙述的例子相同。

实际生产中所达到的拉拔温度通常在300℃以下。此外,由于金属材在道次间不断被冷却,所以对力学性能的影响比给出的各个例子要小。

C　拉拔模孔几何形状和拉拔模材质的影响

在不同的总压缩率时,随着最后一道次压缩率的增大和拉拔模角的变大,抗拉强度,特别是弹性极限明显增大。在总压缩率为60%时,拉拔模角的影响占主要地位,而当总压缩率为80%时,最后一道次的压缩率的影响占主要地位。然而,最后一道次的压缩率和拉拔模角对抗拉强度和屈服极限的影响还不如对弹性极限的影响那样强烈。

随最后一道次压缩率的增大,成品金属材的弯曲和扭转次数降低,拉拔模角对弯曲和扭转次数的影响较小。但是,拉拔模角对断裂伸长率的影响较显著。在高的总压缩率时,断裂伸长率随拉拔模角的增大而增加。

拉拔应力随定径带长度的增长而明显地增加,对于细金属材可能影响其力学性能,特别是弹性极限和断裂伸长率。

拉拔模的材质对拉拔金属材的力学性能影响不大。

D　润滑载体和润滑剂的影响

润滑载体的任务是,以尽可能薄的层保证润滑剂顺利地带入拉拔模孔内,润滑不允许中断,否则,金属丝在拉拔模孔内发生黏附现象,使拉拔温度上升。所以,润滑载体对金属丝拉拔的力学性能无直接影响。但是,它可以通过润滑作用和金属丝的粗糙度间接地影响拉拔温度,并因此影响拉拔性能。

E　拉拔速度、拉拔模冷却和拉拔卷筒冷却的影响

研究人员通过实验发现,对于无冷却,即在拉拔温度下进行拉拔的金属材,其抗拉强度、屈服极限和弹性极限通常都较高,而弯曲和扭转次数降低。因此,当冷却不足时,强度值会增加,塑性会降低。当金属材经矫直或以小压缩率进行再拉拔等处理后,金属材的性能虽会得到改善,但是,不可能达到用良好冷却进行拉拔的金属丝性能。

在积线式拉拔机上,最后一道次金属材的温度不超过140℃,而在每个拉拔卷筒上只积6圈金属材的直进拉拔机上,金属材温度可达200℃,采用普通水冷和风冷及卷筒积线一般的直进式拉拔机,金属材的温度只达150℃。拉拔速度越高,金属材的良好冷却就越重要。

当拉拔期间金属材有良好的冷却时,包括拉拔卷筒内部冷却在内的所有冷却,拉拔速度的提高,对金属材力学性能没有影响。

拉拔模的冷却只能带走所产生热量的一小部分,拉拔模的冷却最重要的是为了减少其磨损。

F　反拉力的影响

带反拉力拉拔金属材,有人错误地认为,反拉力可以减小拉拔力,而采用较大的压缩率,期望减少拉拔模的磨损,但未实现。

研究人员的实验表明,反拉力可影响金属材横断面上的硬度分布,横断面上硬度的均匀性随反拉力的增大而增加,当反拉力为拉拔力的80%时,在整个横断面内达到相同的硬度。可见,带反拉力拉拔的金属材必定具有较好的扭转值和疲劳强度值。

反拉力对抗拉强度和弯曲次数的影响可忽略不计,而带拉拔力的40%的反拉力经过四道次拉拔后金属材的扭转次数比无反拉力拉拔要高20%~25%。

反拉力能降低拉拔模孔内的径向压力,因此也能减小摩擦和降低拉拔温度。但反拉力对力学性能的影响不像温度降低那样明显,抗拉强度几乎不受影响,对于铅淬火金属材屈服极限稍有提高。断裂伸长率和断面收缩率随反拉力的增大而降低。

总之,反拉力对金属材性能的影响比较小,这种影响随拉拔模角和总压缩率的增大而增大。而在生产中精确调节反拉力很困难,所以,很难利用反拉力来达到规定的金属材力学性能。

### 7.5.2 金属弹性变形及模具对拉拔材料的影响

在一般情况下,被拉拔材料通过拉拔模后,料的截面和尺寸与拉拔模出口截面相应的尺寸并不相同,或是稍大,或是稍小,只有在极少数情况下,才是彼此相同的。原因如下:

(1)拉拔模并非是绝对刚性的,所以,在有负荷的状态下即当被拉拔金属通过拉拔模时,拉拔模的出口截面常常比无负荷状态时的出口截面要大 $\Delta F_{模}$。

(2)当金属从拉拔模孔出来时,处于拉伸应力作用之下,如果此应力接近屈服强度或仅在某些部位超过屈服强度,则从模中出来的金属的横截面比拉拔模在有负荷状态下出口的横截面 $\Delta F$ 小。

(3)在拉拔过程结束后即撤销了施加在被拉拔材料上的拉力之后,金属出现一种弹性后效,使金属的横截面 $\Delta F_{金}$ 增大。

由于以上三方面的原因,则被拉拔材料的横截面为:

$$F_{金} = F_{模} + \Delta F_{模} + \Delta F_{金} - \Delta F$$

式中,$F_{模}$ 为拉模在无负荷状态下出口截面积;$\Delta F_{模}$ 和 $\Delta F_{金}$ 恒为正值,在拉拔过程正常时,安全系数有足够的值时,$\Delta F \approx 0$,则 $F_{金} = F_{模} + \Delta F_{模} + \Delta F_{金}$。

综上所述,拉拔后金属的横截面要比无负荷状态下的出口横截面大一点。

在拉拔断面大的材料时,差值 $F_{金} - F_{模}$ 就成为不可忽视的了,若未将这一点考虑在内则拉拔材料的断面尺寸就可能变成不符合技术条件所规定的公差了,特别是在模子已经磨损时。差值 $F_{金} - F_{模}$(金属材为圆断面时对应的直径差),现场叫做金属膨胀。

$\Delta F_{模}$ 及其对应的 $\Delta D_{模}$ 的大小与以下因素有关:

(1)模子的材质和尺寸。尺寸越大,模子材质的弹性模量越大,则模子刚性越大,在其他条件相同时,$\Delta F_{模}$ 及 $\Delta D_{模}$ 越小。

(2)胀裂模子的力。胀裂力随压缩率的减小、$\alpha$ 角的增大而减小,因而模子的变形也减小。

$\Delta F_{金}$ 及其对应的 $\Delta D_{金}$ 的大小取决于以下三种因素:

(1)在离开拉模出口后的状态下,被拉拔材料的尺寸大小及力学性质,金属的横截面尺寸越大,弹性模量越小,则 $\Delta F_{金}(\Delta D_{金})$ 越大。

(2)变形速度直接取决于拉拔速度和变形程度,不取决于变形区的长度。

(3)在 $\Delta F_{金}(\Delta D_{金})$ 的变化和拉拔过程结束之间的时间间隔,$\Delta F_{金}$ 是随时间间隔的延长而按衰减曲线变化的。

总之,$\Delta F_{金}$ 随拉拔速度的降低而降低;随变形程度的降低而降低;随拉拔过程终了到测试开始的时间间隔的缩短而减小;随变形区的长度增加,也就是角的减小及拉模定径带长度的增加而减小。

影响被拉拔金属弹性后效值的因素很多,很难采用计算的方法求得。

弹性后效也显现在被拉拔金属的长度方向上。由于出现纵向弹性变形而拉拔料必定缩短以及在拉拔过程结束后被拉拔料有某些扭歪都证实了这一点。产生扭歪是由于拉模模孔的轴线与拉拔力方向未完全重合,被拉拔料截面的力学性能有某些不均匀性和不对称性,接触表面由于拉模表面加工质量和润滑油不纯而造成摩擦条件的某些差别所致。所有这些现象都引起附加的不均匀变形和应力,而这些变形和应力与弹性后效不均匀表现同时产生。严重时,出现整盘金属丝扭曲,有时扭成∞字形。为了防止这种扭曲,必须使金属丝在绕轴前,通过矫直装置,以消除不均匀变形和内应力。如图 7-38 所示。

### 7.5.3 拉拔条件对拉拔产品的物理性能和力学性能的影响

与所有塑性变形一样,拉拔过程也伴随着拉拔金属的物理性能和力学性能变化。在冷拔时,强度增大,韧性指标降低,密度也有某些下降,密度降低 0.09% ~ 0.25%,如金属材料退火后密度为 7.7970g/cm³,冷拔后密度为 7.7772g/cm³,密度降低 0.25%。此外,电阻值也有某种程度的增加。

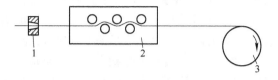

图 7 - 38  矫直装置示意图
1—拉拔模;2—矫直装置;3—收线轮

在拉拔条件下,金属状态指标的变化并不总是相同的,而是随着拉拔过程的具体条件而变化,这些条件决定了变形的不均匀性程度和残余应力值的大小,而变形程度和残余应力对被拉拔金属力学性能指标的平均值有影响。属于拉拔过程的具体条件如下所述。

#### 7.5.3.1 接触摩擦和润滑的影响

润滑剂的作用只有在小的 $\alpha$ 角条件下才能够明显地表现出来,因为在大的 $\alpha$ 角条件下,润滑剂将会很快地从变形区的大部分地段挤出来,拉拔变形实际上是在干摩擦的情况下进行的。实验结果指出,不用润滑剂的拉拔,抗张强度有降低的趋势,由于周边层有残余拉应力,这种残余拉应力将进一步降低断裂抗力。但是,由于在小的 $\alpha$ 角条件下,周边层和中心层变形程度的差别并不大,抗张强度降低的趋势还不明显。

#### 7.5.3.2 拉模工作角度 $\alpha$ 的影响

随着拉模工作角度 $\alpha$ 的增大:

(1)接触表面就要减少,而接触表面减少,法向应力就要提高。

(2)在变形区的润滑条件就要破坏,摩擦应力就要增加。

(3)作为最终结果的表面应力随着增大并偏重在金属入模子的一侧。

所有这些又引起附加的位移增加,这也就是为什么被拉拔金属的每一同心层总变形量有相应增加的原因。在变形量不大的情况下,这必定会使被拉拔料的力学性能指标变化强度的增加;而在变形增大时,力学性能指标的变化则不大;所以,在某些最小变形程度的条件下,被拉拔料的这些力学性能实际上可以达到同样的极限值。

#### 7.5.3.3 反拉力的影响

在拉拔过程的其他条件都相同时,摩擦力、变形的不均匀性、残余应力都因有反拉力而降低。由于残余应力降低的结果,抗张强度的平均值略有提高。但是,采用过高的反拉力(大大超过临界值)就可能带来变形分散度的增加,变形分散度的增加会对拉拔产品的强度产生坏的影响。因此,拉拔时应采用这样的反拉力值,使得不至于必须降低部分变形量而提高变形的分散度。

#### 7.5.3.4 变形分散度的影响

变形分散度提高(也就是在相同的总变形条件下,变形的次数增多或在一次变形中延伸量减少),将导致拉拔材料外围层位移变形增加。这也就是为什么在拉拔金属的外围层残余拉应力略有提高,而在内部深层残余压应力有相应增加的原因。纵向残余应力的此种重新分配,导致受拉时外围层较早地破坏,结果是在受拉时抗张强度降低。

为了得到具有较高强度的拉拔金属丝,拉拔必须是或者用最大道次压缩率,或者用适当的反拉力,道次压缩率小和无反拉力时拉拔的金属丝的力学性能最差。

### 7.5.3.5　拉拔方向的影响

拉拔方向的改变对残余应力没有很大的影响,可以认为改变拉拔方向这个因素对拉拔产品的力学性能影响不大。

### 7.5.3.6　拉拔后缠绕时弯曲的影响

线材经过拉模出来后,就要在中间牵引轮或收线架、线盘上缠绕起来,因此,线材要弯曲。残余变形与弯曲同时发生。实验证明,这种弯曲导致残余应力的重新分配,并引起力学性能指标的改变。实验者发现,金属丝由于弯曲而发生附加变形,使抗张强度有所降低、延伸增加,且强度性能的变化随着硬化的增加而增加。只有在收线轮直径或线盘超过所缠绕丝的直径250倍或更多,也就是弯曲不致引起显著的塑性变形时,弯曲才不会引起金属丝的力学性能的显著变化。

### 7.5.3.7　变形区的温度和拉拔速度的影响

拉拔过程的温度和摩擦系数都与拉拔速度有关。这些因素对拉拔后的金属的力学性能都有相应的影响。

抗张强度随拉拔速度的增加而降低,这是由于变形区温度升高和拉拔金属退火所致。如在多模拉拔机上,高速拔制($25 \sim 35 m/s$)的细铜丝抗张强度为 $43 \sim 47 kPa$;同样的丝在其他条件相同、拉拔速度为 $3 \sim 4 m/s$ 时的强度则是 $49 \sim 51 kPa$。

抗张强度也可能随拉拔速度的降低而下降。这种情况下,起主要影响的不是温度,而是接触摩擦系数。接触摩擦系数一般情况下随拉拔速度的增大而增大。在接触摩擦系数增大的条件下,会出现抗张强度降低的趋势。

## 7.5.4　拉拔过程中的残余应力

### 7.5.4.1　残余应力的产生和类型

线材在模具内变形时,其轴线处和其他部位周向和径向承受着显著的应力。作用到轴向的应力在模具入口处虽为零,但越往出口拉应力越大。残余应力就是在这些应力作用下,由于截面内各处不均匀变形而产生,这种残余应力表现为三种类型:

(1)表面压应力,心部拉应力。如图7-39(a)所示,此时,道次压缩率过小,仅仅为表面变形,变形时表面与模具间摩擦作用大,故表面为压缩残余应力。

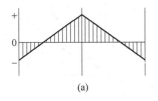 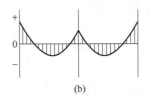 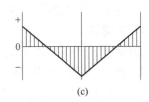

　　　　(a)　　　　　　　　　　　(b)　　　　　　　　　　　(c)

图7-39　拉拔操作中残余应力分布类型示意图

(a)表面压应力,心部拉应力;(b)表面拉应力,心部拉应力;(c)表面拉应力,心部压应力

(2)外表是拉应力,心部也是拉应力,而中部是压应力。如图7-39(b)所示,这是由于变形材料较硬或拉拔条件不同使材料心部不产生塑性变形的缘故。而中部的压应力表示变形到此为止。

(3)外表是拉应力,心部是压应力。如图7-39(c)所示,这是材料较软,而断面收缩率又大时,在整个断面间至线材的中部都发生塑性变形得到的残余应力的分布情况。

**7.5.4.2　影响残余应力的因素**

A　断面收缩率的影响

如图 7-40 所示,断面收缩率小时,中心为拉应力,边部为压应力,随着断面收缩率变大,应力状态变为外部拉应力,心部压应力,且外表拉伸残余应力变大,轴向和周向残余应力的分布也有差别。在室温下变形时,随变形程度增加,残余应力数值显著增加,当变形程度达某一数值时为最大值。若继续增加变形程度,其残余应力开始下降,直至为零。

B　材质的影响

材质愈硬,屈服应力愈高。因此,拉拔时为了维持高的内应力状态,拉拔后就会产生大的残余应力。硬度愈高,在线材的中心进行塑性变形就愈困难,其残余应力常出现边部拉,心部也是拉,而中间为压应力的分布,如图 7-39(b)所示。不同含碳量的线材,在不同拉拔条件下拉拔,对残余应力和力学性能的影响,如图 7-41 所示。

由图 7-41 中可以看出,材料强度越高,表面残余应力越高,对力学性能的影响越大。另外,由于金属内部化学成分、组织结构、杂质及加工硬化状态等分布不均匀,都使金属内、外部变形的难易程度不同,因而造成压力和变形不均匀,进而引起不均匀的残余应力。

C　变形速度的影响

通常在室温下,残余应力会随变形速度的增加而减小。当温度比室温高许多时,变形速度增加,残余应力也将增加。前者是受热效应的影响,材料受到软化,故残余应力降低。而后者是硬化作用大于软化作用,材料发生硬化,则残余应力随之增加。

其次,模具形状、润滑条件都对残余应力有一定影响,润滑条件越差,残余应力越大。

**7.5.4.3　残余应力对产品性能的影响**

A　对力学性能的影响

残余应力使单位变形力增高。由于变形及应力分布不均匀使单位变形力升高,使塑性降低。甚至可能在变形中较早地达到金属的断裂强度而发生破裂。

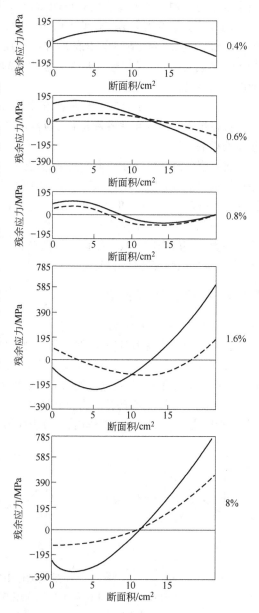

图 7-40　断面收缩率对残余应力的影响

当受交变应力的产品存在拉伸残余应力时,其疲劳强度降低;反之,则升高。这主要是由于残余应力与作用应力相叠加,使变形应力发生变化所致,拉拔表面产生多余拉应力,故疲劳强度降低。

残余应力对造成应力腐蚀开裂的影响一般是这样的:当与外应力叠加时,有可能成为适宜于应力腐蚀开裂的状态,也可能相反。通常若与腐蚀介质相接触的部位存在压缩残余应力时,对应力腐蚀的防止是有效的,而拉拔时,金属丝表面残余应力多为拉应力,故残余应力的存在,适于应力腐蚀开裂,破坏了产品的腐蚀性。

B 对产品尺寸和形状的影响

当残余应力消失或其平衡受到破坏时,相应物体内各部分的弹性变形也发生了变化,从而引起产品尺寸的变化,有时发生形状的弯曲和扭曲。如图 7-42 所示,为不对称残余应力造成的拉拔扭曲,严重时形成"∞"字形线,造成废品。

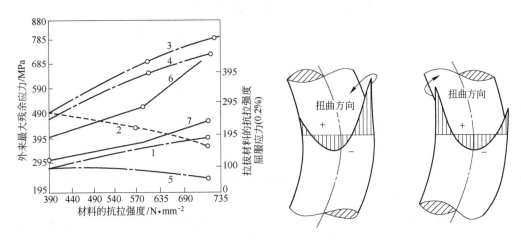

图 7-41 材质对残余应力和力学性能的影响　　　图 7-42 不对称残余应力造成的拉拔扭曲

C 对产品寿命的影响

当产品受载荷时,其内部受到的应力为由外力所引起的应力与残余应力之和,或为二者之差。因此,引起物体内应力很不均匀。显然,当合成应力值超过材料许用值时,产品将产生塑性变形,因而缩短其寿命。

D 使操作困难

变形物体内应力不均匀分布,造成加工工具内应力也分布不均匀,因而使工具产生磨损,引起弹性变形不均匀等一系列问题。如拉拔时,拉模早期磨损,线盘不平等现象,均使操作困难。

### 7.5.4.4 残余应力的消除

拉拔制品中的残余应力,特别是其中的残余拉应力是极为有害的,是合金产生应力腐蚀和裂纹的根源。带有残余应力的制品在放置和使用过程中会逐渐地改变其自身形状与尺寸,同时对产品的力学性能也有影响。目前减少和消除残余应力有以下三种方法。

A 减少不均匀变形

减少不均匀变形,这是消除残余应力的最根本的措施。可通过减少拉拔模壁与金属的接触表面的摩擦;采用最佳模角;对拉拔坯料采取多次的退火;使两次退火间的总加工率不要过大;减少分散变形度等方法减少不均匀变形。

B 变形后机械法

a 矫直加工

矫直的作用即最大可能地均衡金属丝横断面上变形的不均匀性,均衡拉拔时金属丝的不同直径公差的不同程度的发热,可能引起的拉拔应力,并因此使拉拔金属丝在其全长上尽可能得到均匀的性能。

拉拔生产中常用反复弯曲法进行金属丝矫直,即通过安装在同一平面或两个互成90°的平面内的辊子进行矫直,金属丝成波形或弯曲形通过矫直器。矫直时会超过材料的屈服极限,产生塑性变形,降低内应力。弯曲辊矫直时,变形深度较小,主要是边缘区产生变形,随弯曲曲率的变化,使内部残余应力得以调整,逐渐减小。经矫直后的金属丝在边缘内产生压应力,内部为拉应力,不能完全消除残余应力的不均匀性。对细丝矫直更困难。

矫直会降低屈服点,弯曲和扭转次数也有所下降,其力学性能变化的大致情况见表7-5。

表7-5  矫直后产品力学性能的变化

| 抗拉强度 | 稍有降低,约为1%~5% |
|---|---|
| 屈服极限 | 有较大降低,约为10%~25% |
| 弹性极限 | 有很大降低,约为30%~60% |
| 断面伸长率 | 有较大增加,最小为20%,一般在60%以上 |
| 断面收缩率 | 有极小且交变变化(降低约5%,增加约5%) |
| 弯曲次数 | 大多数增加5%~50% |
| 扭转次数 | 有差别,一般增加10%~20% |

b  表面加工以调整残余应力

对于表面为残余拉应力的产品,可进行二次拉拔,拉拔时用少量压缩率造成表面压应力状态,以抵消其表面残余拉应力或减轻表面残余应力。如图7-43所示。

C  变形后热处理法

所谓热处理法即采用回火和退火的方法。一般第一类残余应力(即变形金属中,一部分与另一部分之间不均匀变形引起互相平衡的残余应力)用低温回火就可大为减少;第二类残余应力(即变形金属中,若干个晶粒间不均匀变形引起互相平衡的残余应力)在稍低于再结晶温度下可完全消除;而第三类残余应力(即变形金属中,为了平衡每个晶粒本身原子晶格畸变所引起的残余应力)只有经再结晶,使晶粒完全恢复到原来的形状后方可消除。图7-44、图7-45为拉拔金属材料$w(C)=0.18\%$退火后残余应力和力学性能的变化。

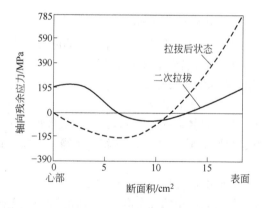

图7-43  二次拉拔时对产品残余应力的影响

一般,采用何种热处理方法,需根据实际情况而定。若为防止金属在其后停放中由于残余应力而引起变形和破裂的危险,并保证足够的强度,则采用低温回火。此时,由于内应力的消除,且低温回火中大量弥散ε碳化物析出,增大了变形抗力,使强度有所提高。若为了软化以利于今后的加工,则必须用退火的方法,完全消除残余应力。

对于不同种金属,其退火或回火热处理制度大不相同。一般碳金属在500℃以下处理,应力即可消除,若是奥氏体不锈金属,在此温度下就不可能消除应力,要在更高的温度区内处理方可。

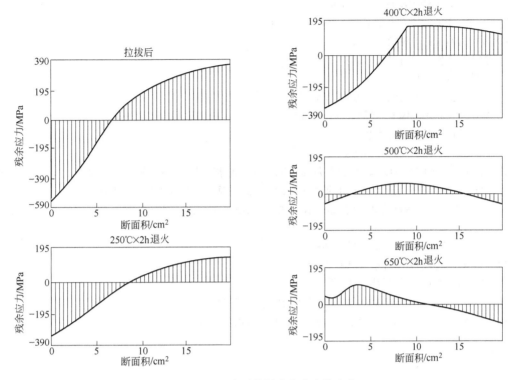

图 7-44   退火后线材残余应力的变化

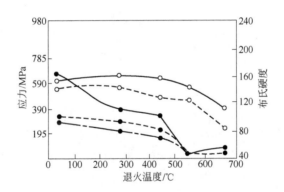

图 7-45   退火温度对线材残余应力和力学性能的影响
○——○布氏硬度；○- -○屈服应力；
●——●轴向残余应力；●- -●周向残余应力；
●-·-●径向残余应力

复习思考题

7-1   实现稳定拉拔的条件是什么,安全系数 $K$ 如何选取?

7 - 2　计算下面的部分压缩率和总压缩率:拉拔金属丝从 $\phi$1.8mm→$\phi$1.64mm→$\phi$1.42mm→$\phi$1.25mm→$\phi$1.11mm→$\phi$0.99mm→$\phi$0.90mm。

7 - 3　拉拔在变形区的应力是怎样分布的,有何规律?

7 - 4　反拉力对拉拔力和模子压力有何影响?

7 - 5　拉拔时工作条件有哪几方面?

7 - 6　发热的危害有哪些?

7 - 7　拉拔、拉拔模、卷筒的冷却方式有哪些?

7 - 8　影响拉拔状态的因素有哪些,其影响效果如何?

7 - 9　影响拉拔力的因素有哪些?

7 - 10　拉拔力的实测方法有几种?

7 - 11　将 $w$(C) = 0.7% 的制绳金属材,从 $\phi$3.7mm 拉拔成 $\phi$2.74mm,拉拔机线速度为 27m/min。若拉拔机的效率为 80%,计算拉拔机的功率是多少,此时最适宜的模孔工作锥角取多大?

7 - 12　分别用加夫利林科公式、克拉希里什科夫公式、考尔布尔公式计算例题中的拉拔力大小,并进行比较。

7 - 13　影响拉拔后拉拔性能的因素有哪些?

7 - 14　拉拔后拉拔的力学性能有哪些变化?

7 - 15　拉拔条件对产品的性能有什么影响?

7 - 16　残余应力是如何产生的,影响残余应力的因素有哪些?

7 - 17　残余应力对产品的性能带来什么影响,如何消除残余应力?

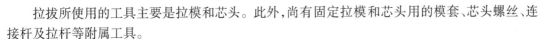

# 8 拉拔工具

拉拔所使用的工具主要是拉模和芯头。此外,尚有固定拉模和芯头用的模套、芯头螺丝、连接杆及拉杆等附属工具。

拉拔时模具直接对制品进行加工,它们对拉拔生产的产量、质量、消耗和成本等有很大的影响。拉拔工具应满足以下要求:

(1)孔型设计合理,能满足变形的需要;拔制力小,拔制过程稳定,变形均匀和磨损均匀。

(2)几何形状和尺寸精确。

(3)工作表面光洁,无缺陷。

(4)工作表面有足够的硬度和耐磨性。

(5)模具有足够的强度,避免在使用时因强度不足而损坏,或产生过大的弹性变形。此外,模具还应具有一定的耐冲击能力和便于加工。

## 8.1 拉拔工具的结构与尺寸

### 8.1.1 拉拔模

#### 8.1.1.1 普通拉模

如图8-1所示,为目前拉拔生产中使用的普通拉模的两种结构形式:锥形拉模和弧形拉模。一般,弧线形模只用于细线的拉拔,而管、棒、型及粗线的拉拔,普遍采用锥形模。按拉拔时所起作用的不同,普通拉模的模孔通常分为四部分[见图8-1(a)]:入口锥、工作锥、定径带和出口锥。

**A　入口锥**

入口锥又称润滑锥,是拉拔时来料首先进入的部分。入口锥的作用是在拉拔时便于润滑剂进入模孔,以保证制品得到充分的润滑,减少摩擦并带走金属由于变形和摩擦产生的部分热量,还可以防止划伤坯料。此外,入口锥还为模子磨损后的修模扩孔留下了必要的加工余地。

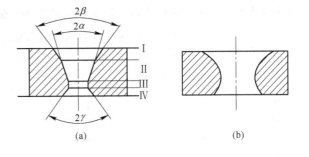

图8-1　普通拉模结构示意图

(a)锥形拉模;(b)弧形拉模

Ⅰ—入口锥;Ⅱ—工作锥;Ⅲ—定径带;Ⅳ—出口锥

入口锥的主要参数是入口锥角 $\beta$ 和长度 $l_r$。入口锥角 $\beta$ 的大小要适当,角度过大润滑剂不易储存,易造成拉拔润滑不良;角度过小,则拉拔时产生的金属屑、粉末等不易随润滑剂流掉,堆积于模孔中影响制品的质量,甚至还会造成夹灰、划沟、拉断等缺陷。在实际生产中,入口锥锥角 $\beta$ 的大小一般为:

硬质合金模 $\beta = 40°$

一般钢模 $\beta = 50° \sim 60°$

入口锥的长度 $l_r$ 一般取定径带直径的0.6倍。对于管、棒拉模,润滑锥常用 $R = 4 \sim 8\,mm$ 的圆弧代替。

B  工作锥

工作锥又称压缩锥,是金属实现塑性变形的主要部分,同时在此获得所需的形状和尺寸。

工作锥的形状有锥形和弧线形两种,弧线形工作锥对大变形率(35%)和小变形率(10%)都适合,而锥形工作锥只适合于大变形率。当采用小的变形率时,锥形工作锥会因金属和拉模的接触面积不够大导致模孔很快地被磨损。从拉拔力的大小来看弧线形和锥形工作锥没有明显差别。

虽然弧线形工作锥具有以上优点,但对于大型和中型拉模,由于其变形区较长制成弧线形困难,故多采用锥形。只有对于拉细线用的模孔,由于在磨光和抛光时容易得到弧线形,故弧线形工作锥主要用于直径小于 1.0mm 的线材拉拔。

为了避免制品在工作锥以外变形,工作锥的长度 $l_g$ 应大于拉拔时变形区的长度 $l_b$,其长度 $l_g$ 一般用下式确定。

$$l_g = al_b = a \times 0.5(D_{0max} - D_1) \tag{8-1}$$

式中    $D_{0max}$——坯料可能最大的直径;

$D_1$——制品直径;

$a$——不同心系数,其值为 1.05 ~ 1.3,细制品用上限。

在一般情况下,工作锥的长度 $l_g$,对线材拉模不小于定径带的直径 $D_1$;对于棒材拉模 $l_g = (0.7 \sim 0.8)D_1$。

工作锥的锥角 $\alpha$ 称为拉模模角,是拉模的主要参数之一。其对拉拔力、模子磨损、拉拔制品的质量等都有影响。实践证明:工作锥锥角 $\alpha$ 存在着一最佳区间,在此区间内拉拔力最小。根据实验,此最佳区间为 $\alpha = 6° \sim 9°$。需要说明的是:随着拉拔条件的改变,模角的最佳区间值会发生改变。变形程度、摩擦系数增加,均会导致最佳模角增大。在实际生产中,拉模模角通常按减面率大时取较大值、金属强度高时取较小值、湿拉时取较大值的原则选择确定。表 8-1 所列数据为采用碳化钨模以不同的道次加工率拉拔棒和线时最佳模角的变化情况。

表 8-1  拉拔不同材料时最佳模角与道次加工率的关系

| 道次加工率/% | $2\alpha/(°)$ | | | | | |
|---|---|---|---|---|---|---|
| | 纯 铁 | 软 钢 | 硬 钢 | 铝 | 铜 | 黄 铜 |
| 10 | 5 | 3 | 2 | 7 | 5 | 4 |
| 15 | 7 | 5 | 4 | 11 | 8 | 6 |
| 20 | 9 | 7 | 6 | 16 | 11 | 9 |
| 25 | 12 | 9 | 8 | 21 | 15 | 12 |
| 30 | 15 | 12 | 10 | 26 | 18 | 15 |
| 35 | 19 | 15 | 12 | 32 | 22 | 18 |
| 40 | 23 | 18 | 15 | | | |

在实际生产中,拉模模角的选择除了考虑上述因素外,还要考虑拉拔时应有利于坯料轴线与模孔轴线的重合,使拉拔力的作用方向正确以及尽可能地增加模子的强度,因此实际所采用的模角多为最佳模角值的下限。特别是在发现小模角($\alpha = 2° \sim 3°$)有利于建立流体动力润滑条件之后,生产中已开始采用小模角的拉模。

C  定径带

定径带的作用是使制品获得稳定而精确的形状与尺寸。它可使拉模免于因模孔磨损而很快超差,提高其使用寿命。

定径带的合理形状是柱形。对生产细线用的拉模,由于在打磨模孔时,必须用带 $0.5° \sim 2°$ 锥度的模具,故其定径带具有与此相同的锥度。

定径带的直径 $D_1$ 是拉模的基本参数,取决于所拔产品的直径。实际拉模定径带的直径比所拉产品的名义直径略小。

定径带的长度 $l_d$ 对拉模的使用寿命、拉拔力有影响。$l_d$ 愈大,拉拔力愈大;$l_d$ 越小,则拉拔力小,但易磨损而难于保持本身的形状,因而会降低使用寿命。在实际生产中,不同制品定径带长度 $l_d$ 的范围如下:

线材 $\qquad\qquad l_d = (0.5 \sim 0.25)D_1$

棒材 $\qquad\qquad l_d = (0.15 \sim 0.25)D_1$ $\qquad\qquad\qquad\qquad\qquad$ (8-2)

空拉管材 $\qquad l_d = (0.25 \sim 0.5)D_1$

衬拉管材 $\qquad l_d = (0.1 \sim 0.2)D_1$

也可参考表 8-2 所列数据。

表 8-2 拉模定径带长度范围

| 棒材拉模 | 模孔直径 $D_1$/mm | 5 ~ 15 | 15.1 ~ 25 | 25.1 ~ 40 | 40.1 ~ 60 | |
|---|---|---|---|---|---|---|
| | 定径带长度 $l_d$/mm | 3.5 ~ 5 | 4.5 ~ 6.5 | 6 ~ 8 | 10 | |
| 管材拉模 | 模孔直径 $D_1$/mm | 3 ~ 20 | 20.1 ~ 40 | 40.1 ~ 60 | 60.1 ~ 100 | 101 ~ 400 |
| | 定径带长度 $l_d$/mm | 1 ~ 1.5 | 1.5 ~ 2 | 2 ~ 3 | 3 ~ 4 | 5 ~ 6 |

D 出口锥

出口锥是模孔的最后部分,它不参与金属的变形,其作用是防止金属出模孔时被划伤和定径带出口端因受力而引起的剥落,以及便于润滑剂的排出和模芯的散热。

出口锥的锥角 $2\gamma$ 一般为 $60° \sim 90°$,长度 $l_{ch}$ 为定径带直径的 $0.2 \sim 0.5$。对拉制细线用的模子,有时将出口部分做成凹球面的。

出口锥与定径带的过渡交接区应研磨得非常光滑,以免制品通过定径带后,由于弹性恢复或拉拔方向不正时刮伤表面。

E 拉模的外形尺寸

拉模的外形尺寸是拉模的外圆直径 $D$ 和拉模厚度 $H$,其外径 $D$ 应满足强度需要,而厚度 $H$ 应保证变形的需要。目前生产中所用拉模的外径 $D$ 与模孔直径 $D_1$ 之间大致有如下的关系:

$$D \geqslant 2D_1 \qquad\qquad (8-3)$$

为了减少拉模的种类,实际上拉模的外形尺寸按模孔直径定为几种。

为了保证拉模在拔制时位置容易自动找正,实际生产中常把拉模的外形做成锥形(即入口一侧的外圆直径大于出口一侧的外圆直径),和内壁带锥度的模套相配合装在拉模支架上。拉模外表面的锥角一般取为 $5°$,如图 8-2 所示。

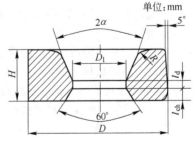

图 8-2 拉模主要尺寸图

部分拉模的主要尺寸如表 8-3 所示。

表 8 - 3   拉模的主要尺寸

| 拉 模 种 类 | 结 构 尺 寸/mm | | | | | |
|---|---|---|---|---|---|---|
| | $D_1$ | $D$ | $H$ | $l_d$ | $l_{ch}$ | $R$ |
| 硬质合金<br>拉模 | 3 ~ 6 | 45 | 20 | 1 | 2.5 | 5 |
| | 6.1 ~ 15 | 45 | 25 | 1.5 | 2.5 | 5 |
| | 15.1 ~ 27 | 60 | 30 | 2 | 4 | 5 |
| | 27.1 ~ 38 | 90 | 35 | 2 | 4.5 | 5 |
| 钢拉模 | 38.1 ~ 45 | 90 | 30 | 2 | 3 | 5 |
| | 45.1 ~ 55 | 125 | 30 | 2.5 | 3 | 5 |
| | 55.1 ~ 70 | 150 | 40 | 3 | 3 | 6 |
| | 70.1 ~ 110 | 200 | 50 | 4 | 3 | 6 |
| | 110.1 ~ 160 | 300 | 60 | 5 | 4 | 6 |
| | 160.1 ~ 220 | 360 | 70 | 5 | 5 | 6 |
| | 220.1 ~ 300 | 460 | 70 | 6 | 5 | 8 |
| | 300.1 ~ 400 | 500 | 70 | 8 | 5 | 10 |

#### 8.1.1.2  辊式拉模

为了减小工具与被拉金属间的摩擦和拉拔力,增大道次加工率,实现高速拉拔,出现了这种辊式模拉拔(见图 8 - 3)。其结构类似于一架带有立辊的小型轧机,两对辊上都有相应的孔型。在拉拔圆线时,入口侧辊子的孔型为椭圆形,出口侧辊子的孔型为圆形。目前,此种拉模只限于拉拔直径 $\phi2 ~ 20mm$ 的线材。2mm 以下的线材,由于在模子制造上两对孔槽对正困难,以及线材的精度问题不易解决,故而未用。

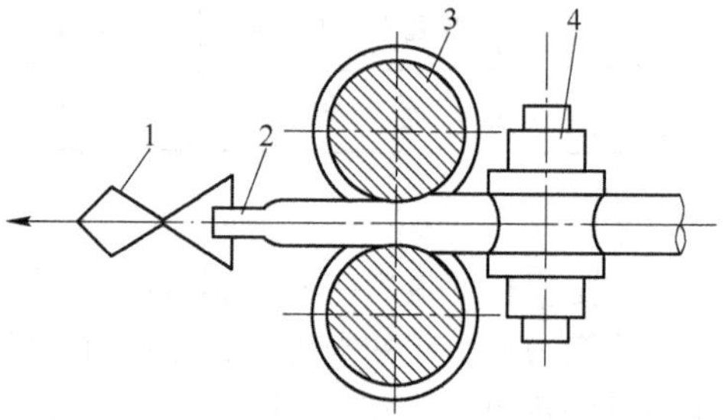

除上述结构形式外,还有一种模孔表面由若干个自由旋转辊构成的辊式模(见图 8 - 4),可由 3、4 或 6 个辊子组拼起来。这种模子主要是用来拉伸型材。

图 8 - 3   辊式模拉拔示意图
1—拉拔小车夹钳;2—制品;3—辊式拉模水平辊;
4—辊式拉模立辊

辊式模与普通拉模相比,具有以下优点:

(1)模具制造加工容易,模孔通用性强,可一模多用。因此,辊模又称万能拉模,既可单模使用,也可多模组合连续拉拔。

(2)道次变形量大,一般道次压缩率可达 30% ~ 40%。

(3)动力消耗低。

(4)在拉拔过程中能改变辊间的距离,获得变断面型材。

(5)在现有的拉拔机上,可以实现更高的拔制速度。

辊式模拉拔模孔调整及保证制品精度较困难,因此,尚未广泛应用,只用于方形、矩形、三角形、六角形以及其他异断面型材的拉拔。

#### 8.1.1.3  旋转模

如图 8 - 5 所示,为旋转模的示意图。模子的内套中放有模子,外套与内套之间有滚动轴承,通过涡轮机构带动内套和模子旋转。采用旋转模拉拔,可以使模面压力分布均匀,延长其使用寿命。其次,可以减小线材的椭圆度,故多用在连续拉线机的成品模上。

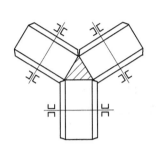

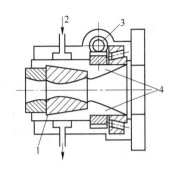

图 8 - 4  用于生产型材的辊式模示意图

图 8 - 5  旋转模示意图
1—模子;2—冷却水;3—旋转装置;4—旋转部分

## 8.1.2  芯头

### 8.1.2.1  固定短芯头

根据芯头在芯杆上的固定方式,固定短芯头分为空心和实心的两种。通常拉拔内径大于 30~60mm 的管子时,采用空心芯头,而拉拔内径小于 30~60mm 的管子时,采用实心芯头。芯头的形状一般是圆柱形的,也可以带有 0.1~0.3mm 的锥度。带锥度的优点是可以调整管子的壁厚精度,也可以减少管子内壁与芯头的摩擦。芯头与芯杆一般采用螺纹连接。在拉拔直径小于 5mm 的管材时,采用钢丝代替芯头。

**A  空心短芯头**

如图 8 - 6 所示,空心圆柱芯头的主要尺寸是外径 $D$、长度 $L$ 和端部倒棱的角度。内孔的直径 $d$ 根据芯头螺丝的直径选定,前者略大于后者。芯头的直径 $D$ 等于拔制后管材的内径,其长度 $L$ 与直径 $D$ 大致有如下的关系:

$$L/D = 1 \sim 1.5 \qquad (8-4)$$

$D$ 大时比值 $L/D$ 较小;$D$ 小时比值 $L/D$ 较大。生产中所用空心圆柱芯头的长度,当芯头直径 $D = 28 \sim 70mm$ 时,一般为 35~50mm。

为了保证开始拉拔时芯头能顺利地被管材带入变形区,芯头端面一般倒成 45°角。

实际生产中,采用的空心圆柱芯头的具体尺寸如表 8 - 4 所示。

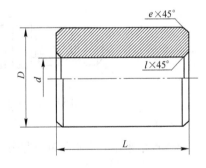

图 8 - 6  空心短芯头

**表 8 - 4  空心圆柱芯头结构尺寸**  (mm)

| $D$ | $d$ | $L$ | $l$ | $e$ | $D$ | $d$ | $L$ | $l$ | $e$ |
|---|---|---|---|---|---|---|---|---|---|
| 12~14 | 8 | 25 | 1 | 1.5 | 45.1~50 | 30 | 45 | 2 | 3 |
| 14.1~16.0 | 9 | 25 | 1 | 1.5 | 50.1~55 | 30 | 45 | 2 | 3.5 |
| 16.1~20 | 10 | 30 | 1 | 1.5 | 55.1~60 | 30 | 50 | 2.5 | 3.5 |
| 20.1~25 | 12 | 30 | 1.5 | 2 | 60.1~100 | 33 | 60 | 2.5 | 3.5 |
| 25.1~30 | 16 | 35 | 1.5 | 2 | 100.1~155 | 46 | 110 | 5 | 4 |
| 30.1~35 | 18 | 35 | 1.5 | 2.5 | 155.1~200 | 60 | 150 | 10 | 6 |
| 35.1~40 | 22 | 40 | 1.5 | 2.5 | 200.1~250 | 60 | 170 | 15 | 8 |
| 40.1~45 | 24 | 40 | 2 | 3 | | | | | |

　　空心圆柱短芯头加工方便,可以两头使用,比较经济。使用中,空心圆柱短头与拉杆的连接如图8-7所示。

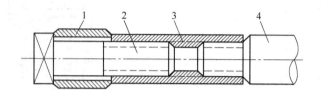

图8-7　空心芯头与拉杆的连接
1—芯头;2—芯头螺丝;3—连接套;4—拉杆

　　B　实心短芯头

　　实心圆柱形芯头有两种形式:一种为带内丝扣的实心芯头,如图8-8(a)所示;另一种为带凸尾螺丝的实心芯头,如图8-8(b)所示。

　　带内丝扣的实心芯头和芯头拉杆的连接,如图8-9所示,凸尾实心芯头和拉杆连接时,利用凸尾螺丝直接装在拉杆前面的连接套上。

　　实心固定短芯头只可使用一端,不能调转180°再使用另一端。

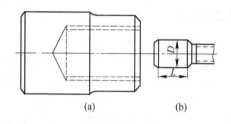

图8-8　实心短芯头
(a)带内丝扣的实心芯头;(b)带凸尾螺丝的实心芯头

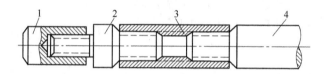

图8-9　带内丝扣的实心芯头与拉杆的连接
1—芯头;2—接手;3—连接套;4—拉杆

　　实际生产中采用的实心固定短芯头的具体尺寸如表8-5所示。

表8-5　实心固定短芯头尺寸　　　　　　　　　(mm)

| 芯头名义直径 $D$ | $D_1$ | $d$ | $L_1$ | $L_2$ | $L_3$ | $L_4$ | $L$ | $r$ | 标准螺纹 |
|---|---|---|---|---|---|---|---|---|---|
| 8~10 | $D-0.05$ | 6 | 5 | 30 | 32 | 1.5 | 1.5 | 1.5 | M4×0.75 |
| 10.1~13 | $D-0.05$ | 8 | 5 | 30 | 32 | 1.5 | 1.5 | 1.5 | M8×1.0 |
| 13.1~18 | $D-0.05$ | 10 | 5 | 30 | 32 | 1.5 | 1.5 | 1.5 | M10×1.0 |
| 18.1~24 | $D-0.05$ | 14 | 5 | 35 | 40 | 1.5 | 1.5 | 1.5 | M14×1.5 |
| 24.1~32 | $D-0.05$ | 18 | 5 | 35 | 40 | 1.5 | 1.5 | 1.5 | M18×1.5 |
| 32.1~41 | $D-0.05$ | 24 | 7 | 35 | 49 | 2.0 | 2.0 | 2.0 | M24×2.0 |

注:$D_1$ 表示镀铬后芯头的直径,镀铬层厚度 0.025~0.035mm。

### 8.1.2.2　游动芯头

　　游动芯头的形状,如图8-10所示,由两个圆柱部分和中间的圆锥体组成。

A 芯头锥角 $\beta$

游动芯头拉拔时,为了实现稳定的拉拔过程,芯头锥角 $\beta$ 应满足两个条件:

(1)芯头锥角 $\beta$ 大于摩擦角 $\rho$,小于拉模模角 $\alpha$

$$\alpha > \beta > \rho \qquad (8-5)$$

这是游动芯头稳定在拉拔变形区的必要条件。

(2)芯头锥角 $\beta$ 与拉模锥角 $\alpha$ 之间存在 $1° \sim 3°$ 的角度差,即

$$\alpha - \beta = 1° \sim 3° \qquad (8-6)$$

这是游动芯头拉拔得到良好稳定的流体润滑的基本条件。

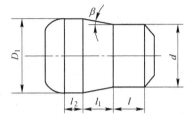

图 8 - 10　游动芯头

由于拉模的模角 $\alpha = 11° \sim 15°$ 时,拉拔力最小。因此,游动芯头拉拔时,最好的拉模模角 $\alpha$ 与芯头锥角 $\beta$ 范围是 $\alpha = 11° \sim 15°$,$\alpha - \beta = 1° \sim 3°$。在实际生产中,为了使拉模具有通用性,一般取 $\alpha = 12°$,$\beta = 9°$。

盘管拉拔时,芯头是完全自由的,其纵向及横向的稳定性由管材与芯头圆锥段比较大的接触长度来保证,因此盘管拉拔的芯头与拉模锥角差不宜过大。

B 芯头定径圆柱段

芯头定径圆柱段的长度 $l$ 可在一较大的范围内波动,而对拉拔力和拉拔过程的稳定性影响不大。实际生产中使用的芯头在定径圆柱段上往往带有很小的锥度(直径差 0.1mm),因此其影响更不明显。定径圆柱段长度 $l$ 可用下式确定:

$$l = l_y + l_d + \Delta \qquad (8-7)$$

式中　$l_y$ ——芯头轴向移动的范围,当 $\alpha = 12°$,$\beta = 9°$ 时,

$$l_y = 4.8(S_0 - 0.995S_1)$$

　　　$l_d$ ——模孔定径带的长度;

　　　$\Delta$ ——芯头在后极限位置时,伸出模孔定径带的长度,一般为 $2 \sim 5mm$。

通常,芯头定径圆柱段的长度 $l$ 取模孔定径带长加 $6 \sim 10mm$。

C 芯头圆锥段

芯头圆锥段的长度 $l_1$ 与 $\beta$、$D_1$ 和 $d$ 存在如下关系

$$l_1 = (D_1 - d)/2\tan\beta \qquad (8-8)$$

式中　$D_1$ ——芯头大圆柱段直径;

　　　$d$ ——芯头定径圆柱段直径;

　　　$\beta$ ——芯头锥角。

D 芯头大圆柱段

芯头大圆柱段的直径 $D_1$ 应小于拉拔前管坯的内径 $d_0$。对于盘管和中等规格的冷硬直管,$d_0 - D_1 \geqslant 0.4mm$;退火后直管 $\geqslant 0.8mm$;毛细管 $d_0 - D_1 \geqslant 0.1mm$。

盘管拉拔时,为了使芯头与管尾分离,芯头大圆柱段直径 $D_1$ 大于模孔直径 0.1mm 以上;对于毛细管和小直径厚壁管 $D_1 \geqslant D - S_1$。

大圆柱段的长度 $l_2$,主要对管坯起导向作用,不宜过长,一般取其等于 $(0.4 \sim 0.7)d_0$。

目前,生产中常用游动芯头形状如图 8 - 11 所示。其中芯头图 8 - 11(a)、(b)用于直线拉拔,图 8 - 11(a)为双向游动芯头,可换向使用。这种芯头不适用于大直径管材和成盘拉拔。芯

头图 8 - 11(c)、(d)、(e)主要用于盘管拉拔,其长度较短,尾部倒圆或成球形。

## 8.2 模具材料及其加工

### 8.2.1 模具材料

在拉拔过程中,拉拔工具受到很大的摩擦,尤其在拉线时,拉拔速度很高,工具的磨损很快。因此,工具材料应具有高的硬度、高抗磨性和足够的强度。常用来制造拉拔工具的材料有以下三种。

#### 8.2.1.1 金刚石

金刚石是目前世界上已知物质中硬度最高的材料,耐磨耐高温,是优良的制模材料。尤其在高速拉制细线时,金刚石模可以保证制品的精度与形状。金刚石性质较脆,不能承受较大的压力,其价格昂贵,加工困难,一般只有在线径小于 0.3 ~ 0.5mm 时才使用。

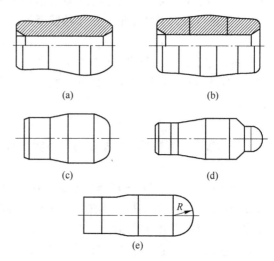

图 8 - 11  常用游动芯头形状
(a)双向游动芯头;(b)单向游动芯头;
(c)、(d)、(e)拉拔盘管用芯头

目前,制造拉模的金刚石有天然金刚石和人造金刚石两种。所谓人造金刚石就是将钻石粉在高温高压下进行烧结而制成的钻石。其具有多晶结构,性质较天然金刚石均匀,耐磨性能比天然的高。目前人造金刚石制模得到了很快的发展。人造金刚石的价格比天然金刚石低,规格越大,差价越大,$\phi$1.0mm 的拉模,人造金刚石的价格只有天然金刚石的六分之一。人造金刚石模的使用寿命比天然的长 2 ~ 3 倍,为碳化钨模的 200 ~ 300 倍。另外,人造金刚石模磨损后还可以更改尺寸后再用。目前,我国已采用人造金刚石生产 $\phi$6.0mm 的模芯。

目前我国生产的人造金刚石晶粒较粗,抛光性能较差,尚不能用来制作成品模。

#### 8.2.1.2 硬质合金

天然金刚石昂贵稀缺,块径小,因此在拉制 $\phi$2.5mm 以上,$\phi$25 ~ 40mm 以下的制品时,拉模多用硬质合金制造。硬质合金的硬度仅次于金刚石,具有较高的耐磨、耐蚀性,使用寿命比钢模高达百倍以上,而且价格也较便宜。目前,拉拔 $\phi$45 ~ 100mm 的制品也在逐步采用硬质合金模。

目前国内硬质合金模芯普遍采用钨钴(WCo)类硬质合金制作,其化学成分及物理性能如表 8 - 6 所示。为了提高硬质合金的使用性能,有时还在碳化钨硬质合金中加一定量的铝、铌和钛等元素。

表 8 - 6  硬质合金的牌号、成分、性能

| 牌 号 | 成分/% | | 密度/g·cm⁻³ | 硬度 HRC | 抗弯强度/MPa |
|---|---|---|---|---|---|
| | WC | Co | | | |
| YG3 | 97 | 3 | 15.0 ~ 15.3 | 91.5 | 1100 |
| YG6 | 94 | 6 | 14.6 ~ 15.0 | 89.5 | 1450 |
| YG8 | 92 | 8 | 14.5 ~ 14.9 | 89.0 | 1500 |
| YG11 | 89 | 11 | 14.0 ~ 14.4 | 86.5 | 1800 |
| YG15 | 85 | 15 | 13.4 ~ 13.8 | 87.0 | 2100 |

制作拉模用的硬质合金多选用 YG6 与 YG8,其中型材模用 YG8 与 YG10。根据不同的工作条件选用硬质合金的牌号时,主要考虑其强度与韧性,所选牌号应保证拉模受力后不能破碎。

硬质合金芯头一般用 YG15 制作。

### 8.2.1.3  钢

对于拉拔大、中规格制品的钢质拉模常用 T8A 与 T10A 优质工具钢等制作。钢质芯头用 35 钢、45 钢以及 30CrMnSi 钢等制作。在国内,生产中通常用 45 钢制作钢质拉模和芯头。为了提高拉模的耐磨性和减少黏结金属,钢质模具要进行热处理,处理后的硬度为 HRC58 ~ 65。除此以外,还可在工具表面镀铬,以增强耐磨性。镀铬厚度为 0.02 ~ 0.05mm,镀铬的拉模可提高其使用寿命 4 ~ 5 倍。

除上述三种材料外,有时也用铸铁和刚玉陶瓷制作拉模。铸铁制模容易,价格低,但拉模的硬度、耐磨性差,只适合于拉拔大规格、少批量的制品。刚玉陶瓷的硬度和耐磨性较高,可代替硬质合金模做 $\phi$0.37 ~ 2.0mm 的线材拉模,但质脆、易碎裂。

## 8.2.2  模具加工

### 8.2.2.1  金刚石模具的加工

金刚石模具的加工有两种方法:

(1)对金刚石先磨两个支撑面及观察面然后再进行各工序加工。这种加工方法的优点是可以利用金刚石的透明性观察开孔等加工过程,但这种加工方法需磨掉部分金刚石。另外,金刚石细小,加工时固定很不方便。小直径金刚石模孔的加工采用此种方法。

(2)先将金刚石与有关粉末烧结成块,镶套后再进行各工序加工。此种方法可比前一种少磨掉 2/3 ~ 4/5 的金刚石,加工时容易确定中心,操作方便。大直径金刚石模孔的加工常采用此种方法。

### 8.2.2.2  硬质合金模具的加工

硬质合金拉模模孔通常采用机械研磨法加工,具体工序如下:选择坯料→镶套→工作锥磨光→润滑锥磨光→出口锥磨光→定径带磨光→过渡区磨光→工作锥抛光→定径带抛光→检查验收。

此外,硬质合金模模孔的加工还有化学 - 机械研磨加工、超声波加工、电火花加工、电解液加工等。

硬质合金芯头用形状相似的毛坯磨削而成,毛坯与成品之间的加工余量一般为 0.5 ~ 0.7mm,磨削后抛光。

金刚石模和硬质合金模均镶入模套中使用,如图 8 - 12、图 8 - 13 所示。

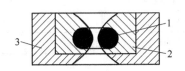

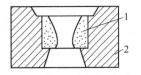

图 8 - 12  金刚石模

1—金刚石;2—模框;3—模套

图 8 - 13  硬质合金模

1—硬质合金;2—模套

### 8.2.2.3  钢质模具的加工

钢质拉模大多采用锻造后的圆钢坯经过机械加工成型。圆钢坯的直径比拉模直径大 5mm

左右,厚度比拉模厚度大 3mm 左右。为了降低硬度便于机械加工,加工之前圆钢坯先进行退火。退火后的硬度为 HB≤200。

圆钢坯经退火并检查合格后,按要求进行机械加工。圆形拉模孔在车床上直接车削;异形模模孔,先用插床加工出初型,然后用手工加工成型。

为了提高拉模工作表面的硬度和耐磨性,机械加工后的拉模进行氰化及淬火表面热处理。经表面处理后的拉模,研磨抛光后镀铬。镀铬可以提高拉模的使用寿命,但实际生产中常不镀铬即使用。

钢质芯头的原料是圆钢坯或厚壁钢管。为了容易车削,车削前原料进行退火。机械加工合格后的芯头进行表面热处理,其处理工艺和拉模类似。热处理后的芯头必须镀铬。为了使铬层牢固,镀铬前芯棒表面需进行磨光和除油处理。

## 8.3　拉拔工具的管理使用及提高工模具寿命的途径

### 8.3.1　拉拔工具的检验

拉模的质量检验包括模孔表面质量的检验和模孔形状、尺寸的检验。模孔表面质量的检验,一般用肉眼、放大镜或显微镜进行观察,或根据磨光后抛光的余量和抛光使用的磨料来判定。对大尺寸模孔和未镶套的透明的金刚石模孔的形状和尺寸采用直接测量的方法检验,表 8-7 为模孔各区形状和尺寸检验的常用方法。

表 8-7　模孔形状和尺寸检验的方法

| 检查部位 | | 检查方法 |
| --- | --- | --- |
| 定径带 | 名义直径 | 测量制品通过该模孔拉出后的直径 |
| | 实际直径 | 用工具、显微镜测量 |
| | 横断面形状 | 用光学投影法测量 |
| | 纵向长度 | 把制品从模孔中拉出一段后,出口处涂以使制品变色的药剂,再反向拉拔,测量未变色的圆柱部分的长度 |
| 工作锥 | 纵向长度 | 浇注易熔材料(蜡、石膏、铅锡合金),与模孔入口处测量凝固后取出的铸型 |
| | 纵向断面形状及锥角 | 用量规粗略测量 |
| | | 从模孔拉出一段后,对反拉回的金属段(或易熔材料的铸型)用显微镜观测形状和锥角 |
| | | 对得到的锥形金属段或用铸型方法得到的锥段,用光学投影器放大的方法进行测量 |
| | | 利用光学反射原理制成的光学仪器确定锥角 |
| 入口锥 | 形状和长度 | 浇注易熔材料,与模孔入口处测量凝固后取出的铸型 |
| 各过渡区 | 圆滑性 | 用肉眼或通过放大镜观察模孔,观察用前述方法得到的铸型 |

在实际生产中,对模孔尺寸的检验还有一些简易的方法:如对于 1mm 以下的细规格孔径用紫铜丝直接测量;对较粗规格的孔径,则采用引拔机对实物进行测试或用软铅丝测量。采用软铅丝测量的具体方法是:取一段比孔径小 20% 的软铅丝,将一端在铁砧上用半磅小锤均匀而轻轻地敲打,把软铅丝的头部锤成扁体(扁体宽度比模孔大 0.1~0.3mm),然后将扁体两侧涂上白蜡,穿入模孔,用小钳子引拔(见图 8-14),所拔出的软铅丝的扁头宽度即模孔的实际直径。最后用千分尺测量扁头的尺寸即可。

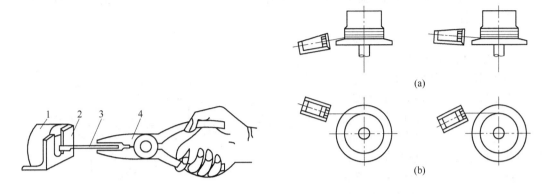

图 8 – 14　用软铅丝检测模孔孔径

1—拉模;2—模子支座;3—软铅丝;4—钳子

图 8 – 15　拉模位置不正

（a)侧视位置不正;(b)俯视位置不正

### 8.3.2　拉拔前工具的安装

拉拔前拉模和芯头安装得是否正确,直接影响到拉拔过程的进行、拉拔后产品的质量以及工具的消耗。

#### 8.3.2.1　拉模安装

为了避免拉拔时制品产生弯曲、拉模应垂直地安装在中心架的模座内,拉模的中心线和拔制中心线一致。

图 8 – 15 为几种拉模安装不正的情况,在生产中应注意。

#### 8.3.2.2　芯头的安装

拉管时,芯头的位置很重要。芯头只有进入拉模的定径带,并在拔模的全周上形成一个环形的孔型时（见图 8 – 16）,拉出来的管材才符合规定的拔制尺寸。

为了保证拉拔时芯头处于合适的位置,固定短芯头拉拔前,一般先把芯头工作表面的前端和拉模定径带靠出口锥一侧的端面对齐（见图 8 – 17A – A 线）,然后根据试拔后芯头上与管材内壁接触的印迹判断其位置是否正确并进行调整。

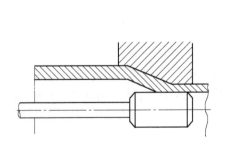

图 8 – 16　固定短芯头和拉模的配合

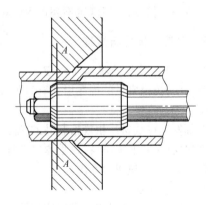

图 8 – 17　固定短芯头位置的调整

游动芯头拉管时,芯头与拉模的相对位置应保证当芯头处于最后位置时,其前端仍能进入拉模定径带内,如图8-18所示。固定螺母与芯头前端面之间的距离应保证当芯头处于前极限位置时芯杆不受拉力。

在拉杆上固定空心芯头时,芯头螺丝要拧紧,否则它们之间的间隙会影响拉拔时芯头的实际位置。

固定短芯头拉拔时,由于开拔前芯头不能预先进入拉模的定径带处于拉拔过程中它应在的位置。因此,在刚开始拉拔,芯头被管坯带入变形区之前,实际上进行的是无芯棒拔制,锤头部分的一段管材管壁在拔制过程中可能不但没有得到压缩,反而增厚了。这部分厚壁管段一般叫空拔头,如图8-19所示。

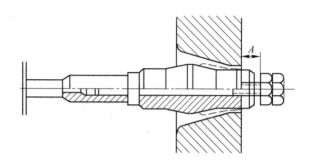

图8-18　游动芯头在拉模中的位置

形成了空拔头以后的管材,若在下一道次短芯头拔制时,误把芯头送入空拔头,则使该部分的管壁受到很大的压缩,导致拉拔力急剧增加甚至管材被拔断。为了避免上述现象的产生,拔制时,在芯棒前面装一定位器,定位器的直径小于芯头的直径。这样当芯棒向前送时,定位器进入空拔头而芯头留在空拔头后面,从而避免拔断,如图8-20所示。生产中有时采用芯头螺丝的头部起定位器的作用,这时,芯头螺丝头部的厚度应根据上道次所形成的空拔头的长度选取。

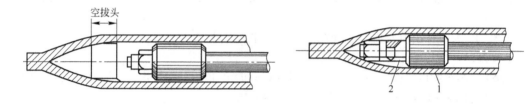

图8-19　固定短芯头拉拔时的空拔头　　　图8-20　定位器的使用
1—芯头;2—定位器

空拔头的长度,一般规定不超过50mm,超过了这个长度应将它切除。

### 8.3.3　模具的损坏与修理

8.3.3.1　拉模的损坏与修理

使用中,拉模常见的损坏形式有以下几种。

A　模坯破裂

大都发生在线材或粗规格制品的拉拔过程中。主要是由于线材塑性不好、部分压缩率过大、表面氧化皮过多、润滑不良,或是原料有耳子,椭圆以及尺寸偏粗等原因所引起的。另外,模子镶套配合不紧,也会造成模坯破裂。

B　模壁黏线

拉拔低强度制品时容易发生这种缺陷。若制品表面酸洗不清、涂层不牢,或者拉拔时形成的润滑膜过薄,致使制品与模子之间产生过大的摩擦力(甚至干磨),则会引起咬黏,造成制品表面严重刮伤。模孔的粗糙度如果过大,也会造成咬黏。

发生咬黏的模子,模壁上黏有金属屑,修理时可先用刀刮去金属屑,然后检查模孔。磨损轻微的,用细磨料研磨后即可使用;磨损明显的,必须放大规格,用中、粗磨料扩孔改做。

　　C　定径带严重磨损

　　定径带的磨损主要出现两种情况:一出现沟槽,二定径带磨成椭圆形。定径带出现沟槽的原因,大都是坯料表面残留氧化皮,或表面有筋和飞翅等,拉拔时由于局部压强过大,润滑膜被破坏所达成的。定径带磨成椭圆形的原因,主要是润滑膜(或涂层)严重不良,拉拔不正所造成的。

　　对于这种模子的修理,如果沟槽不深,可以先用直针磨削定径,去除沟槽,然后再将模子的出口区磨深一些(保持定径带的一定高度),再用细磨料精磨。如磨出的孔径尺寸不符合成品规格,可作为过桥模(中间模)使用。对于沟槽过深和定径椭圆形的模子,应扩孔改做。扩孔前,先将定径带用直针磨圆,然后再改制适当的规格。

　　D　模壁斑点剥落

　　造成这种缺陷的原因是模坯质量欠佳,外购的模坯成分不匀,或烧结时产生气泡、砂眼等。这种模子经过改做后,如仍不能消除缺陷只可报废。

　　E　模孔凹环

　　模孔的工作区有时发现一圈均匀的凹环,这是由于长时间拉拔的结果,一般属于正常现象,轻度的可用细磨料研磨修复,较重的必须扩孔改做。

　　8.3.3.2　芯头的使用和损坏

　　芯头的寿命取决于其制造质量和使用条件,波动范围大。一般说来,游动芯头的使用寿命总是高于同种条件下工作的固定短芯头,为短芯头的 2.5 ~ 4 倍,有时更高些。硬质合金芯头因为本身硬度高并可反复修磨,寿命更长。

　　芯头报废的原因很多,比较常见的是工作表面脱铬和磨损。游动芯头的脱铬主要发生在定径圆柱段上,并从圆锥段与定径圆柱段交接线上开始,有时甚至只拉拔很少管材就出现明显的环状脱铬。镀铬前芯头表面抛光不善(特别是定径圆柱段与圆锥段交接处)或镀铬质量不良是脱铬的主要原因。

　　芯头磨损呈环形的纵向划道,最严重处在芯头定径圆柱段上,圆锥段磨损较轻。芯头大圆柱段与圆锥段交接处也经常脱铬,但它不是因为变形不合理从此处而成的,而是拉拔结束时芯头此处冲击模孔工作带所致。

　　加工不良的芯头会因为应力集中而断裂,壁厚过薄或淬火不善的空心芯头往往会发生碎裂。

## 8.3.4　模具的使用寿命及提高使用寿命的途径

　　拉拔生产实践表明,拉拔工具的消耗在整个拉拔生产中占有相当的比例(大约 5% ~ 10%)。因此在拉拔生产中提高工具的使用寿命、降低工具的消耗,对于降低拉拔制品的成本是很有意义的。

　　拉拔工具的使用寿命,通常以通过模孔拉出质量合格的产品数量来表示。在一定的拉拔条件下,影响拉拔工具寿命的因素主要是工具材质、润滑效果和反拉力的大小等。在实际生产中,通常从以下几个方面来提高工具的使用寿命:

　　(1)提高坯料及模具的表面质量,减少摩擦,减少磨损。

　　(2)严格控制拉拔过程中工艺参数的稳定性。

　　(3)合理安装拉拔工具。

　　(4)定期检修与合理维护拉拔设备。

　　(5)定期检查拉拔工具,发现缺陷及时修理。

　　(6)改善润滑条件。

**复习思考题**

8-1　普通拉模模孔通常由几部分组成,各部分的作用如何?

8-2　固定短芯头有哪些常用的结构形式,分别用在什么场合?

8-3　制造拉模的材料有哪几种,分别有什么特点?

8-4　拉拔工具的质量检验包括哪些内容,分别采用什么方式进行检验?

8-5　拉模安装的基本要求是什么,经常出现的安装不正有几种情况?

8-6　固定芯头安装时应安装在哪个位置?

8-7　游动芯头直线拉管时的安装位置如何?

8-8　拉模一般出现哪些破坏形式,应怎样避免?

8-9　芯头的破坏形式有哪些,应如何减少?

8-10　结合具体情况,谈谈你对提高拉拔工具的寿命的认识。

# 9 拉拔设备

## 9.1 管棒材拉拔机

管棒材拉拔机有各种各样的形式,如表9-1所示,可以按拉拔装置分类,也可以按管棒材同时拉的根数分类。

表9-1 管棒材拉拔机分类

| 项 目 | 按拉拔装置不同分类 | 按同时拉拔的根数分类 |
|---|---|---|
| 管棒材拉拔机 | 链式拉拔机<br>齿条式拉拔机<br>带有两侧链带的拉拔机<br>模子移动式拉拔机<br>液压传动式拉拔机<br>连续拉拔矫直系列<br>圆盘式拉拔机 | 单线拉拔机<br>双线拉拔机<br>三线拉拔机<br>多线拉拔机 |

### 9.1.1 链式拉拔机

链式拉拔机是指拉拔时夹住金属头部进行拉拔的拉拔小车是由链轮链条系统传动的拉拔机。它有单链单机(见图9-1)、单链双机和双链拉拔机(见图9-2)三种类型。单链单机拉拔机的主传动只传动一根链条带动一台拉拔小车。单链双机拉拔机的主传动同时传动两根链条,每根链条分别带动一台拉拔小车。双链拉拔机的主传动同时传动两根链条,两根链条共同带动一台拉拔小车。目前双链拉拔机得到了较大的发展和应用。

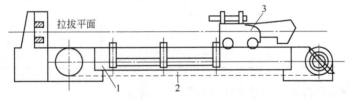

图9-1 单链式管棒拉拔机示意图

1—带模座的工作台;2—拉拔链;3—拉拔小车

链式拉拔机的结构和操作简单,适应性强,管、棒、型材皆可在同一台设备上拔制,它是目前管棒材拉拔生产中应用得最为普遍的设备。

### 9.1.2 设备组成及技术性能

链式拉拔机一般由模座(中心架)、工作机架、拉拔链、主传动、拉拔小车、拉拔小车返回机构、受料分料装置、成品收集槽等组成。对于拉拔管材的链式拉拔机,尚有上芯杆机构以及移动、固定、转换芯杆的机构。

链式拉拔机的最大重量已达400t以上,机身长度一般可达50~60m,个别的达到120m,拉拔

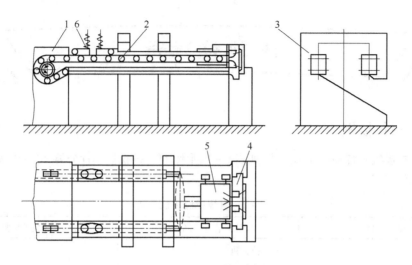

图 9 - 2　双链式拉拔机示意图

1—主传动;2—拉拔链;3—C 形架;4—模座;5—拉拔小车;6—闭锁装置

速度通常是 120m/min,最高的已达 180m/min,拉拔小车返回速度已达 360m/min。为了提高拉拔机的生产能力,目前拉拔机正向着多线、高速、自动化的方向发展。表 9 - 2 为目前采用的高速双链式拉管机的性能情况。

表 9 - 2　高速双链式拉管机的基本参数

| 项　　目 | 额定拉拔机能力/MN | | | | | |
| --- | --- | --- | --- | --- | --- | --- |
| | 0. 20 | 0. 30 | 0. 50 | 0. 75 | 1. 00 | 1. 50 |
| 额定拉拔速度/m·min$^{-1}$ | 60 | 60 | 60 | 60 | 60 | 60 |
| 拉拔速度范围/m·min$^{-1}$ | 3 ~ 120 | 3 ~ 120 | 3 ~ 120 | 3 ~ 120 | 3 ~ 100 | 3 ~ 100 |
| 小车返回速度/m·min$^{-1}$ | 120 | 120 | 120 | 120 | 120 | 120 |
| 拉拔最大直径/mm | 40 | 50 | 60 | 75 | 85 | 100 |
| 最大拉拔长度/m | 30 | 30 | 25 | 25 | 20 | 20 |
| 拉拔根数 | 3 | 3 | 3 | 3 | 3 | 3 |
| 主电机功率/kW | 125 × 3 | 200 × 2 | 400 × 2 | 400 × 2 | 400 × 2 | 630 × 2 |

目前常用的链式拉拔机系列基本参数如表 9 - 3 所示。

表 9 - 3　链式拉拔机系列基本参数

| 种类 | 拉拔机性能 | 拉拔机能力/MN | | | | | | | | |
| --- | --- | --- | --- | --- | --- | --- | --- | --- | --- | --- |
| | | 0. 02 | 0. 05 | 0. 10 | 0. 20 | 0. 30 | 0. 50 | 0. 75 | 1. 00 | 1. 50 |
| 管材拉拔机 | 拉拔速度范围/m·min$^{-1}$ | 6 ~ 48 | 6 ~ 48 | 6 ~ 48 | 6 ~ 48 | 6 ~ 25 | 6 ~ 15 | 6 ~ 12 | 6 ~ 12 | 6 ~ 9 |
| | 额定拉拔速度/m·min$^{-1}$ | 40 | 40 | 40 | 40 | 40 | 20 | 12 | 9 | 6 |
| | 拉拔最大直径/mm | 20 | 30 | 55 | 80 | 130 | 150 | 175 | 200 | 300 |
| | 拉拔最大长度/m | 9 | 9 | 9 | 9 | 9/12 | 9 | 9 | 9 | 9 |
| | 小车返回速度/m·min$^{-1}$ | 60 | 60 | 60 | 60 | 60 | 60 | 60 | 60 | 60 |
| | 主电机功率/kW | 21 | 55 | 100 | 160 | 250 | 200 | 200 | 200 | 200 |

| 种类 | 拉拔机性能 | 拉拔机能力/MN | | | | | | | | |
|---|---|---|---|---|---|---|---|---|---|---|
| | | 0.02 | 0.05 | 0.10 | 0.20 | 0.30 | 0.50 | 0.75 | 1.00 | 1.50 |
| 棒材<br>拉拔机 | 拉拔速度范围/m·min$^{-1}$ | | | 6~35 | 6~35 | 6~35 | 6~35 | 6~35 | | |
| | 额定拉拔速度/m·min$^{-1}$ | | | 25 | 25 | 25 | 25 | 15 | | |
| | 拉拔最大直径/mm | | | 35 | 65 | 80 | 80 | 110 | | |
| | 拉拔最大长度/m | | | 9 | 9 | 9 | 9 | 9 | | |
| | 小车返回速度/m·min$^{-1}$ | | | 60 | 60 | 60 | 60 | 60 | | |
| | 主电机功率/kW | | | 55 | 100 | 160 | 160 | 160 | | |

## 9.1.3 主要部件及其结构

### 9.1.3.1 工作机架

如图9-1所示,单链式拉拔机工作台的两侧为工字梁,工字梁安装在底座上并用横梁联结在一起。工字梁的一端固定在减速机的机座内,另一端固定在模座的机座内,两个工字梁之间的横梁上放置着供拉拔链移动用的导槽,导槽用槽钢制成。底座间安装着防止拉拔链下坠的托辊。拉拔小车的轮子沿着工字梁上的导轨运动。

近代双链式拉拔机的工作机架由许多的C形架组成,如图9-3所示。C形架内装有两条水平横梁,其底面支撑拉链和小车,侧面装有小车导轨。两根链条从两侧连接到小车上。

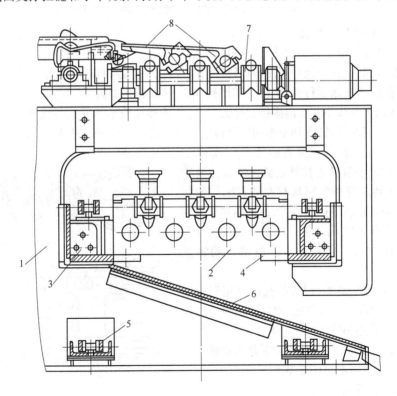

图9-3 双链式拉拔机的C形架
1—C形架;2—拉拔小车;3—支撑梁;4—导轮;5—链条导轮;6—滑板;7—滚轮;8—分料器

C 形架之间的下部安装有滑料架。C 形工作机架使拉拔机的工作横梁具有良好的横向抗弯能力,适合于多根拉伸,但 C 形架使操作者无法观察远离拉模座的小车运行情况。

### 9.1.3.2　模座

模座主要用来安放拉拔模,同时也是连接前后机座的支持部分,其结构如图 9-4 所示:模座 1 上部凸出部分的圆形孔用来安放拉拔模 2(一般拉拔模放在装在圆形孔中的模套内)。模座的一端用螺栓固定在前机座的工字梁 6 上,另一端与后机座的钢梁 3 相连。拉拔链的松紧借助通过模座的调整(拉紧)螺杆 4 来调整。螺杆 4 的一端与从动链轮轴上的叉子 5 相连接,另一端用螺母拧紧,当转动螺母时,螺杆便和从动链轮一起做纵向移动,因而可用来调整拉拔链的松紧。

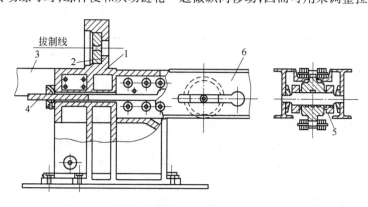

图 9-4　模座
1—模座;2—拉拔模;3—后机座钢梁;4—调整螺杆;5—叉子;6—工字梁

### 9.1.3.3　拉拔链和链轮

拉拔链和链轮组成了链式拉拔机的链传动。

在单链拉拔机上,拉拔链是闭路的环链,工作时沿同一个方向连续运行。拉拔时拉拔小车的挂钩挂在链条上,当链条运行时,拉拔小车即被带动,从而进行拉拔。

双链拉拔机的拉拔小车直接固接在拉拔链上,链条和拉拔小车共同组成闭环。链条和小车的运动是可逆的:拉拔时链条和小车同时沿拉拔方向运行。小车返回时,链条和小车一起反向运行。由于上下层运行的链条交替地处于主动状态,都需要拧紧,因此装有链条拉紧装置。链条拉紧装置由管形连接器和两根分别具有左和右螺纹的拉杆组成,拉杆的一端和连接器相接,另一端与链条相接,拧动连接器就可实现链条的拉紧。链条的拉紧也可采用其他方式。拉紧后的链条用止动螺丝固定。

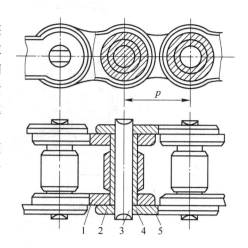

现代化的快速双链拉拔机,拉拔链采用套筒滚子链,如图 9-5 所示,当链与链轮啮合时,滚子与齿轮为滚动摩擦,故链和轮齿的磨损减少。

拉拔力大于 500kN 的拉拔机常采用多排链。

链轮更换比较困难而且需停产。

### 9.1.3.4　主传动

链式拉拔机的主传动由电动机 1、减速箱 2 及主动链轮装置 3 组成,如图 9-6 所示。电动机轴通

图 9-5　拉拔链
1—内链板;2—外链板;3—销轴;4—套筒;5—滚子

过标准的齿形联轴节和减速机的高速轴连接,减速机的低速轴由齿形联轴节或弹性联轴节与链轮轴连接。

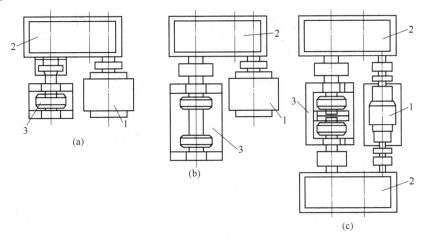

图 9-6 主传动示意图
(a)单链;(b)双链;(c)双链(两台电动机)
1—电动机;2—减速箱;3—主动链轮装置

重型拉拔机的主传动经常使用两台减速机,这样可以减小减速机的尺寸和改善其速度性能。

主电动机为交流或直流。现代化的拉拔机广泛采用直流电动机,其优点是拉拔速度可根据需要在比较宽的范围内进行平滑调整,并可实行低速咬头、快速拉拔的工作制度,这样既可减少开拔时制品的拔断,又可提高拉拔机的生产率。

### 9.1.3.5 拉拔小车

拉拔小车是用来夹住制品的锤头部分并带动制品沿拉拔方向移动,使拉拔过程得以实现的机构。拉拔时,拉拔小车对端头的夹持必须是强有力和可靠的。对于用挂钩和拉拔链相连接的拉拔小车还必须在开拔时能进行自动夹头和挂钩,在拔制终了时能保证自动脱钩。

拉拔小车有夹钳式和板牙式两种。

A  夹钳式拉拔小车

夹钳式结构比较简单,更换板牙方便,在单链单线拉拔机上应用较多。图 9-7 为夹钳式拉拔小车的示意图。它由装着板牙 2 的夹钳 3、车架 1、挂钩 4、挂钩拉杆 6、撞杆 9、顶杆 5 及顶杆架 10 等部件组成。

夹钳式拉拔小车的工作过程如下:开拔时,小车返回中心架前并使撞杆和模座相撞,碰撞后的撞杆前移使顶杆架及顶杆一起转动,顶杆离开垂直位置,于是挂钩拉杆和挂钩下落,钩子挂在拉拔链的链轴上。当挂钩和链轴一起移动时,夹钳拉杆被带动使夹钳夹紧夹头并开始拔制。与此同时,撞杆由于压簧 8 的作用回到撞前的原始位置,另外由于受力后拉拔链上抬,挂钩和它的拉杆也上抬,于是顶杆架在自重的作用下恢复原始状态,使顶杆回到垂直位置。当拔制终了时,拉拔链下落,挂钩和链子脱离,同时,拉簧 7 的作用使夹钳拉杆张开,夹钳松开,管头脱离夹钳,拉拔小车返回到模座前准备下一次拉拔。

B  板牙式拉拔小车

多线拉拔机上广泛使用板牙式拉拔小车。板牙式拉拔小车通过斜楔来控制两块板牙的张开与收拢。板牙式拉拔小车较简单地解决了多线拉拔机夹头装置的机械化和自动化。

目前板牙式拉拔小车有两种:气动楔式拉拔小车和利用冲击力的拉拔小车。

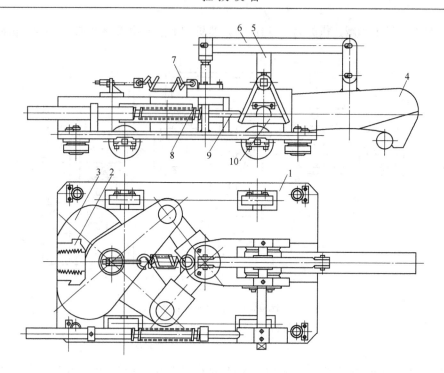

图 9－7　夹钳式拉拔小车

1—车架;2—板牙;3—夹钳;4—挂钩;5—顶杆;6—挂钩拉杆;7—拉簧;8—压簧;9—撞杆;10—顶杆架

a　利用冲击力的拉拔小车

如图 9－8 所示,为利用冲击力的拉拔小车。机架 1 上装着可更换的板牙盒 2,盒上开有切槽供楔形板牙 3 移动。切槽和板牙的上面盖有板牙盒盖 4、上面有可倾倒支架 5,在支架 5 内安装

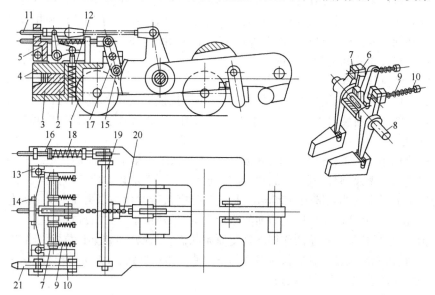

图 9－8　在冲击力作用下的拉拔小车

1—机架;2—板牙盒;3—板牙;4—板牙盒盖;5—可倾倒支架;6—主动杠杆;7—板牙杠杆;8—轴;

9—弹簧;10—拉杆;11—顶杆;12—回动弹簧;13—压紧装置;14—轴;15—滚轮;

16—顶杆;17—杠杆;18—回动弹簧;19—锁紧装置轴;20—链条;21—闭锁杆

着主动杠杆6和板牙杠杆7。板牙杠杆7自由地装在轴8上,其一端与板牙上的切槽相连,另一端通过弹簧9和拉杆10与主动杠杆接触。主动杠杆用键固定在轴8上。主动杠杆的中部与凸出在机架前沿的顶杆11相连接。

其工作过程如下:拉拔小车移向模座并受到冲击时,顶杆11受力使主动杠杆6转动压缩弹簧9。在弹簧9的作用下,拉杆10后移带动板牙杠杆7绕轴8转动。随着板牙杠杆7的转动,板牙3沿切槽前移,板牙间的开口度逐渐减小夹住制品头部。

受力后的顶杆11同时也通过与其侧面相连的杠杆发生转动并压缩回动弹簧12,在拔制过程中回动弹簧12力图使板牙杠杆7回复到原始位置,把板牙口张开。但是由于这时板牙对锤头的夹持力很大,回动弹簧12的作用不足以克服由于夹持力所造成的移动板牙的阻力,因而是不能实现的。拔制终了,板牙对锤头的夹持力迅速降低,回动弹簧12发生作用,板牙杠杆7逆转,板牙后移张开回复到原始位置,制品脱落。

利用冲击作用工作的楔式拉拔小车结构比较简单,必须利用冲击才能可靠地工作,并且板牙夹紧后只有在整根制品拔完以后才可重新张开。

为了防止拉拔小车撞击模座时发生后退现象,小车上装有闭锁装置。

b　气动楔式拉拔小车

为了弥补利用冲击作用的楔式拉拔小车的不足,现代化的拉拔机上采用了气动楔式拉拔小车。气动楔式拉拔小车可保证夹头、拉拔、脱棒的自动进行,既可用于各种链式拉拔机,也可用于其他传动方式(钢绳、齿条、液压)的拉拔机。

如图9-9所示,为双链拉拔机上的楔式拉拔小车。机架上1安装着板牙垫2和板牙3,板牙的移动靠汽缸4。板牙杠杆通过弹簧和横梁5与活塞杆相连。汽缸由安装在机架尾部的气包供气。气包通过装在模座上的给气器和装在小车上的喷嘴6充气。当小车返回接近模座时,喷嘴

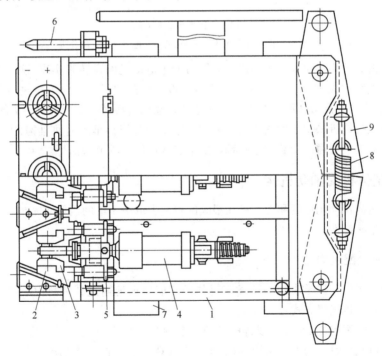

图9-9　气动楔式拉拔小车

1—机架;2—板牙垫;3—板牙;4—汽缸;5—横梁;6—喷嘴;7—滚轮;8—弹簧;9—拉杆

进入给气器,配气阀闭合,压缩空气从给气器通过喷嘴及管路进入汽缸无活塞杆的一侧,推动板牙前移夹住制品头部。工作时小车的4个滚轮7沿工作台上的导轨运行。小车用由弹簧8与拉杆9组成的平衡装置和拉拔链相连接。

### 9.1.3.6　小车返回机构

为了缩短拉拔节奏,提高拉拔机的生产率,拉拔小车设有快速返回机构。

单链式拉拔机的小车返回机构单独传动,有链式和绳式两种。如图9-10所示,是一种链式拉拔小车返回机构。它由装在前机座两端的链轮、链条、电动机和减速机组成。当小车拉拔时,电磁铁断电,离合器的两半不接触,链轮不转;当小车要返回时,电磁铁通电,电磁铁拉动杠杆使离合器的一半移向另一半,两者接触,链轮转动,小车返回。

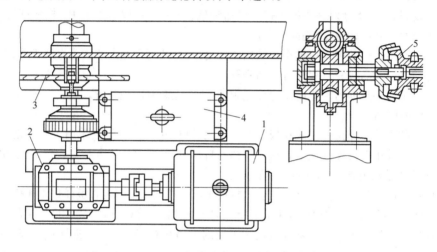

图9-10　链式小车返回机构

1—电动机;2—减速机;3—主动链轮;4—电磁铁;5—离合器

大多数双链式拉拔机拉拔小车的快速返回借助主电动机的逆转来实现,这时主电动机具有最大的速度。这种方式适合于拉拔力不大(250~300kN)的拉拔机。对于拉拔力较大的特别是重型的拉拔机,有时利用液体联轴节来进行减速机传动的转换而不改变主电动机的转动方向。

有的双链式拉拔机采用单独的小功率电动机来传动拉拔小车的返回机构,主电动机和返回机构电动机工作的实现通过安装在中间轴上的电磁或液体联轴节来执行。

## 9.2　链式拉拔机的辅助机构

链式拉拔机的自动化程度和生产率在很大的程度上取决于辅助机构的完善程度。拉拔机的辅助机构形式呈多样性。

### 9.2.1　受料－分配机构

受料－分配机构是接受成捆的拉拔坯料并把它们单根地输送到装料中心线上的机构。受料－分配机构有两种配置方式:

(1)装料平面高于拉拔平面。成排的坯料和装料机构处于拉拔机工作机架的上部平台上。这种布置方式可减少设备的占地面积,但不便于工人观察小车的运行情况和进行拉拔操作。

(2)装料与拉拔在同一个平面内。这种配置方式操作方便,但增加了设备的总体宽度。

如图9-11所示,为15t双链拉拔机的受料－分配机构,它由料仓、中间台架及带拨料器的辊道组成。料仓由几段链条 1 组成,链条通过链轮 2 传动,链兜的容积由摇臂 3 调整。链轮 2 的同一根轴上装有圆盘 5,利用它的凸缘可将坯料顺长向初步排列并使坯料滚到中间台架 6 的梁上。中间台架有不动梁 6 和活动梁 7,在传动装置 9 的带动下,轴 8 转动,活动梁往返运动,将料仓内的坯料均匀的送到侧挡板 10 处。然后定量给料器 11 和拨料器 12 将管坯一根一根的送到辊道 13 上。辊道将坯料送往夹头制作装置和夹持器。

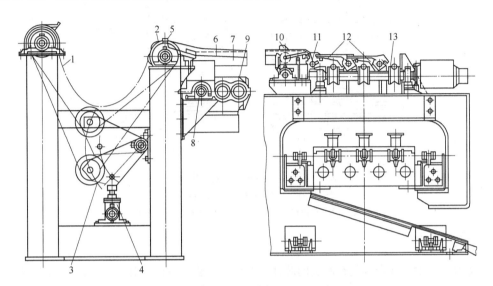

图 9 - 11   15t 双链拉拔机的受料 - 分配机构

1—链条;2—链轮;3—摇臂;4—液压缸;5—圆盘;6—中间台架;7—活动梁;8—轴;
9—传动装置;10—侧挡板;11—定量给料器;12—拨料器;13—辊道

### 9.2.2   夹头制作装置

目前,制作夹头的装置有 4 种:辗头机、空气锤与冲床、旋转打头机和液压喂料器等。

为了提高生产率,有些拉拔机的夹头制作机构直接配置在拉拔机的装料中心线上,在拉拔的同时制作夹头。如图 9 - 12 所示,为 15t 管材拉拔机的夹头制作机构。液压缸 1、4 传动两对冲头 2、3,冲头 2 将管端作成 8 字形的纵向折叠,然后冲头 3 将折叠挤成圆形。

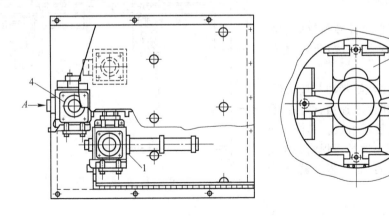

图 9 - 12   15t 管材拉拔机的夹头制作机构

1,4—液压缸;2,3—冲头

大吨位的拉拔机(例如50t)采用液压推料器把管头推入压缩模制作夹头,如图9-13所示,这种夹头质量很好,但是当管材外径和壁厚比很大时,处于夹紧钳口和模子之间的管材纵向稳定性小,推料法很少有效,故仍需用其他方法制作夹头。壁厚较薄的管材若用推料法做夹头,拉拔时必须采用堵头,以免管头夹扁。

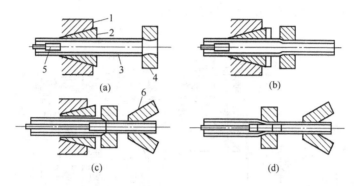

图9-13　液压喂料制造夹头过程
(a)准备;(b)送料;(c)夹料;(d)拉拔
1—送料夹头;2—斜钳口;3—管坯;4—拉模;5—芯头;6—拉拔钳口

### 9.2.3　装料机构

将做好夹头的管坯套到装有芯头的芯杆上的机构为装料机构。对直径大、长度小的管坯,采用小车推进式,反之为夹送辊式,重量大的长管坯和多品种生产的拉拔机则两种机构联用。

如图9-14所示,为夹送辊式的装料机构。该机构有两对喂料辊,第二对辊子带有柔性支撑调节辊,它可使芯头保持在管坯中心线上,上层辊由液压缸带动压下和抬起,一般喂料辊都是主动的,这样可以消除管材的打滑,已拉拔过的、弯曲度较大的管坯也可以顺利的套到芯杆上。

### 9.2.4　芯杆移送机构

将芯杆装料中心线转移到拉拔中心线的机构。其形式多样,有摆动式、翻转式、回转筒式等等。

送管入模一般由汽缸带动芯杆实现,有的拉拔机由电动机经减速箱、摩擦离合器、链轮、链条移送芯杆组成。芯杆送进一般分两次进行,第一次长行程将夹头送过拉模,第二次短行程把芯头送入模孔内。

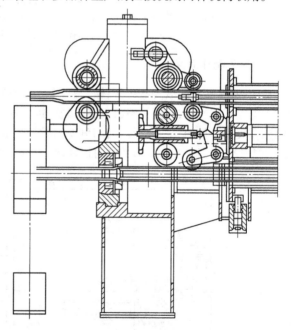

图9-14　夹送辊式装料机构

### 9.2.5　自动润滑装置

润滑剂由拉模后面的喷嘴喷出,喷至制品外表面;对于管材内表面的润滑,润滑剂通过空心芯杆,从芯头后面的开口喷至管材内表面。

### 9.2.6　减缓前冲机构

高速拉拔中、小规格制品时,制品在脱离模孔的一瞬间,由于整根管棒处于高速运动状态并且拉拔力突然消失,因此在惯性力的作用下,制品将猛烈前冲碰撞小车,造成制品头部较大长度上蛇形弯。例如,生产 HAl77 - 2 管,由 38mm × 2.1mm 连续拉拔三道至 25mm × 1mm,拉拔速度为 35m/min,在第三道拉拔后管材头部的蛇形弯曲段长度可达 2m 左右。

拉拔机上采用下面两种机构减缓制品的前冲:

(1)在拉拔小车上装设缓冲器。

(2)制动机构。如图 9 - 15 所示,该机构由汽缸带动夹紧及松开,沿拉拔中心线配置,床身较长的拉拔机上可配置两套制动机构,第一套在拉模座附近,第二套装在床身合适的位置。

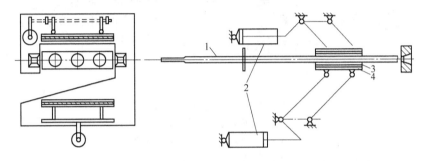

图 9 - 15　制动装置
1—管材;2—汽缸;3—石棉橡胶;4—小弹簧

制动机构的夹紧力取决于制品的规格和拉拔速度,制动器用石棉橡胶衬里,它与制品外表有较大的接触面积,以防制品外表面被损伤和造成压扁。

## 9.3　圆盘拉拔机

圆盘拉拔机具有很高的生产效率,能充分地发挥游动芯头拉拔新工艺的优越性。专供游动芯头拉管使用的圆盘拉拔机必须严格防止管材缠绕在卷筒上时可能变椭圆,因此卷筒直径较大,结构也较复杂,并往往配备其他专用设备组成一个完整的机列,以实现操作的自动化和机械化。

目前,圆盘拉拔的毛细管可长达数千米,拉拔速度高达 2400m/min,管子卷重为 700kg 左右。

圆盘拉拔机一般用绞盘(卷筒)的直径来表示其能力的大小,绞盘的直径范围为 550 ~ 2900mm,最大达 3500mm。拉拔力一般为 8.8 ~ 17.8kN。

圆盘拉拔机有各种结构形式,一般分为卧式和立式两大类,如图 9 - 16 所示。

圆盘拉拔机最适合于拉拔紫铜和铝等塑性良好的管材。因管子内表面的处理较困难,对需经常退火、酸洗的高锌黄铜管不太适用。

近年来,圆盘拉拔机在各国得到了迅速的发展。尤其倒立式圆盘拉拔机应用得更为广泛。

### 9.3.1　立式圆盘拉拔机

主传动装置安装在下部基础上的立式圆盘拉拔机称为正立式圆盘拉拔机,如图 9 - 16(b)所示,其结构简单。由于正立式圆盘拉拔机的卸卷必须在整根管子拉完后才能进行,生产率很低,故目前只有一些大吨位的圆盘拉拔机仍采用此种结构。

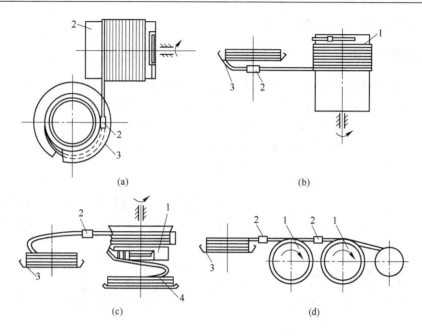

图 9 - 16   各类圆盘拉拔机示意图
(a)卧式;(b)正立式;(c)倒立式;(d)多卷筒
1—卷筒;2—拉模;3—放线架;4—收料盘

主传动装置配置在卷筒的上部的立式圆盘拉拔机称为倒立式圆盘拉拔机,如图 9 - 16(c)所示。拉拔后的盘卷可依靠重力从卷筒上自动落下,故不需要专门的卸料装置。倒立式圆盘拉拔机有连续卸料式和非连续卸料式两种,前者只有在整根管子拉完之后才能卸料,后者则可实现边拉边卸。由于卷筒上部空间不便于配置能力很大的传动装置,故这类拉拔机的能力较小。

如图 9 - 17 所示,为连续卸料、倒立式圆盘拉拔机,其由卷筒、拉模座、放线架及主传动装置组成。卷筒的外形为圆柱形,其有效高度为其直径的一半。卷筒安装在有 4 个支柱的平台上或悬臂吊挂。卷筒一般不直接安装在主轴上,而是与高强度的机座连接在一起的。卷筒下部有一个与之同速转动的受料盘,故可一边拉拔一边卸料,拉拔管材的长度不受卷筒尺寸限制。卷筒底部的凹槽内装有铰接的刚臂夹钳。拉拔时为了使夹钳紧贴卷筒,设有锁紧装置,该装置的锁位于夹钳底部,其动作由液压缸控制。液压剪安装在夹钳附近,当拉拔后的管材通过两片张开的剪刃时,在液压缸的带动下,两片剪刀同时动作剪断管头。

在重型拉拔机上(例如直径 2000mm 的卷筒拉拔直径 45mm 的管材),由于拉拔力很大,夹头切除前缠绕于卷筒上 15 ~ 20 圈的管材,在切除夹头时管材可能突然从夹钳里松开导致缠绕于卷筒上的上百米管生产很大的回弹力,使卷筒及其传动装置受到振动,并影响拉模座及其支架,已剪断的管材头部可能从旋转着的卷筒表面猛甩出来,伤及工人或毗邻设备,因此有的拉拔机在剪刀附近增设了一个握紧夹钳。握紧夹钳与剪刀之间的管材由于摩擦夹紧而逐渐松开,剪刀与钳口之间的距离满足管材回弹的总长度。当管头切断后盘卷逐渐回弹开去,不致产生猛烈的冲击。

拉模座既可绕平行于卷筒的轴线转动,又可沿导轨平行于卷筒轴快速移动,其速度与卷筒的同步不很严格。拉模座内安装有导向模、拉拔模、芯头回收筐及管材外表面润滑装置等。导向模后面一般装有 3 个可快速开、闭的矫直辊,用以初步矫直入模前的管坯。压紧辊的长度等于或小于卷筒长度,其离开和压向卷筒由液压缸控制。拉拔时压紧辊主动旋转,其转速与卷筒转速相适应。

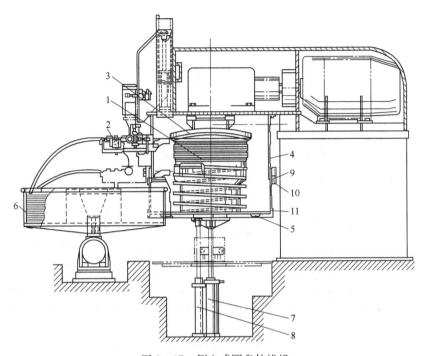

图 9-17　倒立式圆盘拉拔机

1—卷筒;2—拉模座;3—推料器;4—护板;5—收料盘;6—放线架;

7、8—液压缸;9、10—上、下护板的凹、凸圆环;11—耐磨圆环

套在卷筒上部的大圆环是推料器,它通过销子与卷筒同速转动。推料器相对卷筒倾斜有一定的角度。刚拉出来的管材中心线垂直于卷筒轴,管材开始缠绕时与推料器接触并一边缠绕一边推下,以后各圈依次后圈推前圈,管材连续落下。

放线架有多种结构形式,一般的放线架有可以自由转动的中心柱,装有颈项水平辊的固定环形台和外护板三部分形式,为了减小其转动惯量,放线架多用轻合金制作。

有的放线架可主动的向拉模方向水平移动,其一次移动使管材夹头穿过膜孔送入钳口,第二次移动后占据拉模上方的适当位置实现切线拉伸,因此管材入模前不必预矫直。放线架很容易在拉拔力产生力矩作用下转动。

此类拉拔机的放线架一般带传动装置,可与卷筒同速转动。

### 9.3.2　卧式圆盘拉拔机

如图 9-18 所示,为一卷筒直径 1400mm 的非连续卸料、卧式圆盘拉拔机。其卷筒用大型滚动轴承安装在有足够强度的铸钢管柱上,主轴只承受扭转力矩。放线架与拉模座一起平行于卷筒轴移动以实现均匀排管,放线架的移动用液压控制。拉拔后的盘卷用安装在卷筒固定端的推料环推下。

### 9.3.3　多次拉拔机

这类拉拔机一般有 2 个或 3 个卷筒,其结构如图 9-19 所示。管材在前一个卷筒上拉拔后,管头由夹送器 2 推入第二个拉模,咬夹后第二个卷筒开始拉拔。拉拔时采用压出法排管,夹钳在卷筒的凹槽内移动,一个卷筒拉拔后取下夹钳装到另一个卷筒上。

有的多次拉拔机管材缠绕在线轴辘上,每一个线轴辘均有咬架管头的专用夹钳,线轴辘有单

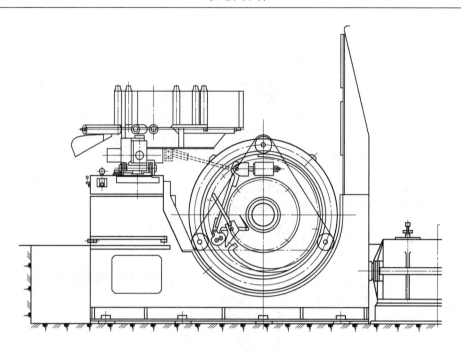

图 9-18 1400mm 非连续卸料、卧式圆盘拉拔机

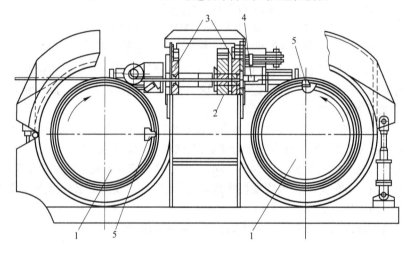

图 9-19 多次拉线机
1—卷筒;2—夹送器;3—夹钳;4—凹槽;5—横梁

独的传动装置带动,管材在其上可以缠绕好几层。

多次拉拔机一般用来拉拔外径小于 5mm 的小管和毛细管。其主要特点是:管材长度不受卷筒尺寸的限制,拉拔速度可达 20m/s,生产率高,拉拔后的盘卷卸下容易,各圈不会搅乱,并可实现带反拉力拉拔。结构复杂,造价昂贵,高速拉拔拉断时各圈极易搅乱,重新拉拔必须换下原来的线轴辘(此时夹钳埋在管卷层的下面)。

## 9.4 联合拉拔机

对于 $\phi 4 \sim 95$mm 的管材、$\phi 3 \sim 40$mm 的棒材或型材,趋向于将拉拔、矫直、切断、抛光以及探伤等组合在一起形成一机列。它在提高管棒材的生产效率以及制品质量等方面有较大的优越性,下面仅就棒材联合拉拔机列加以叙述。

### 9.4.1　联合拉拔机列的结构

棒材联合拉拔机列由轧尖、预矫直、拉拔、矫直、剪切和抛光等部分组成。其结构如图 9 - 20 所示。

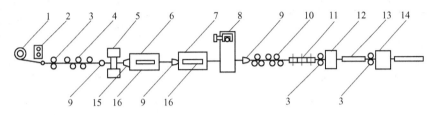

图 9 - 20　DC - SP - 1 型联合拉拔机列示意图

1—放线架;2—轧头机;3—导轮;4—预矫直辊;5—模座;6、7—拉拔小车;8—主电动机和减速机;
9—导路;10—水平矫直辊;11—垂直矫直辊;12—剪切装置;13—料槽;
14—抛光机;15—小车钳口;16—小车中间夹板

(1)轧头机。轧头机由具有相同辊径并带有一系列变断面轧槽的两对辊子组成。两对辊子分别水平和垂直地安装在同一个机架上。制作夹头时,将棒料头部依次在两对辊子中轧细以便于穿模。

(2)预矫直装置。机座上面装有 3 个固定辊和 2 个可移动的辊子,能适应各种规格棒料的矫直。预矫直的目的是盘料进入机列之前变直。

(3)拉拔机构。拉拔机构如图 9 - 21 所示。从减速机出来的主轴上,设有两个端面凸轮(相同的凸轮,位置上相互差 180°)。当凸轮位于图 9 - 21(a)的位置时,小车 I 的钳口靠近床头且对准拉模。当主轴开始转动,带动两个凸轮转动。小车 I 由凸轮 I 带动并夹住棒材沿凸轮曲线向后运动。同时,小车 II 借助于弹簧沿凸轮 II 的曲线向前返回。当主轴转到 180°时凸轮小车位于图 9 - 21(b)的位置;再继续转动时,小车 I 借助于弹簧沿凸轮 I 的曲线向前返回,同时小车 II 由凸轮 II 带动沿其曲线向后运动。当主轴转到 360°时,小车和凸轮又恢复到图 9 - 21(a)的位置。凸轮转动一圈,小车往返一个行程,其距离等于 S。

拉拔小车中间各装有一对夹板,小车 I 的前面还带有一个装有板牙的钳口,小车 II 前面装有一个喇叭形的导路。棒材的夹头通过拉模进入小车 I 的钳口中。当设备启动,小车 I 的钳口夹住棒材向右运动,达到后面的极限位置后开始向前返回,这时钳口松开,被拔出的一段棒材进入小车 I 的夹板中。当小车 I 第二次往后运动时,钳口不起作用,因为夹板套是带斜度的,如图 9 - 22 所示。夹板靠摩擦力夹住棒材向后运动,小车 I 开始返回时,夹板松开。小车 I 可以从棒材上自由地通过。当小车 I 拉出的棒材进入小车 II 的夹板中以后,就形成了连续拉拔过程。

(4)矫直与剪切机构。矫直机由 7 个水平辊和 6 个垂直辊组成,对拉拔后的棒材矫直。

(5)抛光机。图 9 - 23 为抛光机工作示意图。其中 4、7 为固定抛光盘,5、8 为可调整抛光盘,棒材通过导向板 3 进入第一对抛光盘。然后通过三个矫直喇叭筒,再进入第二对抛光盘。抛光盘带有一定的角度,使棒材旋转前进,抛光速度必须大于拉拔速度和矫直速度,一般抛光速度为拉拔速度的 1.4 倍。

抛光盘的粗糙度和硬度以及导向板的质量是保证棒材质量的重要因素,一般采用合金钢或硬质合金制成。

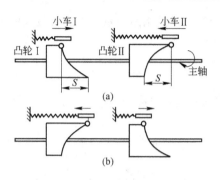

图9-21　拉拔机构示意图

（a）小车拉拔；（b）小车返回

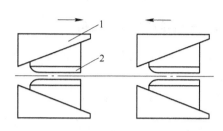

图9-22　拉拔夹持机构示意图

1—喇叭形导路；2—钳口

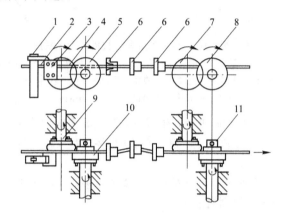

图9-23　抛光机工作示意图

1—立柱；2—夹板；3—导板；4—固定抛光机；5—调整抛光机；6—矫直喇叭筒；
7—固定抛光盘；8—调整抛光盘；9—轴；10—棒材；11—导向板

我国引进的部分联合拉拔机列的主要技术性能，如表9-4所示。

表9-4　联合拉拔机的主要技术性能

| 技 术 性 能 | DC-SP-Ⅰ型 | DC-SP-Ⅱ型 | DC-SP-Ⅲ型 |
|---|---|---|---|
| 圆盘外形尺寸/mm | 外径1000,内径950 | 外径1200,内径950 | |
| 材质 | 高合金钢 | 高合金钢 | |
| 盘料最大质量/kg | 400 | 400 | |
| 原材料抗拉强度/MPa | <980 | <980 | |
| 硬度 RC | 30~20 | 30~20 | |
| 成品尺寸/mm | $\phi5.5~12$ | $\phi9~25$ | |
| 直径误差/mm | <0.1 | <0.1 | |
| 成品剪切长度/m | 3.3~6 | 2.3~6 | 与DC-SP-Ⅰ型相同 |
| 成品剪切长度误差/m | ±15 | ±15 | |
| 拉拔速度/m·min$^{-1}$ | 高速40,低速32 | 高速30,低速22.5 | |
| 拉拔力/kN | 高速29.4,低速34.3 | 高速76.4,低速98 | |
| 夹持能力/kN | | 196.1 | |
| 夹持规格/mm | | $\phi9~25$ | |
| 夹持行程/mm | | 最大60 | |

### 9.4.2　联合拉拔机列的特点

(1)机械化、自动化程度高。所需生产人员少,生产周期短,生产效率高。

(2)产品质量好,表面粗糙度 $R_a$ 为 1.6μm,弯曲度最高达到 0.02mm/m。

(3)设备质量小,结构紧凑,占地面积小。如 DC－SP－1 型机列总长 21.55m,拉拔部分宽 0.8mm。

(4)矫直部分和抛光部分不容易调整,凸轮浸在油槽中,运转中难免不漏油,这是联合拉拔机列存在的缺点。

## 9.5　拉线机

### 9.5.1　拉线机的分类及其基本组成

拉线机主要按其工作原理和结构形式分类,其分类如图 9－24 所示。单次拉线机只有一个拉线模盒和一个拉拔卷筒,线坯在单次拉丝机上只拉拔一个道次,多模连续式拉线机则配有多个拉线模盒和多个拉拔卷筒,可连续多道次拉线。

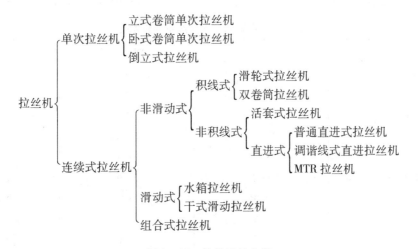

图 9－24　拉线机的分类

拉线机的类型很多,其结构形式也是多种多样,但是所有的拉线机中都包括以下几个基本组成部分:拉线卷筒、拉线模盒、电动机及传动机构、冷却装置、收放线装置和防护装置。

### 9.5.2　单次拉线机

单次拉线机是最早出现的拉线机,其结构如图 9－25、图 9－26 所示。单次拉线机按其卷筒的安装方式分为立式、卧式和倒立式三种,其中以立式应用得最多。

单次拉线机具有以下特点:

(1)结构简单,灵活性大。

(2)拉拔速度低(一般 0.1~3m/s),停车次数多,劳动强度大,产量低,占地面积大。

(3)改装方便,添加辅助设施也较容易。

单次拉线机主要用于粗规格金属线的拉拔,而且可以拉拔异形线材。如表 9－5 所示,为典型的单次拉线机的技术性能值。

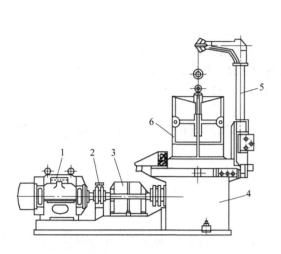 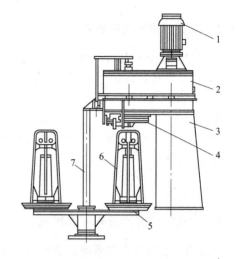

图 9 - 25　正立式单次拉线机

1—电动机;2—抱闸;3—减速机;

4—齿轮箱;5—悬臂吊;6—卷筒

图 9 - 26　倒立式单次拉线机

1—电动机;2—齿轮箱;3—机座;4—卷筒;

5—旋转台;6—收线架;7—立柱

表 9 - 5　典型的单次拉线机的技术性能

| 技 术 性 能 | 1/750 拉拔机 | 1/650 拉拔机 | 1/550 拉拔机 |
|---|---|---|---|
| 模子数/个 | 1 | 1 | 1 |
| 绞盘数/个 | 1 | 1 | 1 |
| 绞盘直径/mm | 750 | 650 | 550 |
| 线坯直径/mm | 20 ~ 12 | 12 ~ 7.2 | 8 ~ 3 |
| 成品直径/mm | 17 ~ 10 | 10 ~ 6 | 7 ~ 2 |
| 最大拉拔力/kN | 73.5 | 53.9 | 19.2 |
| 拉拔速度/m·s⁻¹ | 1.0 | 0.9 | 1.2 ~ 1.4 |
| I | 2.0 | 1.7 | 1.8 ~ 2.2 |
| II | — | 2.4 | 2.7 ~ 3.2 |
| III | — | — | 4.1 ~ 4.9 |
| IV | 2.45 | 2.45 | 1.47 |
| 线卷最大重量/kN | | | |

### 9.5.3　多道次连续拉线机

多道次连续拉线机配有多个拉丝模和多个拉丝卷筒,拉拔时线坯连续同时通过多个模子。多次连续拉线机分为滑动式多次连续拉线机与无滑动式多次连续拉线机两大类,以及由这两类不同形式的拉丝机组合而成的组合式拉丝机。

#### 9.5.3.1　滑动式多次连续拉线机

滑动式多次连续拉线机就是除最后的收线卷筒外,线与各卷筒间存在着相对滑动的拉线机。各卷筒上线材的线速度均低于卷筒的速度,在极限情况下两者可能相同。

目前滑动式多次连续拉线机拉线都是在盛有润滑液的箱中完成,故此类拉线机已专指湿式拉线机,常称为水箱拉线机。水箱拉线机按其卷筒的结构、布置形式分为以下几种:立式圆柱形拉拔绞盘连续拉线机、卧式圆柱形拉拔绞盘连续拉线机、卧式塔形拉拔绞盘连续拉线机和立式塔形拉拔绞盘连续拉线机。

A 立式圆柱形绞盘连续多模拉线机

图9-27为立式圆柱形绞盘连续多模拉线机。其绞盘轴垂直安装,模子、绞盘和线均浸在润滑剂中。这种拉线机主要用于拉拔2mm以上的线材,拉拔速度一般在2.8~5.5m/s范围内。由于拉模、绞盘、线均浸在润滑剂中,工作不便且线材质量受到影响。

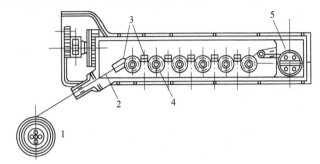

图9-27 立式圆柱形绞盘连续多模拉线机
1—坯料卷;2—线;3—模盒;4—绞盘;5—卷筒

B 卧式圆柱形绞盘连续多模拉线机

这种拉线机多用于粗线和异型线的拉拔,其结构如图9-28所示。绞盘轴线水平方向布置,绞盘的下部浸在润滑液中,模子由绕在绞盘上的线所带的润滑剂进行润滑。目前大多采用向模孔喷注剂的结构。

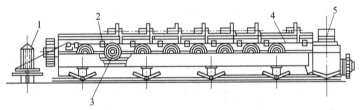

图9-28 卧式圆柱形绞盘连续多模拉线机
1—坯料盘;2—模盒;3—绞盘;4—线;5—卷筒

这种拉线机机身很长,为了克服此缺点,有的拉拔机将绞盘分成两层或圆形布置。图9-29为一拉制细线的绞盘圆形布置的12模连续拉线机。

为了提高生产率,有时还在一个轴上同时安装同一直径的数个绞盘,把几根轴水平排列,实现几根线的同时拉拔。

卧式圆柱绞盘滑动式多次拉线机主要用于粗线和异型线的拉拔。

C 卧式塔形绞盘连续多模拉线机

如图9-30所示,它是滑动式连续拉线机中应用最广泛的拉线机,主要用于拉细线。

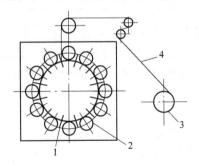

图9-29 圆环形串联12模连续拉线机
1—拉模;2—绞盘;3—卷筒;4—线

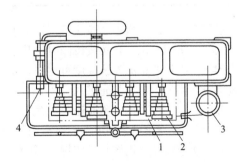

图9-30 卧式塔形绞盘连续多模拉线机
1—拉模;2—绞盘;3—卷筒;4—线

塔形绞盘分两级和多级。拉线机中的绞盘有拉拔绞盘和导向绞盘。拉拔绞盘的作用是建立拉拔力,使线材通过模子进行拉拔,而导向绞盘是使线材正确地进入下一模孔。在不同的设备中,有的成对的两个绞盘都是拉拔绞盘;有的是一个导向绞盘;有的是两个既作拉拔绞盘又作导向绞盘。

卧式塔形绞盘连续拉线机拉拔时,线、模座与绞盘均浸在乳液中。

D　立式塔形绞盘连续拉线机

立式塔形绞盘连续拉线机结构与卧式的相同,但它拉拔速度低,占地面积大,采用较少。

滑动式多次连续拉线机具有以下特点:

(1)拉拔道次多,总延伸系数大。

(2)拉拔速度高,可达20m/s。

(3)机身结构紧凑,占地少,拉拔产品质量较好。

(4)易于实现机械化、自动化。

(5)绞盘有磨损。

滑动式多次连续拉线机主要用于铜、铝线的拉拔,但在拉拔钢、不锈钢及铜合金细线时也常采用。

我国将滑动式多次连续拉线机,根据其进线与出线的尺寸分为5个级别:大拉机、中拉机、小拉机、细拉机和微拉机。如表9-6所示,为滑动式连续拉线机的一般参数。

表9-6　滑动式多次拉线机的一般参数

| 种　类 | 级　别 | 模子数/个 | 成品直径/mm | 推荐的总延伸系数 | 线坯与成品直径比值 | 线坯直径/mm |
|---|---|---|---|---|---|---|
| 粗　拉 | I | 5 | 16~10 | 3 | 1.7 | 25~18 |
| | | 9 | 9.99~4.5 | 6 | 2.5 | 18~16 |
| | II | 9 | 4.49~1.6 | 20 | 4.5 | 8~7.2 |
| | | 13 | 1.59~1.0 | 50 | 7.2 | 8~7.2 |
| 中　拉 | III | 12 | 0.99~0.4 | 16 | 4 | 3.95~1.6 |
| 细　拉 | IV | 19 | 0.39~0.2 | 25 | 5 | 1.95~1.0 |
| | V | 19 | 0.19~0.1 | 20 | 4.5 | 0.95~0.45 |
| 特细拉 | VI | 19 | 0.09~0.05 | 16 | 4 | 0.36~0.2 |
| | VII | 19 | 0.04~0.03 | 12 | 3.5 | 0.14~0.1 |
| | VIII | 19 | 0.02~0.01 | 9 | 3 | 0.06~0.03 |

近年来滑动式多次连续拉线机出现了多头连续多次拉线机并取得飞速的发展。所谓多头连续多次拉线机就是用一台拉线机同时拉几根线并且每一根线通过多个模连续拉拔。实践表明,多头连续多次拉线机的拉拔速度可达到25m/s或更高。因此,在提高产量,降低生产成本和设备投资等方面都显示出它的先进性。

9.5.3.2　无滑动式多次连续拉线机

拉拔时,线与绞盘之间没有相对滑动的多次连续拉线机称为无滑动式多次连续拉线机。无滑动式多次连续拉线机按其工作特点,分为积线式和非积线式两种。

A　积线式无滑动多次连续拉线机

积线式无滑动多次连续拉线机的每个绞盘上存储有若干圈数的线,在拉拔过程中,依靠绞盘上线圈数的自动增加或减少实现无滑动拉拔。

目前,积线式无滑动多次拉线机有两种结构形式:滑轮式和双卷筒式。

a 滑轮式拉丝机

滑轮式拉丝机是国内目前使用最广泛的拉线设备,与其他拉线机相比,具有结构简单、投资少、可使用普通电机、操作方便、管理简单等优点。它的主要缺点是拉拔过程中线材容易产生轴向扭转,不适合高强度金属线的拉拔。

滑轮式连续拉线机主要由放线架、主机、积线调节装置和吊线架四部分组成,如图9-31所示。积线调节装置由滑轮及鼓顶两部分组成。滑轮部分的结构虽有几种形式,但原理相同。滑轮的形状有圆盘轮和凹弧轮两种,后者穿头时比较方便,滑轮上端有弹簧缓冲机构,进线口下端附有挡丝圆环,以防线跳动出轨。积线鼓顶部分也有两种形式:导轮结构和拨线杆结构,后者比前者拨线更可靠,线更不易出轨。收线结构由收线卷筒、爪式卸线架和吊线机组成。吊线机有液压、气动、机械传动等形式,国内目前大都使用机械卷扬吊线机。

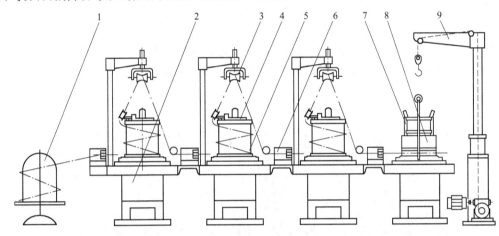

图9-31 滑轮式连续拉线机

1—放线架;2—箱体;3—滑轮;4—积线调节装置;5—中间卷筒;6—模盒;7—卸线架;8—收线卷筒;9—吊线机

目前,滑轮式连续拉线机的每个卷筒皆采用单独传动,并带有自动控制装置,故能够在任一个卷筒停止工作时,同时停止其前面的所有卷筒,而其后面的所有卷筒及收线卷筒继续工作。滑轮式连续拉线机对电机的调速能力要求不高,一般采用交流电机。滑轮式连续拉线机的线材行程复杂,拉拔速度较低,不适于细线、特细线及型线的拉拔。通常,滑动式积线连续拉线机被用来拉拔钢线及铝线。

b 双卷筒式积线拉线机

如图9-32所示,双卷筒式积线拉线机由滑轮式拉线机发展而来,它通过与下卷筒装在同一主轴上的浮动的上卷筒来实现卷筒上积线的调节。双卷筒式积线拉线机解决了滑轮式拉线机的线材扭转及走线不稳的问题。同时,由于采用双卷筒代替了上滑轮机构,增加了卷筒的储线量,进一步提高了线材的冷却能力,使得双卷筒式拉线机的拉拔速度大大高于滑轮式拉线机,更符合现代生产高速化的需要。但是,由于导轮增多,尤其是在中间滑轮处线材被反弯180°,使得双卷筒拉丝机不适于拉拔粗规格的制品,双卷筒拉线机的应用范围受到限制。但目前,双卷筒式拉线机仍得到了广泛的应用。

B 非储线式无滑动多模连续拉线机

非储线式无滑动多次连续拉线机的拉拔卷筒与线材之间无滑动,拉线机的各卷筒分别用单

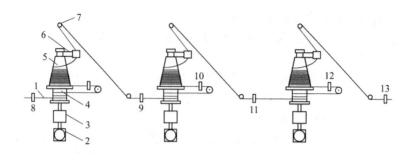

图 9 - 32　双卷筒式积线拉线机

1—线坯;2—电动机;3—减速机;4—下绞盘;5—上绞盘;6—滑环;7—导轮;8 ~ 13—拉模

独的直流电动机带动,并有卷筒速度调节装置;拉拔过程中,两个中间拉拔卷筒上的线材不允许积累或减少。

目前,非储线式无滑动多次连续拉拔机有活套式与直线式两种形式。

a　活套式无滑动多次连续拉线机

如图 9 - 33 所示,为无滑动活套式连续拉线机。其相邻两卷筒之间设置一个活套臂,当金属秒体积流量不平衡时,活套臂收入或放出少量金属线,保证拉拔的顺利进行。

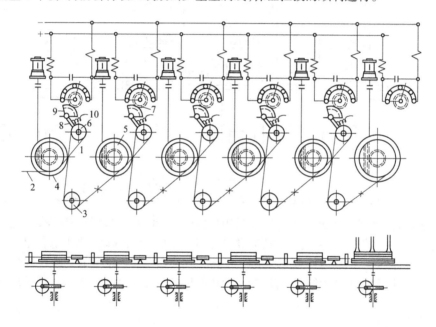

图 9 - 33　无滑动活套式连续拉线机

1—线坯;2—拉模;3—固定导轮;4、5—拉拔绞盘;6—张力轮;7—齿轮;8—平衡杠杆;9—扇形齿轮;10—强力弹簧

活套式连续拉线机每一卷筒使用一只直流电机,通过变阻器实现无级变速。活套式连续拉线机简化了线坯的走线,使用范围广泛,能适应不同金属线品种规格的拉拔要求,但是其制造成本较高,管理操作维修水平要求较高。现代化的活套式连续拉线机还可以通过改进结构增大卷筒上的积线量,改善线坯的冷却效果。由于在活套式连续拉线机上,线坯走线仍要通过活套轮、导轮等,故对粗规格、高强度金属线的拉拔仍不方便,对其韧性也不利。

b　直线式无滑动多次连续拉线机

直线式无滑动多次连续拉线机是目前世界上较先进的拉线设备,我国已有部分工厂使用。

这种拉线机的特点是:线材由一个拉拔卷筒出来不经过任何张力轮和方向导轮立即进入下一个拉模,线材从一只卷筒到另一只卷筒几乎是直线进行的。直线拉线机的机械结构虽很普通,如图9-34所示,但对电气设备要求较高。

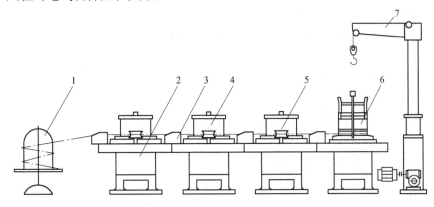

图9-34 直线式无滑动多次连续拉线机

1—放线架;2—箱体;3—模盒;4—中间卷筒;5—导轮;6—收线卷筒;7—吊线机

直线式无滑动多次拉线机的线速一般较快,因此冷却装置除了模子和卷筒的水冷以外,还在机台背侧装有小型通风机,风管引入水盘,风自卷筒下端吹向筒上卷绕的线材,可收到强制风冷的效果。

直线式无滑动多次拉线机拉拔时,每只卷筒绕有十多圈线,前后卷筒之间存在反拉力,延长了模子的寿命。拉拔过程中不存在急剧的弯曲和轴向扭转,因此拉出的线性能较好。

直线式无滑动多次拉线机分普通直进式拉线机、调谐线式直进拉线机和MTR型直线式拉线机三种。普通直进式拉线机的控制系统缺乏直接反馈单元、控制精度低于活套式拉线机,并且反拉力不稳,不宜用来拉拔细线。调谐线式直进拉线机(见图9-35)在每一中间道次上增加了反拉力测量装置,可直接检测和反馈金属流量的平衡状态,是一种带反馈的闭环速度控制的设备。调谐线式直进拉线机的关键是测张力机的可靠性和准确性。

MTR型直线式拉线机的外形像双卷筒拉线机,如图9-36所示,同时具有积线式和直线式拉线机的特点。拉线机有上下两个卷筒,两个卷筒的直径不相等,线材在两个卷筒上取相同的绕向,不出现180°反弯。卷筒倾斜布置,线坯有一定的积线量。采用直流驱动,实现了带反馈的闭路循环速度控制。MTR型直线式拉线机走线简单,线坯冷却好,调速精度高。

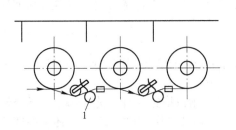

图9-35 调谐线式拉线机

1—反拉力测量装置

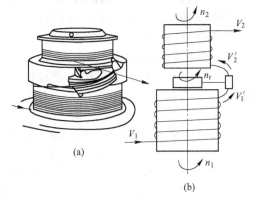

图9-36 MTR型直线式拉线机

(a)外观;(b)工作原理

### 9.5.4　组合式拉线机

在实际条件中,为了取得最佳的效益,常把不同类型的拉线机组合在一台拉线机上进行拉拔,这种拉线机就称为组合式拉线机。

组合式拉线机的组合方式很多,具体的组合形式与生产实际情况有关,常见的有以下几种组合形式。

(1)滑轮式与双卷筒拉线机的组合;

(2)滑轮式与直线式的组合;

(3)直线式与活套式的组合;

(4)干式拉线机与水箱拉线机的组合。

## 9.6　拉线机的主要部件及其结构

### 9.6.1　卷筒

#### 9.6.1.1　干拉卷筒

图 9-37 为干式拉拔所使用的典型卷筒结构,其由筒壁、轮辐和轮毂三部分组成。轮毂的内孔制成锥形以便与锥轴相配合。筒壁四周有四条凹槽,以备插入爪式卸线架。

卷筒的表面斜度 $M$ 和底部与斜面交界处的圆弧 $R$,根据所拉线径及金属种类不同而不同。水冷部分由进水管、水盘和出水管组成。为了防止水珠喷出,除了在轮毂下面安装防水罩和将轮辐制成密封状态以外,并将卷筒底部铸出凸缘。

卷筒材料一般是铸铁,如拉制高强度线材。卷筒规格以直径大小来区别,直径不同,所拉线规格不同。

由于卷筒的表面具有圆弧 $R$ 和斜度 $M$,故卷筒具有推移作用。$H_1$ 段(见图 9-38)为卷筒推移区,能容纳 10~20 圈的线材顺序紧贴在筒壁上。线材以螺旋形绕在 $H_1$ 段上,一层层地挨

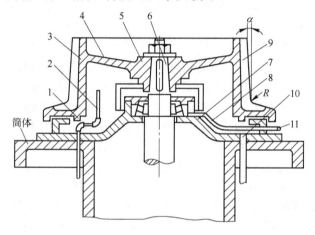

图 9-37　卷筒结构

1—防水凸缘;2—进水管;3—筒壁;4—轮辐;5—轮毂;6—锥轴;
7—水盘;8—油管;9—凹槽;10—出水管;11—油嘴

紧,当受到最下层的螺旋推力作用时,由于 $H_1$ 具有一定的斜度而使线材顺利上移。$H_2$ 段是积线区,其直径较 $H_1$ 段略小,斜度较大,当线材推移至此时,不再紧贴于卷筒上,也不逐层挨紧而形成内外几层的堆积。

#### 9.6.1.2　湿拉卷筒

湿式拉拔机的卷筒又称塔轮,如图 9-39 所示,有 8~10 个梯级。塔轮分主动、被动(双主动例外)两种。主动塔轮起拉拔作用,被动塔轮起导向作用。

由于塔轮与线材之间存在滑动,塔轮磨损严重。为了解决塔轮表面磨损的问题,有的塔轮制成组合装配形式,如被磨出了沟槽,可以卸下套圈进行修理或调换,但结构复杂。还有的塔轮将原来的平底表面改为轻微的斜度,就像干拉卷筒那样,在拉拔时促使线材向前推移。

制造塔轮的材料有铸铁、铸钢和锻钢,表面淬硬或进行喷镀,以增加耐磨性能。

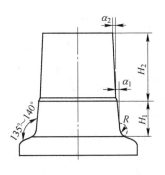

图9-38 卷筒外形示意图

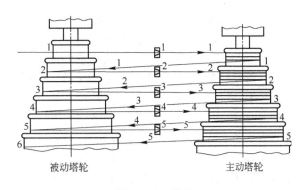

图9-39 塔轮
1~5—各拉拔梯级

### 9.6.2 模盒

模盒的性能决定线材的平整和润滑状态,对制品的力学性能影响很大。

模盒的种类较多,比较普通的有无水冷老式模盒、进灰模盒、简单水冷模盒、多向调节水冷模盒以及消除应力双模盒等。其中进灰模盒和多向调节水冷模盒使用较广泛。

#### 9.6.2.1 进灰模盒

进灰模盒有无水冷和有水冷两种。如图9-40所示,为一种常见无水冷的强迫管进灰模盒,其结构简单。强迫管进灰模盒进灰效果的好坏取决于强迫管的尺寸,一般为60~100mm,锥角4°~6°。强迫管的出口间隙对润滑剂的压力影响很大。间隙过大,润滑剂过多地流入,引起反流,使润滑剂压力减小;如果反流不畅,还会造成强迫管堵塞。间隙过小,管口急剧磨损,同心度误差加大润滑不匀,另外模子的角度还应适当放大。强迫管的最佳出口间隙为0.02mm左右。

进灰模盒调换模子时操作比较麻烦,但若使用带闸板的进灰模盒,如图9-41所示,则换模非常方便。

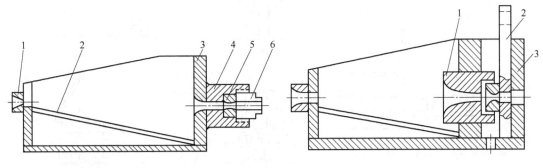

图9-40 无水冷进灰模盒
1—进线口;2—斜底;3—模盒体;4—强迫管;
5—拉线模;6—压紧螺母

图9-41 带闸板的进灰模盒
1—强迫管;2—闸板;3—模盒端墙

带水冷的进灰模盒结构,如图9-42所示。

#### 9.6.2.2 多向调节水冷模盒

多向调节水冷模盒(见图9-43)是生产中使用最多的一种,如将进灰口放长,又可作强迫进灰模盒用。

模盒不装在箱体台面,而装在支撑座板5,座板上附有定位螺钉3,可以将模盒有效地固定,

防止拉拔时振动。如模盒位置不对,调节螺
钉9升降进行调节,若出入较多,增减支轴6
的垫圈,使出线孔高度与卷筒一致,模子平正
垂直。盒深度较大,可容纳较多的拔丝粉。
压力较大,成良好的润滑膜。当模盒左右切
线不准时,将定位螺钉3偏左右调节。由于
这种模盒的调节范围是有一定限度的,而且
不允许随便安装。因此安装时要先拉好中
线,使调节螺钉处于中间位置,然后再固定支
承座板的螺钉。模子前后的两片石棉纸板和

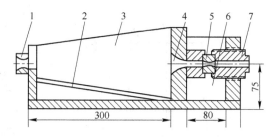

图9-42　带水冷的进灰模盒
1—进线口;2—垫板;3—模盒盒体;4—强迫管;
5—拉模;6—水冷室;7—压紧螺母

压紧螺母起密封作用。当旋压紧螺母后,石棉纸板受压挤满所有缝隙,从而达到密封效果。模坑
下部伸出的一段半圆状托座在调换模子时托住模子和石棉纸板,使之不致落入盒底。这种模盒
的冷却水与一般不同,系上管进水,下管出水(一般下管进水、上管出水),模子虽不浸在水内,但
因为是活水,故冷却效果良好。

用这种模盒拉制高强度的线材,成品的机械性能及平整度均较佳,并可提高拉拔速度。

### 9.6.3　放线装置

常见的放线装置有固定式和旋转式两种,如图9-44所示。

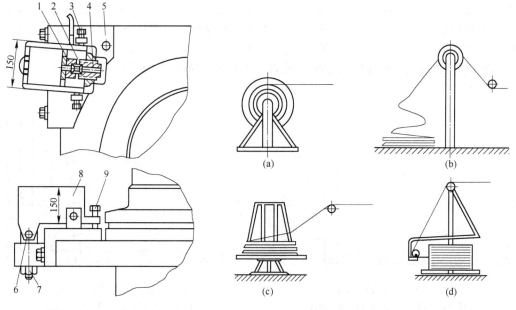

图9-43　多向调节模盒
1—模坑;2—石棉纸板;3—定位螺钉;4—压紧螺母;
5—模盒支撑座板;6—旋转支轴;7—摆动支轴;
8—模盒盒体;9—调节螺钉

图9-44　放线装置
(a)旋转线轴放线;(b)固定放线架放线;
(c)转动放线架放线;(d)线轴放线

如图9-44(a)所示,旋转线轴放线。线轴放在支架上,通过进入模子的线坯拉力使之旋转
放线。转动线轴放线简单,运送方便,线材不扭转,最适合型线放线,但放线有限,反拉力较大。

如图9-44(b)所示,固定放线架放线。线坯依次套放于不动的放线架上,线坯经过导轮进

入第一个模子。不转动的放线架放线可以实现连续拉拔,专适合轧制线坯放线。

如图9-44(c)所示,转动放线架放线。底座上装有立柱,料架绕立柱旋转放线。转动放线架放线可以移动,使用比较灵活,不易乱线,但工作惯性大,适合单次拉拔、线坯成卷供应的中粗规格的线坯放线。

如图9-44(d)所示,线轴放线。线坯通过支杠旋转放出。这种放线方式不易乱线、断线,反拉力小,适合细线放线。

### 9.6.4　收线装置

拉线机的收线装置目前大致有三种:收线架、连续卸线机和工字轮收线机。

#### 9.6.4.1　收线架

收线架,这是结构最简单的,也是目前国内用得最多的收线设备。

如图9-45所示,为一四吊杆收线架。它由固定十字架、活络十字架,吊爪等组成。开车前卸线架的四爪插入卷筒周围凹槽中,使其随机运转。当线材满架后,将卸线架吊出,掀动手柄,四爪下端即因连杆的动作而收缩,线卷卸下。

收线架收线结构简单,成本低。但收线量有限,卸线时需人工操作,收线机必须停止,不能连续生产。

#### 9.6.4.2　连续卸线机

连续卸线机主要用于中规格以上拉线机的收线。这种设备卸线频率高,劳动强度大,可实现连续卸线。

连续收线机有卧式收线机和倒立式收线机两种。卧式收线机制造维护简单,运行可靠,故应用较多,如图9-46所示。卧式收线机下线时需人工,劳动强度较大,多使用于速度较低的连续机组。

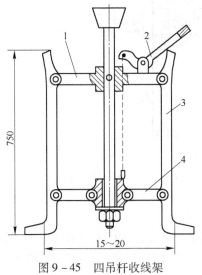

图9-45　四吊杆收线架

1—固定十字架;2—卸丝手柄;3—四爪;4—活络十字架

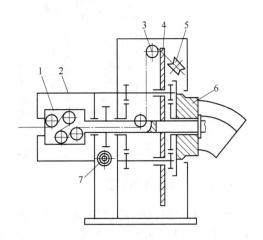

图9-46　卧式连续收线机

1—进线矫直轮;2—机座;3—导轮;4—转盘;
5—绕线矫直轮;6—卷筒;7—蜗轮蜗杆传动

倒立式连续收线机(见图9-47)的收线卷筒向下垂直布置,收线过程中自动把线落在随之旋转的落线架上,倒立式收线机可以自动下线,存线较多,存线量一般在500~2000kg之间,线满之后由小车拉出吊走,再换一空落线架,可以连续不停车卸线。

### 9.6.4.3　工字轮收线机

工字轮收线机(见图 9-48)常常用来卷取大盘重的金属线,按所绕线的材料和规格的不同,工字轮的规格和材料也不同,有钢制、铁制和木制几种。缠绕钢丝的工字轮一般使用钢板结构,而缠绕细钢丝和有色金属线的工字轮多使用木制工字轮。塑料工字轮的使用也日见增多。使用工字轮收线可以使各工序之间衔接方便,便于运输管理。

现代拉线机后面还常布置连续卸线装置,这种连续卸线装置也常叫收线机,包括倒立式收线机和工字轮收线机,其结构与连续机组所用的收线机大同小异,可以使拉线机实现大盘重连续卸线。

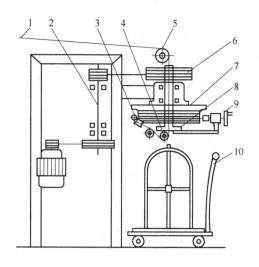

图 9-47　倒立式连续收线机

1—线;2—传动装置;3—水平导轮;4—垂直导轮;5—滑轮;
6—轴承座;7—卷筒;8—转盘;9—压紧轮;10—收线小车

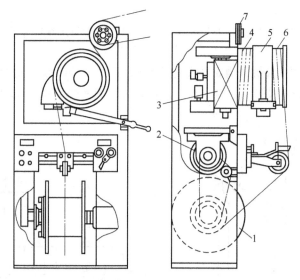

图 9-48　工字轮收线机

1—工字轮;2、3—电动机;4—收线卷筒;5—积线导套;6—活动卷筒;7—导线轮

### 9.6.5　乱线、断线自停装置

滑动式拉线机拉拔断线时尾端会很快进入箱内,给重新上线造成困难,尤其是 17 模拉线机,因模子过多,更是费时费工。如采用乱线、断线自停装置,如图 9-49 所示,就能有效地防止这种缺点。

这种装置有两个作用:

(1)放线架的线材穿上滑轮群,并引入拉拔机以后,若发生乱线,活动滑轮架 7 就会因线材的张力过大而上升,立即与限位继电器 6 接触,随即停车。

(2)线材在运行过程中如果断头,滑轮 4 即停止转动,速度继电器 5 也因缺乏动力而立即停

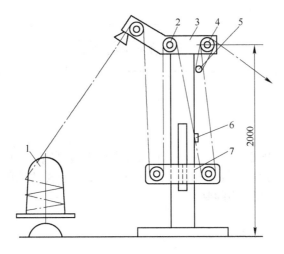

图9-49 乱线、断线自停装置

1—放线架;2、4—滑轮;3—焊接架;5—速度继电器;
6—限位继电器;7—活动滑轮架

转,并发出信号停车。

这种装置必须将主电机配上制动装置,效果才显著。

这种装置如果去掉活动放线架,即可将线材直接放在地上,作为固定放线之用,但应将架子抬高。

## 复习思考题

9-1 链式拉拔机本体包括哪几部分,各部分的作用如何?

9-2 现代双链式拉拔机的工作机架多采用C形架,其有何优缺点?

9-3 管棒材拉拔机的受料——分配机构有几种布置方式?

9-4 板牙式拉拔小车是如何工作的?

9-5 根据卷筒的布置方式,圆盘拉管机有几种形式,各有何优缺点?

9-6 倒立式圆盘拉管机的结构如何,如何实现边拉边卸?

9-7 管棒材联合拉拔机有何优缺点?

9-8 单道次联合拉拔机与多模连续拉线机有何区别?

9-9 什么是无滑动多模连续拉线机,其包括哪几种类型?

9-10 滑动式拉线机有何缺点?

9-11 拉线机主要有哪几部分组成,各自的作用如何?

9-12 拉线机的放线装置有哪些形式,各有何特点?

9-13 拉线机、放线机、收线机之间的工作能力应如何匹配?

9-14 断线、乱线自停装置是如何工作的?

# 10 拉拔工艺

## 10.1 拉拔配模

拉拔配模,又称为拉拔道次计算,是根据拉拔设备的类型、参数、被拉金属的特性、成品的性能尺寸要求等(有时还包括坯料尺寸)确定拉拔道次及各道次所需的模孔形状及尺寸的工作。

拉拔配模应满足以下几方面的要求:

(1)合理的拉拔道次;

(2)最少的拉断次数;

(3)最佳的表面质量;

(4)合格的力学性能;

(5)与现有的设备参数、设备能力等相适应。

拉拔配模分为单模拉拔配模和多模连续拉拔配模。

### 10.1.1 拉拔配模的内容

#### 10.1.1.1 坯料尺寸的确定

A 圆形制品坯料尺寸的确定

在拉拔圆形制品——实心棒、线材以及空心管材时,如果能确定出总加工率,那么根据成品所要求的尺寸就可确定出坯料的尺寸。在确定产品的总加工率时应考虑如下几个方面:

(1)保证产品的性能。拉拔时,加工率对制品的力学性能和物理性能有很大的影响,拉拔时的总加工率(指退火后)直接决定着制品的性能。

对软制品来说,关于总加工率一般没有严格的要求,在实际生产中软制品的力学性能通过成品退火来控制。但为了使制品不产生粗晶组织,应避免采用临界变形程度进行加工。

对半硬品(用拉拔控制性能)和硬制品来说,应根据加工硬化曲线查出保证规定力学性能所需要的总加工率,并以此为依据,推算出坯料的尺寸。

(2)能够满足操作上的要求。这主要是管材拉拔时应考虑的问题,因为管材在拉拔时不仅有坯料直径的变化,而且还有壁厚的变化。

衬拉时,每道次必须既有减径量又有减壁量。单有减壁量无法装入芯头,拉拔不能进行。另一方面,如果总减壁量过大,以及总减径量过小的现象也不允许发生。这主要因为经过几道次拉拔后可能管径已达到成品尺寸,而管壁仍大于成品尺寸,也使拉拔无法进行。因此,拉拔圆管时,坯料的尺寸应保证:减壁所需的道次小于或等于减径所需的道次。减径所需的道次大于减壁所需的道次不但允许而且在生产小直径管材时也是必需的。这是因为当管壁厚度已达要求后,可采用空拉减径,而壁厚可基本保持不变。因而,一般在确定管坯尺寸时,总是先定出管壁厚的尺寸,根据坯料及成品壁厚计算出减壁所需的道次,然后再由此推算出与此相适应的管坯最小外径。

由管坯及成品壁厚计算减壁所需的道次数有两种方法。

$$n_s = \frac{\ln \dfrac{S_0}{S_K}}{\ln \lambda_s} \qquad (10-1)$$

或

$$n_S = \frac{S_0 - S_K}{\overline{\Delta S}} \qquad (10-2)$$

式中　$n_S$ ——减壁所需的道次；

$S_0$、$S_K$ ——坯料与成品的壁厚，mm；

$\overline{\lambda_S}$ ——平均道次壁厚延伸系数；

$\overline{\Delta S}$ ——平均道次减壁量。

由管坯及成品外径计算减径所需道次数经常用以下方法：

$$n_D = \frac{D_0 - D_K}{\overline{\Delta D}} \qquad (10-3)$$

式中　$n_D$ ——减径所需道次数；

$D_0$、$D_K$ ——坯料与成品的壁厚，mm；

$\overline{\Delta D}$ ——平均道次减径量。

（3）保证产品表面质量。由挤压或轧制供给的坯料，一般总会有些缺陷，如划伤、夹灰等。拉拔时，由于主应力与主变形方向一致，因此坯料中的一些缺陷可能随着拉拔道次和总变形量的增加而逐渐暴露于制品的表面，并可及时予以除去。因此适当增大拉拔时的总变形量对保证制品的质量有好处。但对空拉而言，过多道次空拉会降低管子内表面质量，使表面变暗、粗糙，甚至出现裂纹，因此在制定拉拔工艺时应控制空拉道次及其总变形量。在生产对壁厚和内表面要求严格的小直径管材时，尽管操作困难、麻烦，也不得不采用各种衬拉。根据生产实践经验，各种金属管材所用管坯的壁厚应皆有一定的最小加工裕量，如表 10-1 所示。

表 10-1　管坯壁厚裕量

| 合　金 | 管坯加工裕量($S_0 - S_K$)/mm |
| --- | --- |
| 紫　铜 | 1 ~ 3.5 |
| 黄　铜 | 1 ~ 2 |
| 青　铜 | 1 ~ 2 |

（4）考虑供料情况及坯料管理。用挤压和轧制供给的坯料，由于受设备条件的限制，其规格总有一定的公差范围，而且为了便于坯料的技术管理，坯料规格数量也不能很多。因此，在确定坯料尺寸时，应考虑具体的生产条件，恰当的选取坯料的尺寸。

另外，若管坯偏心严重，管坯的直径尺寸则应取大些，以适当地增加空拉道次，更好地纠正偏心。

综上所述，在保证产品质量的前提下，坯料的尺寸应尽可能取小些，以努力提高生产率。

关于坯料的长度选择，为了提高生产效率和成品率，根据设备条件和定尺要求应尽量取得长些，并可通过计算加以确定。

B　异形管材拉拔坯料尺寸的确定

等壁厚异形管的拉拔都用圆管作坯料，当管材拉拔到一定程度之后，进行 1~2 道过渡拉拔使其形状逐渐向成品形状过渡，最后进行一道成型拉拔而出成品。过渡拉拔一般采用空拉；成品拉拔可以用空拉，也可以用衬拉，一般多用固定短芯头拉拔。

异形管原始坯料尺寸的确定，其原则与圆管的相似。等壁厚异形管材的一个特殊问题是必须确定出过渡拉拔前的圆形管坯的直径及壁厚。由于过渡拉拔及成品拉拔的主要目的是成型，其加工率一般都很小，主要着重考虑成型正确的问题。

异形管材所用坯料的尺寸根据坯料与异形管材的外形轮廓长度来确定,为了使圆形管坯在异形拉模内能充满,一般管坯的外形尺寸等于或稍大于异形管材的外形尺寸。

部分异形管材所用圆形坯料(见图10-1)的直径,可按下列算式近似计算。

椭圆形管　　　　$D_0 = (a+b)/2$

六角形管　　　　$D_0 = 6a/\pi = 1.91a$

方形管　　　　　$D_0 = 4a/\pi = 1.27a$

矩形管　　　　　$D_0 = 2(a+b)/\pi$

为了保证空拉成型时棱角能充满,实际上所用坯料直径要大于计算值的3%~5%,根据异形管材断面的形状和尺寸不同,可进行一次拉拔或两次拉拔,也可以采用固定短芯头拉拔或者空拉。

C　实心型材拉拔坯料尺寸的确定

确定实心型材的坯料时,首先有一个坯料形状的问题。实心型材的坯料断面形状大多采用较简单的形状,如圆形、矩形、方形等。

在确定坯料尺寸时,除了和圆棒一样外,还应考虑如下几方面:

(1)成品的外形轮廓包容于坯料的外形轮廓中。

(2)拉拔时,坯料的各部分尽可能受到相等的延伸变形。

(3)形状要逐渐过渡,并有一定量的过渡道次。

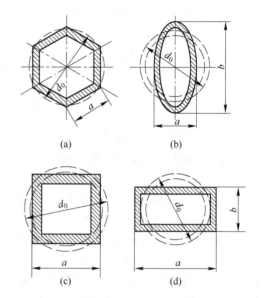

图10-1　异形管材所用坯料
(a)六角形;(b)椭圆形;(c)正方形;(d)矩形

10.1.1.2　中间退火次数的确定

拉拔过程中,由于冷变形的加工硬化作用,拉拔金属的强度不断升高而塑性下降,甚至使塑性耗尽,再也不能进行加工,因此在整个拉拔过程中间需要进行相应的热处理,恢复金属的塑性,使拉拔进行下去。

中间退火次数用下式确定:

$$n_1 = \frac{\ln\lambda_\Sigma}{\ln\bar{\lambda}'} \qquad (10-4)$$

式中　$n_1$——中间退火次数;

　　　$\lambda_\Sigma$——由坯料至成品的总延伸系数;

　　　$\bar{\lambda}'$——两次退火间的允许延伸系数。

对于固定短芯头拉管,中间退火次数还可用下式计算:

$$n_1 = \frac{n}{\bar{n}} - 1 \qquad (10-5)$$

式中　$n$——总拉拔道次数;

　　　$\bar{n}$——两次退火间的平均拉拔道次数,如表10-2所示。

中间退火次数的关键是$\bar{\lambda}'$值,$\bar{\lambda}'$太大或太小都会影响生产效率和成品率。若$\bar{\lambda}'$太小,则金属塑性不能充分利用,会增加中间退火次数,使生产效率和成品率降低;反之,若$\bar{\lambda}'$太大,则中间退火次数虽然减少了,但易造成拉拔制品出现裂纹、断头、拉断等。因此,$\overline{\lambda}'$值要根据生产实践经验确定,如表 10 - 3 所示。

**10.1.1.3 拉拔道次及道次延伸系数的分配**

**A 拉拔道次的确定**

拉拔道次 $n$ 根据总延伸系数 $\lambda_\Sigma$ 和道次的平均系数 $\overline{\lambda}$(见表 10 - 3)确定:

$$n = \frac{\ln\lambda_\Sigma}{\ln\overline{\lambda}} \tag{10 - 6}$$

**B 道次延伸系数的分配**

道次延伸系数的分配通常采用平均分配法和逐道递减法两种方法。

**a 平均分配法**

对于像铜、铝、镍和白铜那样塑性好、冷硬速率慢的材料,除前后两道外,中间各道次均给以较大的延伸系数。

第一道采用较小的延伸系数是由于开始拉拔时坯料存在着较大的尺寸偏差以及退火后的表面有残酸、氧化皮等;为了精确地控制成品的尺寸公差,最后一道一般也采用较小的延伸系数。

**b 逐道递减法**

**表 10 - 2 固定短芯头拔管时的 $\overline{n}$ 值**

| 合 金 | 两次退火间的平均拉拔道次数 $\overline{n}$ |
|---|---|
| 紫铜、H96 | 不限 |
| H62 | 1 ~ 2(空拉管材除外) |
| H68 HSn70 - 1 | 1 ~ 3(空拉管材除外) |
| QSn7 - 0.2 QSn6.5 - 0.1 | 3 ~ 4(空拉管材除外) |
| 直径大于 100mm 的铜管材 | 1 ~ 5 |

**表 10 - 3 各类金属拉拔时 $\overline{\lambda}'$ 和 $\overline{\lambda}$ 的经验值**

| 游动芯头拉管 | | |
|---|---|---|
| 合 金 | 两次退火间的平均拉拔道次 $\overline{n}$ | 道次平均延伸系数 $\overline{\lambda}$ |
| 紫铜 | 不限 | 1.65 ~ 1.75 |
| HAl77 - 2 | 3 | 1.70 |
| H68、HSn70 - 1 | 2.5 | 1.65 |

| 棒材拉拔 | | |
|---|---|---|
| 合 金 | 两次退火间的平均总延伸系数 $\overline{\lambda}'$ | 道次平均延伸系数 $\overline{\lambda}$ |
| 紫铜、H96 | 不限 | 1.22 ~ 1.44 |
| H90 ~ H80 | 1.67 ~ 6.67 | 1.25 ~ 1.44 |
| H68 | 1.43 ~ 3.31 | 1.11 ~ 1.82 |
| H62、HPb63 - 0.1、HMn58 - 2 | 1.25 ~ 1.82 | 1.19 ~ 1.43 |
| H59、HPb59 - 1、HSn62 - 1、HFe59 - 1 - 1 | 1.17 ~ 1.82 | 1.17 ~ 1.33 |
| HPb63 - 3 | 1.67 ~ 2.5 | 1.17 ~ 2.0 |
| 锡磷青铜 | 1.67 ~ 3.31 | 1.19 ~ 1.54 |

对于像黄铜一类的合金,其冷硬速率很快,稍给予冷变形后,强度就急剧上升使继续加工发生困难。因此,在退火后的第一道次尽可能采取较大的变形程度,随后逐渐减小,并在拉拔 2 ~ 3 道次后进行退火。

在实际生产中,最后成品道次的延伸系数 $\lambda_k$,往往近似按下式选取:

$$\lambda_k \approx \sqrt{\lambda} \tag{10-7}$$

而其余道次的延伸系数根据上述分配原则确定。

**10.1.1.4　计算拉拔力及校核各道次的安全系数。**

对每一道次的拉拔力都要进行计算,从而确定出每一道次的安全系数。安全系数过大或过小都是不适宜的,必要时需要重新设计计算。

## 10.1.2　拉拔配模设计计算

### 10.1.2.1　单模拉拔配模计算

**A　圆棒拉拔配模计算**

一般来说,圆棒拉拔配模有三种情况:

(1)给定成品尺寸和坯料尺寸,计算各道次的尺寸;

(2)给定成品尺寸并要求获得一定的力学性能;

(3)只要求成品尺寸。

对最后一种情况,在保证制品表面质量的前提下,坯料的尺寸应尽可能接近成品尺寸,以求通过最少的道次拉拔出成品。

**B　型材拉拔配模计算**

用拉拔方法可以生产大量各种形状的型材,如三角形、方形、矩形、六角形、梯形以及较复杂的对称和非对称型材。与挤压、轧制一样,拉拔型材时最主要的也是变形不均匀问题,因此型材拉拔配模的关键是尽量减小不均匀变形。

在实际生产中,型材配模计算常常采用 B. B. 兹维列夫提出的"图解设计法"进行,具体步骤如下(见图 10 - 2):

(1)选择形状尽可能以接近成品形状但又简单的坯料,坯料的断面尺寸应满足成品的力学性能和表面质量的要求。

(2)参考与成品同种金属、断面积又相等的圆断面制品的配模设计,初步确定拉拔道次、道次延伸系数以及各道次的断面积($F_1$、$F_2$、$F_3$、…)。

(3)将坯料和成品断面的形状放大 10 ~ 20 倍,然后将成品的图形置于坯料的断面外形轮廓中,在使它们的重心尽可能重合的同时,力求坯料与型材轮廓之间的最短距离在各处相差不大,以便使变形均匀。

(4)根据型材断面的复杂程度,在坯料外形轮廓上分 30 ~ 60 个等距离的点。通过这些点作垂直于坯料与型材外形轮廓且长度最短的曲线。这些曲线应该就是金属在变形时的流线。在画金属流线时应注意到这样的特点:金属质点在向型材外形轮廓凸起部分流动时彼此逐渐靠近,而在向其凹陷部分流动时彼此逐渐散开(见图 10 - 2 中的 $m$ 与 $n$ 处)。

(5)按照 $\sqrt{F_0} - \sqrt{F_1}$、$\sqrt{F_1} - \sqrt{F_2}$、…、$\sqrt{F_{k-1}} - \sqrt{F_k}$ 值比例将各金属流线分段,然后将相同的段用曲线圆滑地连接起来,这就画出了各模子的定径区的断面形状。为了获得正确的正交网,在金属流线比较疏的部分可作补助的金属流线。

(6)设计模孔,计算拉拔力和校核安全系数。

**例 10-1** 紫铜电车线(见图 10-3)断面积为 85mm²,最低抗拉强度不小于 362.8MPa。试进行配模计算。

**解:**

(1)查 $\sigma_b$-$\lambda$ 曲线,如图 10-4 所示。为了保证最低抗拉强度 $\sigma_b$ 不小于 362.8MPa,最小延伸系数约为 2.0。根据电车线的偏差,其最大断面积为 86.7mm²,故线杆最小断面积应为 $86.7 \times 2.0 \approx 173.4$mm²。

根据电车线断面形状选用圆线杆最为适宜,则线杆最小直径约为 $\phi14.9$mm。根据工厂供给的线杆规格,选用 $\phi16.5$mm。考虑正偏差,线杆直径为 $\phi17$mm($F_{0max} = 227$mm²)。

(2)考虑成品的负偏差,电车线的最小断面积为 $F_{kmin} = 83.3$mm²,故其可能的最大延伸系数为:

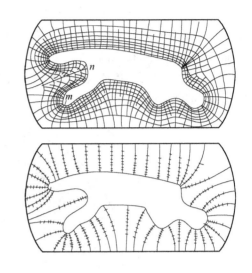

图 10-2 用图解法设计空心导线用的型材配模

$$\lambda_{\Sigma} = \frac{F_0}{F_1} = \frac{227}{83.3} = 2.73$$

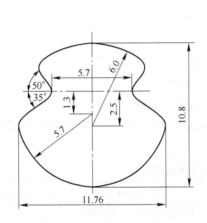

图 10-3 断面 85mm² 电车线的形状和尺寸

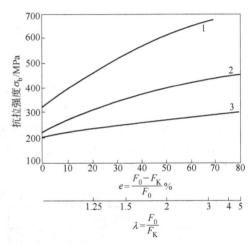

图 10-4 紫铜抗拉强度与变形程度之间的关系

为了避免拉拔时在焊头处断裂,平均道次延伸系数 $\bar{\lambda}$ 取 1.25,则道次数 $n$ 为:

$$n = \frac{\ln 2.73}{\ln 1.25} = 4.5,取 5 道$$

由于道次增加,故其实际平均道次延伸系数为:

$$\bar{\lambda} = \sqrt[5]{2.73} = 1.222$$

(3)根据铜的加工性能,按道次延伸系数的分配原则,参照平均道次延伸系数,将各道次延伸系数分配如下:

$\lambda_1 = 1.245$;$\lambda_2 = 1.265$;$\lambda_3 = 1.25$;$\lambda_4 = 1.19$;$\lambda_5 = 1.17$。

(4)根据 $\lambda_i = \frac{F_{i-1}}{F_i}$ 计算各道次后电车线的截面积,并计算 $\sqrt{F_{i-1} - F_i}$ 值:

$F_1 = 183\,\text{mm}^2$；$F_2 = 145\,\text{mm}^2$；$F_3 = 116\,\text{mm}^2$；$F_4 = 97.5\,\text{mm}^2$；$F_5 = 83.3\,\text{mm}^2$。

$\sqrt{F_0} - \sqrt{F_1} = 1.54\,\text{mm}$；$\sqrt{F_1} - \sqrt{F_2} = 1.49\,\text{mm}$；$\sqrt{F_2} - \sqrt{F_3} = 1.27\,\text{mm}$；$\sqrt{F_3} - \sqrt{F_4} = 0.90\,\text{mm}$；$\sqrt{F_4} - \sqrt{F_5} = 0.74\,\text{mm}$。

（5）按照上面所得的各道次线段数值将所有金属流线按比例分段，将相同道次线段连线即构成各道次的断面形状，如图 10 - 5 所示。

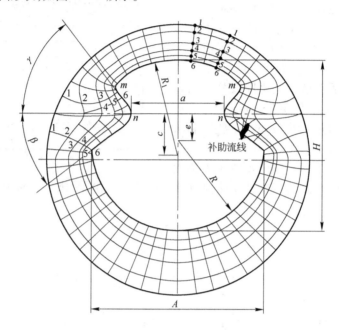

图 10 - 5　85mm² 电车线配模图
1~6—各拉拔道次及其变形后形状

（6）确定各道次的模孔尺寸，计算拉拔力并校核安全系数（从略）。

上述配模的结果列于表 10 - 4。可见各道次的大、小扇形断面的延伸系数相差较小，故不致引起较大的不均匀变形，可以认为结果是合理的。

表 10 - 4　85mm² 电车线各道次的断面系数

| 道次 | 线尺寸/mm | | | | | | | 角度/(°) | | 断面积/mm² | | | 延伸系数 λ | | |
|---|---|---|---|---|---|---|---|---|---|---|---|---|---|---|---|
| | $A$ | $H$ | $a$ | $c$ | $e$ | $R$ | $R_1$ | $\gamma$ | $\beta$ | 总面积 | 大扇形 | 小扇形 | 总面积 | 大扇形 | 小扇形 |
| 1 | 15.6 | 15.6 | 12.1 | 2.5 | 2.5 | 7.8 | 7.25 | 78 | 53 | 183 | 131 | 52 | 1.24 | 1.22 | 29 |
| 2 | 14.0 | 13.9 | 9.6 | 2.5 | 2.3 | 7.0 | 7.15 | 68 | 46 | 145 | 105 | 40 | 1.26 | 1.25 | 1.0 |
| 3 | 12.8 | 12.6 | 7.8 | 2.5 | 2.1 | 6.5 | 6.65 | 62 | 43 | 116 | 84 | 32 | 1.25 | 1.25 | 1.25 |
| 4 | 12.0 | 11.5 | 6.8 | 2.5 | 1.7 | 6.2 | 6.28 | 57 | 41 | 97.5 | 70.5 | 27 | 1.19 | 1.195 | 1.1 |
| 5 | 11.7 | 10.8 | 5.7 | 2.5 | 1.3 | 6.0 | 6.0 | 50 | 35 | 83.3 | 60.7 | 22.6 | 1.17 | 1.16 | 1.19 |

C　圆管拉拔配模

a　固定短芯头拉管配模

固定短芯头拉拔所用的坯料可以由挤压、冷轧管或热轧管供给，在拉拔时，由于金属与工具接触摩擦面较大，故道次延伸系数较小。

对塑性良好的金属，如紫铜、铝和白铜等管材，道次延伸系数最大可达 1.7 左右，两次退火间的总延伸系数可达 10,一般来说,可以一直拉拔到成品而无需中间退火。大直径管材($\phi300 \sim$ 600mm)的道次延伸系数和两次退火间的延伸系数主要受拉拔设备能力的限制,通常,拉拔 2~5 道次后退一次火,道次延伸系数为 1.10~1.30。

对于冷硬速率快的金属如 H62、H68、HSn70-1、硬铝等管材,一般在拉拔 1~3 道次后即需进行中间退火,道次延伸系数最大也可达到 1.7 左右,一般道次平均延伸系数为 1.30~1.50。表 10-5 是国内采用固定短芯头拉拔各种金属管材时常用的延伸系数。

表 10-5　固定短芯头拉管时采用的延伸系数

| 金属与合金 | 两次退火间的总延伸系数$\overline{\lambda}'$ | 道次延伸系数 |
| --- | --- | --- |
| $T_2$、$TU_1$、TUP、H96 | 不限 | 1.2~1.7 |
| H68、HAl77-2 | 1.67~3.3 | 1.25~1.60 |
| H62、HPb63-0.1 | 1.25~2.23 | 1.18~1.43 |
| HSn70-1 | 1.67~2.23 | 1.25~1.67 |
| HSn62-1 | 1.25~1.83 | 1.18~1.33 |
| HPb59-1 | 1.13~1.54 | 1.18~1.25 |
| QSn4-0.3 | 1.67~3.3 | 1.18~1.43 |
| B30、BFe30-1-1、BFe5-1、BZn15-20 | 1.67~3.3 | 1.18~1.43 |
| NCu28-2.5-1.5、NCu40-2-1 | 1.43~2.23 | 1.18~1.33 |
| L2~L6 | 1.20~2.8 | 1.20~1.40 |
| LD2、LF21 | 1.20~2.2 | 1.2~1.35 |
| LF2 | 1.1~2.0 | 1.1~1.30 |
| LY11 | 1.10~2.0 | 1.1~1.30 |
| LY12 | 1.1~1.70 | 1.10~1.25 |

固定短芯头拉拔时,管子外径减缩量一般为 2~8mm,其中小管用下限,大管用上限。只有对于 $\phi > 200mm$ 的退火紫铜管,其减径量达 10~12mm。道次减径量不宜过大,以免形成过长的"空拉头",即管子前端与芯头接触的厚壁部分;此外,还会使金属的塑性不能有效地用于减壁上,因为衬拉的目的主要是使管坯的壁厚变,也就是说,在衬拉配模时应遵循"少缩多薄"原则。"少缩多薄"也有利于减小不均匀变形,减少空拉阶段时的壁厚增量和使芯头很好地对中,减少管子偏心。对于铝合金管,减径量过大还会降低其内表面质量。固定短芯头拉拔时不同金属的道次减壁量,如表 10-6 所示。

表 10-6　固定短芯头拉拔不同金属时的道次减壁量

| 管坯壁厚 | 紫铜、H96 铝、LF21 | H68、H62、HSn70-1、HAl77-2、LY11、LY12 | | HPb59-1、HSn62-1、LF5、LF6、LF11、LF12 | | 镍及镍合金 | 白铜 | QSn4-0.3 |
| --- | --- | --- | --- | --- | --- | --- | --- | --- |
| | | 退火后第一道 | 第二道 | 退火后第一道 | 第二道 | | | |
| <1.0 | 0.2 | 0.2 | 0.1 | 0.15 | — | 0.15 | 0.20 | 0.15 |
| 1.0~1.5 | 0.4~0.5 | 0.3 | 0.15 | 0.20 | — | 0.20 | 0.30 | 0.30 |
| 1.5~2.0 | 0.5~0.7 | 0.4 | 0.20 | 0.20 | — | 0.30 | 0.40 | 0.40 |
| 2.0~3.0 | 0.6~0.8 | 0.5 | 0.25 | 0.25 | — | 0.40 | 0.50 | 0.50 |

| 管坯壁厚 | 紫铜、H96 铝、LF21 | H68、H62、HSn70 - 1、HAl77 - 2、LY11、LY12 | | HPb59 - 1、HSn62 - 1、LF5、LF6、LF11、LF12 | | 镍及镍合金 | 白铜 | QSn4 - 0.3 |
|---|---|---|---|---|---|---|---|---|
| | | 退火后第一道 | 第二道 | 退火后第一道 | 第二道 | | | |
| 3.0 ~ 5.0 | 0.8 ~ 1.0 | 0.6 ~ 0.8 | 0.2 ~ 0.3 | 0.30 | — | 0.50 | 0.55 | 0.60 |
| 5.0 ~ 7.0 | 1.0 ~ 1.4 | 0.8 | 0.3 ~ 0.4 | — | — | 0.65 | 0.70 | 0.70 |
| >7.0 | 1.2 ~ 1.5 | — | — | — | — | — | — | — |

在拟定拉拔配模时,为了便于向管子里放入芯头,任一道次拉拔前管子的内径 $d_n$ 必须大于芯头的直径 $d'_n$,一般为

$$d_n - d'_n \geqslant a \tag{10 - 8}$$

式中　$a = 2 \sim 3\text{mm}$。

因此,管坯的内径 $d_0$ 与成品管材内径 $d_k$ 之间应满足下面条件:

$$d_0 - d_k \geqslant na \tag{10 - 9}$$

式中　$n$——拉拔道次。

管材每道次的平均延伸系数要遵守下列关系:

$$\lambda_\Sigma = \frac{F_0}{F_K} = \frac{\pi(D_0 - S_0)S_0}{\pi(D_K - S_K)S_K} = \frac{\overline{D_0} \cdot S_0}{\overline{D_K} \cdot S_K} = \lambda_{\overline{D}\Sigma} \cdot \lambda_{S\Sigma} \tag{10 - 10}$$

$$\overline{\lambda} = \sqrt[n]{\lambda_\Sigma} = \sqrt[n]{\lambda_{\overline{D}\Sigma} \cdot \lambda_{S\Sigma}} = \overline{\lambda}_{\overline{D}\Sigma} \cdot \overline{\lambda}_S \tag{10 - 11}$$

式中　$\lambda_{\overline{D}\Sigma}$、$\lambda_{S\Sigma}$——与总延伸系数相对应的管子平均直径总延伸系数和壁厚总延伸系数;

　　　$\overline{\lambda}_{\overline{D}\Sigma}$、$\overline{\lambda}_S$——管子道次的平均直径延伸系数与壁厚平均延伸系数。

上式说明管子每道次的平均延伸系数 $\overline{\lambda}$ 等于相应的平均直径延伸系数 $\overline{\lambda}_{\overline{D}}$ 与壁厚平均延伸系数 $\overline{\lambda}_S$ 的乘积。表 10 - 7 为固定短芯头拉拔管材时的直径与壁厚道次延伸系数。

另外,在保证管子力学性能的条件下,为了获得光洁的表面,管坯壁厚 $S_0$ 必须大于成品管的壁厚 $S_K$。当 $S_K \leqslant 4.00$ 时,$S_0 = S_K + 1 \sim 2\text{mm}$;当 $S_K > 4.00\text{mm}$ 时,$S_0 \geqslant 1.5 S_K$。亦可用表 10 - 1 所给出的数据。

表 10 -7　固定短芯头拉拔管材时的直径与壁厚道次延伸系数

| 金属和合金 | 管子拉拔前内径/mm | 采用的道次延伸系数 | |
|---|---|---|---|
| | | $\lambda_{\overline{D}}$ | $\lambda_S$ |
| 紫　铜 | 4 ~ 12 | 1.25 ~ 1.35 | 1.13 ~ 1.18 |
| | 13 ~ 30 | 1.35 ~ 1.30 | 1.15 ~ 1.13 |
| | 31 ~ 60 | 1.30 ~ 1.18 | 1.13 ~ 1.10 |
| | 61 ~ 100 | 1.18 ~ 1.03 | 1.10 ~ 1.03 |
| | 101 以上 | 1.03 ~ 1.02 | 1.03 ~ 1.02 |
| 黄　铜 | 4 ~ 12 | 1.25 ~ 1.35 | 1.13 ~ 1.18 |
| | 13 ~ 30 | 1.30 ~ 1.25 | 1.16 ~ 1.15 |
| | 31 ~ 60 | 1.25 ~ 1.10 | 1.15 ~ 1.06 |
| | 61 ~ 100 | 1.10 ~ 1.08 | 1.06 ~ 1.02 |

| 金属和合金 | 管子拉拔前内径/mm | 采用的道次延伸系数 | |
|---|---|---|---|
| | | $\lambda_{\overline{D}}$ | $\lambda_S$ |
| 铝及其合金 | 14 ~ 20 | 1.18 ~ 1.28 | 1.10 ~ 1.15 |
| | 21 ~ 30 | 1.18 ~ 1.13 | 1.14 ~ 1.08 |
| | 31 ~ 50 | 1.12 ~ 1.11 | 1.05 ~ 1.06 |
| | 51 ~ 80 | 1.10 ~ 1.09 | 1.01 ~ 1.02 |
| | 80 ~ 100 | 1.09 ~ 1.08 | 1.02 ~ 1.015 |
| | 100 以上 | 1.07 ~ 1.05 | 1.02 ~ 1.01 |

**例 10 – 2** 拉拔紫铜管 $20^{\pm 0.1} \times 1.0^{\pm 0.03}$ mm 的配模计算。技术条件:抗拉强度 $\sigma \geqslant 353.0$ MPa

**解:**

(1)确定坯料断面尺寸,考虑成品偏差,成品的最大、最小断面积为

$$F_{Kmax} = \pi(D_{Kmax} - S_{Kmax})S_{Kmax}$$
$$= \pi(20.1 - 0.43) \times 0.43$$
$$= 32.6$$
$$F_{Kmin} = \pi(D_{Kmin} - S_{Kmin})S_{Kmin}$$
$$= \pi(19.9 - 0.47) \times 0.47$$
$$= 28.6$$

根据材料强度与延伸系数关系曲线,查得所需延伸系数为 1.65,则所需坯料的最小断面积为:

$$F_{0min} = 1.65 \times 32.6 = 53.8 \text{mm}^2$$

根据工厂产品目录,选择挤压管坯尺寸为 $\phi 27.1^{\pm 0.1} \times 2^{\pm 0.05}$ mm,则所选管材的最大断面积为:

$$F_{0max} = \pi(27.1 - 2.05) \times 2.05 = 161.3 \text{mm}^2$$

最大的(计算)总延伸系数为

$$\lambda_{\Sigma max} = \frac{F_{0max}}{F_{Kmin}} = \frac{161.3}{28.6} = 5.6$$

(2)查表取平均延伸系数 $\overline{\lambda} = 1.5$,则道次数为

$$n = \frac{\ln \lambda_{\Sigma}}{\ln \overline{\lambda}} = \frac{\ln 5.6}{\ln 1.5} = 4.25,\text{取 } n = 5$$

道次数增加,故平均道次延伸系数为

$$\overline{\lambda'} = \sqrt[5]{\lambda_{\Sigma}} = \sqrt[5]{5.6} = 1.41$$

$$\lambda_{\overline{D}\Sigma} = \frac{\overline{D_0}}{\overline{D_K}} = \frac{25.05}{19.43} = 1.29$$

$$\overline{\lambda_{\overline{D}}} = \sqrt[5]{\lambda_{\overline{D}\Sigma}} = \sqrt[5]{1.29} = 1.05$$

$$\lambda_{S\Sigma} = \frac{S_0}{S_K} = \frac{2.05}{0.47} = 4.35$$

$$\overline{\lambda_S} = \sqrt[5]{\lambda_{S\Sigma}} = \sqrt[5]{4.35} = 1.34$$

(3)根据铜的加工性能,按道次延伸系数的分配原则,参考壁厚平均延伸系数和直径平均系

数值,将延伸系数分配如下:

直径延伸系数　$\lambda_{\overline{D}1} = \lambda_{\overline{D}2} = \lambda_{\overline{D}3} = \lambda_{\overline{D}4} = \lambda_{\overline{D}5} = 1.05$

壁厚延伸系数　$\cdot\lambda_{S1} = 1.45$；$\cdot\lambda_{S2} = 1.40$；$\cdot\lambda_{S3} = 1.38$；$\cdot\lambda_{S4} = 1.35$；$\cdot\lambda_{S5} = 1.15$

所以各道次的延伸系数为:

$$\lambda_1 = \lambda_{\overline{D}1} \times \lambda_{S1} = 1.45 \times 1.05 = 1.51$$
$$\lambda_2 = \lambda_{\overline{D}2} \times \lambda_{S2} = 1.40 \times 1.05 = 1.48$$
$$\lambda_3 = \lambda_{\overline{D}3} \times \lambda_{S3} = 1.38 \times 1.05 = 1.45$$
$$\lambda_4 = \lambda_{\overline{D}4} \times \lambda_{S4} = 1.35 \times 1.05 = 1.44$$
$$\lambda_5 = \lambda_{\overline{D}5} \times \lambda_{S5} = 1.15 \times 1.05 = 1.21$$

(4)各道次制品尺寸计算

各道次的平均直径

$$\overline{D_4} = \lambda_{\overline{D}} \times \overline{D_5} = 1.05 \times 19.43 = 20.40\text{mm}$$
$$\overline{D_3} = \lambda_{\overline{D}} \times \overline{D_4} = 1.05 \times 20.40 = 21.40\text{mm}$$
$$\overline{D_2} = \lambda_{\overline{D}} \times \overline{D_3} = 1.05 \times 21.40 = 22.50\text{mm}$$
$$\overline{D_1} = \lambda_{\overline{D}} \times \overline{D_2} = 1.05 \times 22.50 = 23.70\text{mm}$$
$$\overline{D_0} = \lambda_{\overline{D}} \times \overline{D_1} = 1.05 \times 23.70 = 25.05\text{mm}$$

(5)验算各道次的拉拔力及安全系数。

表 10 - 8 所列为 $\phi27\text{mm} \times 2\text{mm}$ 管坯拉拔到 $\phi20\text{mm} \times 1\text{mm}$,管子各道次的主要参数情况。

**表 10 - 8　用固定短芯头拉拔时各道次的主要参数**

| 参　数 | 坯　料 | 道　次 | | | | |
|---|---|---|---|---|---|---|
| | | 1 | 2 | 3 | 4 | 5 |
| $\lambda_{\overline{D}}$ | | 1.05 | 1.05 | 1.05 | 1.05 | 1.05 |
| $\overline{D}/\text{mm}$ | 25.05 | 23.7 | 22.5 | 24.4 | 20.40 | 19.43 |
| $\lambda_S$ | | 1.44 | 1.41 | 1.38 | 1.35 | 1.15 |
| $D/\text{mm}$ | 27.1 | 25.15 | 23.56 | 22.15 | 20.58 | 19.90 |
| $d/\text{mm}$ | 23.00 | 22.25 | 21.44 | 20.05 | 19.80 | 18.96 |
| $a/\text{mm}$ | | 0.75 | 0.81 | 0.78 | 1.15 | 0.54 |
| $F/\text{mm}^2$ | 158 | 107 | 75 | 50.5 | 34.6 | 28.6 |
| $\lambda$ | | 1.51 | 1.48 | 1.45 | 1.44 | 1.21 |

b　游动芯头拉管配模

游动芯头拉拔与固定短芯头拉拔相比,具有许多的优点。例如:它可以改善产品的质量,扩大产品品种;可以大大提高拉拔速度;道次加工率大,对紫铜固定短芯头拉拔,延伸系数不超过1.5,用游动芯头可达1.9;工具的使用寿命高,在拉拔 H68 管材时比固定短芯头的达 1 ~ 3 倍,特别是对拉拔铝合金、HAl77 - 2、B30 一类易黏结工具的材料效果更为显著;有利于实现生产过程的机械化和自动化。

游动芯头拉拔配模除应遵守第 8 章所规定的原则外,还应注意,减壁量必须有相应的减径量配合,不满足此要求,将导致管内壁在拉拔时与大圆柱段接触,破坏力平衡条件,使拉拔不能正常进行。

当模角 $\alpha = 12°$,芯头锥角 $\beta = 9°$ 时,减径量与减壁量应满足下列关系:

$$D_1 - d \geq 6\Delta s \tag{10-12}$$

式中 $D_1$、$d$——游动芯头大小圆柱段直径；

$s$——道减壁量。

实际上，由于在正常拉拔时芯头不处于前极限位置，所以在 $D_1 - d \leq 6\Delta s$ 时仍可拉拔。$D_1 - d$ 与 $\Delta s$ 之间的关系取决于工艺条件，根据现场经验，在 $\alpha = 12°$、$\beta = 9°$，用乳液润滑拉拔铜及铜合金管材时，式(10-12)可改为：

$$D_1 - d \geq (3 \sim 4)\Delta s \tag{10-13}$$

由于配模时必须遵守上述条件，故与用其他衬拉方法相比较，游动芯头拉拔的应用受到一定的限制。

游动芯头拉拔铜、铝及合金的延伸系数列于表 10-9、表 10-10。

**表 10-9　铜及其合金游动芯头直线拉拔的延伸系数**

| 合　金 | 道次最大延伸系数 | | 平均道次延伸系数 | 两次退火间延伸系数 |
|---|---|---|---|---|
| | 第一道 | 第二道 | | |
| 紫　铜 | 1.72 | 1.90 | 1.65~1.75 | 不限 |
| HAl77-2 | 1.92 | 1.58 | 1.70 | 3 |
| H68、HSn0-1 | 1.80 | 1.50 | 1.65 | 2.5 |
| H62 | 1.65 | 1.40 | 1.50 | 2.2 |

**表 10-10　20~30mm 铝管直线与盘管拉拔时的最佳延伸系数**

| 道　次 | 14.7kN 链式拉拔机 | | 1525mm 圆盘拉拔机 | |
|---|---|---|---|---|
| | 道次延伸系数 | 总延伸系数 | 道次延伸系数 | 总延伸系数 |
| 1 | 1.92 | | 1.71 | |
| 2 | 1.83 | 4.51 | 1.67 | 2.85 |
| 3 | 1.76 | 6.20 | 1.61 | 4.60 |

**例 10-3**　拉拔 HAl77-2$\phi$30mm×1.2mm，长 14m 冷凝管的配模计算。

**解：**

(1)选择坯料。根据工厂条件及成品管材长度要求，选择拉拔前坯料的规格为 $\phi$45mm×3mm，它是由 $\phi$195mm×300mm 铸锭经挤压($\phi$65mm×7.5mm)、冷轧($\phi$45mm×3mm)及退火工序而生产的。

(2)确定拉拔道次及中间退火数。查表 10-9 平均道次延伸系数取 $\bar{\lambda} = 1.7$，两次退火间的平均延伸系数 $\bar{\lambda}' = 3$，则拉拔道次数 $n$ 和中间退火数 $n_1$ 为：

$$\lambda_\Sigma = \frac{F_0}{F_K} = \frac{(45-3)\times 3}{(30-1.2)\times 1.2} = 3.65$$

$$n_1 = \frac{\ln\lambda_\Sigma}{\ln\bar{\lambda}'} = \frac{\ln 3.65}{\ln 3} = 1.17$$

$$n = \frac{\ln\lambda_\Sigma}{\ln\bar{\lambda}} = \frac{\ln 3.65}{\ln 1.7} = 2.24$$

取 $n = 3$，$n_1 = 1$；并将退火安排在第一道之后。

实际平均道次延伸系数　　　　　　　　$\bar{\lambda} = 1.54$

(3)确定各道拉拔后管子的尺寸、芯头小圆柱段于大圆柱段直径。

1)各道拉拔时的减壁量初步分配为：

$$0.9mm \longrightarrow 退火 \longrightarrow 0.6mm \longrightarrow 0.3mm$$

计算各道的壁厚，如表 10-11 所示。

2)选取拉模模角，确定芯头小圆柱段、大圆柱段直径 $d_1$、$D_1$。计算 $D_1 - d$，按表 10-11 进行检查，$D_1 - d$ 均符合各道拉拔时减壁量的要求，并符合芯头规格统一化要求。

3)游动芯头大圆柱段直径与管坯内径的间隙选为：

$$0.8mm \longrightarrow 退火 \longrightarrow 1.0mm \longrightarrow 0.6mm$$

从而可以计算各道次拉拔后管子的尺寸。

4)计算各道次延伸系数，对各道次进行验算，检查其是否在允许范围内及其分配的合理性，并进行必要的调整。

表 10-11　游动芯头拉拔时各道次的参数计算

| 工序名称 | 拉拔后管子尺寸/mm | | | 减壁量 $\Delta S$/mm | 间隙 $a$/mm | 游动芯头直径/mm | | | 延伸系数 $\lambda$ | 拉拔后管子长度/mm |
|---|---|---|---|---|---|---|---|---|---|---|
| | $D$ | $d$ | $S$ | $S$ | $a$ | $D_1$ | $d$ | $D_1 - d$ | | |
| 坯　料 | 45 | 39 | 3 | | | | | | | 4.3 |
| 第一道拉拔 | 38.4 | 34.2 | 3.1 | 0.9 | 0.8 | 38.2 | 34.2 | 4 | 1.65 | 6.9 |
| 退　火 | | | | | | | | | | |
| 第二道拉拔 | 33.2 | 1.5 | 1.5 | 0.6 | 1.0 | 33.2 | 30.2 | 3 | 1.615 | 10.7 |
| 第三道拉拔 | 30 | 1.2 | 1.2 | 0.3 | 0.6 | 29.6 | 27.6 | 2 | 1.38 | 14.8 |

### 10.1.2.2　多模连续拉拔配模

与一般单模拉拔配模不同，多模连续拉拔配模的延伸系数分配与拉线机原始设计的绞盘速比有关。

多模连续拉拔配模分为滑动式多模连续拉拔配模和无滑动式多模连续拉拔配模。对储线式无滑动拉线机，由于各绞盘上的线圈储存量可以调节拉拔过程，故对配模的要求不甚严格。滑动式拉线机，由于 $\lambda_n > \gamma_n$（$\lambda_n$ 为道次的延伸系数；$\gamma_n$ 为相邻两绞盘的速比）是其拉拔的基本条件，因此其配模应根据 $\lambda_n > \gamma_n$ 按一定的滑动系数 $\tau_n$ 来确定各模孔的孔径。

拉线机上道次延伸系数的分配有等值的与递减的两种。目前在大拉机上对铜均采用递减的延伸系数，对铝则用等值的延伸系数；在中、小、细与微拉机上也采用等值延伸系数。道次延伸系数一般为 1.26。但是，由于拉线速度的不断提高，为了减少断线次数将道次延伸系数降至 1.24 左右。对大拉机，由于拉拔的线较粗，速度较低，故道次延伸系数可达 1.43 左右。为了控制出线尺寸的精度，一些拉线机，例如小拉与细拉机上最后一道的延伸系数很小，大约为 1.16 ~ 1.06。此外，为了提高线材的质量和减少绞盘的磨损，趋向于按百分之几到 15% 的滑动率配模。

线材多模连续拉拔配模的具体步骤是：

(1)根据所拉拔的线材和线坯直径选择拉线机，在正常情况下，拉线消耗的功率不会超过拉线机的功率。

(2)计算由线坯到成品总的延伸系数 $\lambda_\Sigma$，确定拉拔道次 $n$ 并分配道次延伸系数。

(3)根据现有拉线机说明书查得各道次绞盘速比，并计算总速比 $\gamma_\Sigma$。

$$\gamma_\Sigma = \frac{v_k}{v_1} = \gamma_1 \gamma_2 \gamma_3 \times \cdots \times \gamma_k \qquad (10-14)$$

(4)根据总延伸系数 $\lambda_\Sigma$ 和总速比 $\gamma_\Sigma$ 计算总的相对滑动系数 $\tau_\Sigma$。

$$\tau_\Sigma = \frac{\lambda_\Sigma / \lambda_1}{\gamma_\Sigma} \qquad (10-15)$$

(5)确定平均相对滑动系数 $\bar{\tau}$

$$\bar{\tau} = \sqrt[k-1]{\tau_\Sigma} \qquad (10-16)$$

(6)根据 $\bar{\tau}$ 值的大小按照道次延伸系数的分配原则分配各道次的滑动系数 $\tau_1$、$\tau_2$、$\tau_3$、$\cdots$、$\tau_k$,并根据 $\lambda_n = \tau_n \cdot \gamma_n$ 计算各道次的延伸系数 $\lambda_1$、$\lambda_2$、$\lambda_3$、$\cdots$、$\lambda_k$。

(7)根据 $F_n = \lambda_n F_{n-1}$,由后至前计算各道的线材直径及断面积。

(8)根据 $v_{n-1} = v_n / \lambda_n$ 计算各道的线速,求出各道次的滑动值。

(9)计算拉拔力,校核安全系数。或直接上机试用。

**例 10-4** 直径为 $\phi 7.2$mm 的紫铜热轧线坯,拉拔直径为 $\phi 1.6$mm 的铜丝配模计算。

**解:**

(1)根据所用线坯直径和成品尺寸,在 Ⅱ-9 模滑动式拉线机上进行拉拔。

(2)根据线坯和成品的尺寸,计算总的延伸系数及拉拔道次

$$\lambda_\Sigma = \frac{F_0}{F_n} = \frac{7.2^2}{1.6^2} = 20.25$$

取平均道次延伸系数为 1.43,则拉拔道次为:

$$n = \frac{\ln 20.25}{\ln 1.43} = 8.4$$

取 9 道次。

(3)计算速比。Ⅱ-9 模拉拔机上有三级速度,如表 10-12 所示。

表 10-12 Ⅱ-9 模拉拔机上的三级速度

| 绞盘序号 | 1 | 2 | 3 | 4 | 5 | 6 | 7 | 8 | 9 |
|---|---|---|---|---|---|---|---|---|---|
| 一级速度 | 1.445 | 1.8 | 2.252 | 2.81 | 3.53 | 4.41 | 5.504 | 6.86 | 8.126 |
| 二级速度 | 1.82 | 2.271 | 2.833 | 3.538 | 4.447 | 5.543 | 6.925 | 8.633 | 10.244 |
| 三级速度 | 2.741 | 3.422 | 4.269 | 5.331 | 6.7 | 8.353 | 10.434 | 13.008 | 15.404 |

取二级速度时:$\gamma_5 = \frac{v_6}{v_5} = \frac{5.543}{4.447} = 1.2465$,其余按此法计算。

所以

$$\lambda_\Sigma = \frac{v_k}{v_1} = \frac{10.244}{1.82} = 5.63$$

根据实际生产情况,取 $\lambda_1 = 1.5$,则总滑动系数为:

$$\tau_\Sigma = \frac{\lambda_\Sigma / \lambda_1}{\gamma_\Sigma} = \frac{20.25/1.5}{5.63} = 2.40$$

$$\bar{\tau} = \sqrt[k-1]{\tau_\Sigma} = \sqrt[8]{2.40} = 1.115$$

(4)分配滑动系数,计算各道次延伸系数。按递减规律分配各道次的滑动系数 $\tau_1 = 1.15$,$\tau_2 = 1.12, \cdots, \tau_9 = 1.1$。

$\lambda_1 = \tau_1 \cdot \gamma_1 = 1.15 \times 1.248 = 1.55$,其他如表 10-13 所示。

表 10 - 13    Ⅱ - 9 模拉线机上的配模计算结果

| 模子序号 | 绞盘圆周速度/m·s⁻¹ | 绞盘圆周速比 γ | 滑动系数 τ | 各道次延伸系数 λ | 线材断面积/mm² | 线材直径/mm | 线材速度/m·s⁻¹ | 滑动率 |
|---|---|---|---|---|---|---|---|---|
| 0 | — | — | — | — | 40.72 | 7.2 | — | — |
| 1 | 1.82 | — | — | 1.55 | 26.24 | 5.78 | 0.776 | 57.36 |
| 2 | 2.271 | 1.248 | 1.15 | 1.44 | 18.25 | 4.82 | 1.117 | 50.81 |
| 3 | 2.833 | 1.247 | 1.12 | 1.4 | 13.07 | 4.08 | 1.564 | 47.62 |
| 4 | 3.538 | 1.249 | 1.12 | 1.4 | 9.348 | 3.45 | 2.19 | 38.1 |
| 5 | 4.447 | 1.257 | 1.115 | 1.4 | 6.697 | 2.92 | 3.067 | 31.03 |
| 6 | 5.543 | 1.246 | 1.115 | 1.39 | 4.831 | 2.48 | 4.263 | 23.09 |
| 7 | 6.925 | 1.249 | 1.1 | 1.37 | 3.53 | 2.12 | 5.84 | 15.67 |
| 8 | 8.633 | 1.247 | 1.1 | 1.36 | 2.602 | 1.82 | 7.94 | 8.03 |
| 9 | 10.244 | 1.187 | 1.1 | 1.29 | 2.011 | 1.6 | 10.244 | — |

(5)计算各道次后的线材直径和断面积,

$$F_n = \lambda_n F_{n-1}$$

因为制品直径已知,故由后向前推算得 $d_8 = 1.82$

(6)计算线材速度

$$v_{n-1} = v_n / \lambda_n$$

$$v_8 = v_9 / \lambda_9 = 10.244 / 1.29 = 7.94$$

(7)计算各道次的滑动率

$$R_8 = \frac{v_8 - v_7}{v_8} \times 100\% = \frac{8.633 - 7.94}{8.633} = 8.03\%$$

(8)计算拉拔力,校核安全系数。

## 10.2  拔制工艺表的编制

### 10.2.1  拔制工艺表

拉拔生产是一个多工序循环性生产的过程,车间所生产的产品品种很多,因此在一种新产品投产以前,必须对其生产工艺事先作一个明确的规定,作为组织生产的依据,这个工作就是编制拔制工艺表。另外,由于同一时间内车间里所周转生产的产品品种亦是多种多样的,为了使这样的生产不发生混乱现象,事先编好拔制工艺表是很重要的。

拔制工艺表包括以下内容:生产该产品所用坯料的尺寸、拔制道次,每道的变形量及拔制以后制品的尺寸、拔制方法、模具类型、拔制力、所用设备和中间工序的安排等。此外,有的拔制工艺表还列出了生产 1t 产品应投料的数量、每道次后的加工长度和总加工长度,以便安排生产。

从拔制工艺表包含的基本内容可以看出,拔制工艺表编制的合理与否会直接影响到产品的产量、质量和各项消耗等技术经济指标。因此,制定拔制工艺序表必须从高产、优质、低耗的前提出发来考虑。为了达到这个目的,在保证产品质量及设备安全的条件下,要求拔制道次和中间工序尽可能少,同时又能使车间的设备负荷均匀以达到均衡生产。

编制拔制工艺表除根据所拔金属的特点及产品的技术条件外,还与具体的生产条件(如拉拔机及各种辅助设备的配置和它们的技术性能,各工序操作情况等)有关。因此,各车间都应有根据自己的生产特点制定的拔制工艺表,并且在生产实践的基础上不断地进行修改,使它进一步完善。

### 10.2.2　辅助工序的确定

编制拔制表时,在进行配模计算的同时,还应相应的确定制品生产的工艺过程,即确定坯料和中间制品在拔制前和成品在精整时应顺次进行的辅助工序。需要安排的主要工序和考虑的问题有以下几种。

#### 10.2.2.1　连拔

连拔时可省去退火、酸洗等工序,是减少中间工序、提高生产率的好办法。采用连拔时,若出现拔断、制品表面产生大量划道或管材空拉后出现纵裂,则应停止连拔,把制品送去退火。

#### 10.2.2.2　热处理

冷加工后不能进行连拔和连拔以后的制品都要进行中间热处理,以消除加工硬化。成品管要进行成品热处理,使其得到应有的组织和性能。

#### 10.2.2.3　酸洗和润滑

坯料和经过中间热处理的制品,均须进行酸洗,以消除表面氧化皮,并进行表面润滑。成品管根据要求进行或不进行酸洗。

#### 10.2.2.4　锤头和切头

制品的锤头和切头只存在于拉拔的生产过程中。一般每锤一次头,应能拔制2~3次。以后继续拔制时,通常把老头切掉,再重新锤头。若为薄壁管或下道为空拉,则中间可缩头一次。厚壁管由于缩头困难,一般不采用缩头。

#### 10.2.2.5　中间矫直

拉拔生产中,如果热处理以后制品的弯曲度较大、影响了酸洗打捆或下一个工序的拉拔,应在热处理后安排中间矫直。在用连续式辊底炉进行热处理的情况下,一般不安排中间矫直。

#### 10.2.2.6　检查和修磨

成品必须检查表面质量,发现表面缺陷应在允许范围内进行修磨。根据产品的用途和使用要求,在加工过程中的适当时候还须规定必要的中间检查和修磨工序。

## 10.3　热处理和酸洗

### 10.3.1　热处理

#### 10.3.1.1　热处理的目的及类型

在拉拔过程中,为了消除金属因塑性变形产生的加工硬化,恢复其塑性,必须采用相应的热处理工艺。生产中采用的各种热处理工艺按其目的可分为:软化退火、成品退火、消除内应力退火和淬火等。

##### A　软化退火

软化退火也称中间退火,其目的是消除冷加工过程中产生的冷作硬化而恢复其塑性。软化退火的温度高于合金的再结晶温度。

##### B　成品退火

为了达到成品要求的性能标准和消除内应力所进行的退火。在条件允许时,成品退火最好采用无氧化退火,这样可以免除酸洗,保持金属光泽。

C　消除内应力退火

为消除制品在冷加工时产生的内力,通常采用在再结晶温度以下的低温退火。退火后的制品,仍能保持硬制品的机械性能,也可叫成品退火。

D　淬火和时效

少数合金,为了改善其内部组织和性能,进行淬火或时效处理。淬火温度应选择在可使合金元素最大限度地溶入固溶体而不致使合金产生过热,即略低于共晶温度。

10.3.1.2　热处理的工艺要求

A　铜锌合金的退火要求

铜锌合金可在下列气氛中进行光亮退火:含氢5% ~10%和除去水蒸气的分解氨或除去二氧化碳和水蒸气的发生炉煤气中。

退火易脱锌的合金,如H68、HSn70 – 1、HAl77 – 2 等,当采用煤气炉退火时,用闷炉退火,即把炉温升到高于退火温度,装料后,停止加热,保持正压。

对于含锌量大于20%的黄铜,如 H62、H68、HSn70 – 1、HSn62 – 1HPb59 – 1HAl77 – 2HPb63 – 3HPb3 – 0.1 硅青铜、锌白铜等拉拔后要及时(一般不超过24h)退火,以防止应力裂纹。

B　镍合金的退火要求

为了获得光亮的表面和避免因含氧而氢脆,可在离解的和未完全燃烧的氢气中进行,亦可在经过干燥,并除去二氧化碳、水蒸气的发生炉煤气中进行。

C　退火时保护性气氛的选择

保护性气体的选择,原则上取决于被加热物体及其表面的要求。表 10 – 14 为一般常用的退火炉气氛。

表 10 – 14　一般常用的退火炉气氛

| 气　体 | 成分/% | | | | | | | 使用范围 | 说　明 |
|---|---|---|---|---|---|---|---|---|---|
| | $CO_2$ | CO | $H_2$ | $N_2$ | $NH_4$ | $H_2O$ | 其他 | | |
| 氧化性 | | | | | | | 空气 | 用于没有条件使用保护气氛的场合 | |
| 水蒸气 | | | | | | $H_2O$ | | 紫铜 | 有整气凝结 |
| 二氧化碳 | $CO_2$ | | | | | | | 紫铜、黄铜、青铜 | |
| 氮　气 | | | | 99 | | | | 紫铜、黄铜、青铜 | |
| 氢　气 | | | 99.8 ~ 100 | | | | | 镍及镍合金 | |
| 氨　气 | | | | | $NH_4$ | | | 青铜淬火 | |
| 液氨分解 | | | | 25 | | | | 所有合金退火 | 紫铜、黄铜适用于低温退火 |
| 真　空 | | | | | | | | 所有合金退火 | 黄铜用低真空 |
| 抽真空—通保护气 | | | | | | | | 所有合金退火 | 单独装置 |

D　接触退火时的工艺要求

电阻系数较大的白铜、镍及其镍合金、黄铜以及青铜均可用通电直接加热金属而达到退火的目的。

接触退火时的退火温度可通过金属加热时线膨胀量的变化或用光电控制器来控制,也可用电流的变化及通电时间来控制。

### 10.3.2 酸洗

#### 10.3.2.1 酸洗过程

热轧坯料或氧化退火后的制品,表面形成一层氧化物,拉拔前一般通过酸洗的方法去掉。有些金属或合金的氧化皮,如镍及镍合金,则需在拉拔 1~2 个道次后再酸洗去除。

酸洗工序由酸洗、水洗、中和和干燥几个步骤组成。

首先把带有氧化皮的金属浸在一定化学组成及浓度的酸洗液中,经过一段时间取出来。为了从金属表面消除残酸及附在其上的金属粉末,要进行水洗。水洗是用高压水喷射刚酸洗后的金属。为了彻底去掉金属表面上的残酸,使之很快干燥,在拉拔前不致变色,水洗后的金属浸入盛有预热到 60~80℃含 1%~2% 肥皂水中停留一段时间,肥皂水和残酸起中和作用,有的还需通热风或电炉来干燥。

酸洗不同的金属,采用不同的酸洗溶液。

重有色金属及其合金通常在硫酸水溶液中进行酸洗,酸洗液的温度为 40~60℃。酸液温度过高及硫酸浓度过大时,会使硫酸蒸汽过多,妨碍健康。在温度低于 30℃时酸洗,酸洗的速度显著降低。为了缩短酸洗时间,经常设法使酸液搅动。酸洗时,由于溶液内硫酸盐的不断提高,硫酸浓度相应降低,因而使酸洗时间逐渐增长,因此酸洗溶液用到一定程度时必须彻底的更换。

酸洗时,通常由两个酸洗槽,一个盛有硫酸盐溶液,进行预酸洗;一个盛有纯洁的硫酸水溶液,预酸洗后金属的进一步酸洗。当酸洗液中硫酸盐达到一定程度时,就把该溶液放到预酸槽内去。当预酸洗槽溶液不行时,将废液放入结晶装置或电解装置处理器中加以利用。

为了使酸洗后的金属表面光洁和具有本来的颜色,硫酸水溶液酸洗后的金属有的还进行二段酸洗,此时在硫酸溶液中加入 2%~6% 的重铬酸钾或重铬酸钠。加入重铬酸盐仅在新溶液中有效。随着溶液中酸洗金属的硫酸盐增加,重铬酸盐的作用很快地减弱,为了取得好的效果,要加入大量的新重铬酸盐。

对于在氧化性气氛中进行氧化退火的金属和合金,如铜镍合金、青铜、镍及镍合金,这些金属的氧化物很难溶解在稀酸溶液中,因而采用 50% $H_2SO_4$ + 25% $HNO_3$ + 25% $H_2O$ 或 75% $H_2SO_4$ + 25% $HNO_3$ 酸溶液进行浓酸洗。

由于硝酸使金属溶解及生成氢气起搅拌作用,加快了酸洗速度,故要及时结束浓酸洗,以免造成过度酸洗降低金属塑性而难于继续变形。

#### 10.3.2.2 酸洗时的注意事项

酸洗液应能使氧化物很快溶解,使主要金属溶解很慢或完全不溶解,应不产生有毒性气体,并且应来源广泛,价格便宜。

酸洗时应注意:

(1)配酸的程序,应先往槽内注水,然后加酸,以防爆炸。

(2)严禁铁器进入酸洗槽中,以防制品表面镀铜。酸洗时紫铜、黄铜应分开。

(3)酸洗紫铜的硫酸水溶液中,含铜量超过 50g/L 时,则应重新换酸。酸洗黄铜的硫酸水溶液中,含铜量超过 25g/L,含锌量超过 50g/L 时,则应重新换酸。但当酸液中含盐量没有达到上述规定,而仅酸的浓度低于规定值,则允许向槽中补充一定数量的酸,使达到规定的范围。

(4)为加速镍及镍合金酸洗速度和效果,允许在酸溶液中加入少量的氯化钠。

#### 10.3.2.3 酸洗液的处理

A 酸洗液的利用

将酸洗液抽到容器里,用蒸发的方法来回收硫酸铜。当温度下降时,硫酸铜在水中的溶解度迅速下降。废酸溶液在蒸发槽内加热,其中水分蒸发直至废液成为硫酸铜的饱和溶液,然后溶液进入布置有许多狭铅带的结晶器中。当冷却时,硫酸铜以铜钒($CuSO_4 \cdot 5H_2O$)形式在铅带上析出,经过一段时间后,从槽内拿出铅带,取下铜钒。

　　B　酸洗液电解再生

　　当大规模生产时,采用电解法将废液还原为铜及硫酸。这样在收回铜的同时,溶液可送回酸洗槽去继续使用,减少了换酸过程。

　　所谓电解法九是用酸泵将废液连续地吸入电解槽内,在铜阴极上析出电解铜,在不溶解的铅阳极板上析出氧,电解液中硫酸的浓度不断增加,铜含量逐渐减少。

　　电解法使酸液再生的方式有两种:间歇式和连续式。将所有的废液打入电解槽内电解,而后返流回酸洗槽的方法为间歇式电解。不断地用泵把废液打入电解槽内电解,而后又不断地流回酸洗槽内的方法称为连续式电解。采用循环连续酸洗时,使酸洗溶液连续再生是合理的,故推荐使用。

## 10.4　拉拔时的润滑

　　在拉拔过程中,由于工具和制品之间有相对滑动,因此存在着摩擦。摩擦的存在对拉拔过程是不利的,也是拉拔时进行润滑的直接原因。

### 10.4.1　拉拔时润滑剂的作用及其要求

　　10.4.1.1　拉拔时润滑剂的作用

　　拉拔时,所采用的润滑剂有以下几方面的作用:

　　(1)能良好地润滑被拉金属的表面及拉拔模孔,形成一层能承受拉拔模孔中的高压力而不破坏薄膜,降低变形区的摩擦力;

　　(2)能使制品表面获得良好的粗糙度,从而提高产品质量;

　　(3)能带走拉拔时部分热量,可采用较大的加工率和高的拉拔速度。

　　10.4.1.2　拉拔润滑剂的要求

　　拉拔时,由于拉拔方式、条件、产品品种的不同,对润滑剂的要求不尽相同。但是,拉拔用润滑剂一般都应满足以下要求:

　　(1)对工具与变形金属表面有较强的黏附能力和耐压性能,在高压下能形成稳定的润滑膜。

　　(2)有适当的黏度,既能保证润滑层有一定的厚度和较小的流动阻力,又便于喷涂到工具和金属上,并保证使用与清理方便。

　　(3)对工具及变形金属有一定的化学稳定性。

　　(4)温度对润滑剂的性能影响小,且能有效地冷却模具与金属。

　　(5)对人体无害,环境污染最小。

　　(6)有适当的闪点及着火点。

　　(7)成本低,资源丰富。

　　总之,拉拔润滑剂应满足拉拔工艺、经济与环保等方面的要求。

### 10.4.2　拉拔润滑效果的评价

　　拉拔时润滑效果好坏的评定有多种方法,如测定比较拉拔力的大小或润滑膜的厚度等,这些方法的缺点是不能把润滑性能和模子的寿命明确地联系起来。利用拉拔后制品表面的平坦率作为判定指标来评定润滑效果,则有效地避免了这一缺陷。

制品表面平坦率的定义为：

$$平坦率 = \frac{制品表面平坦的面积}{总测定面积} \times 100\%$$

拉拔时，随着金属的前进，润滑剂进入变形区。变形区内，拔制前金属表面上的突起部分（凸部），在模子压力的作用下发生塑性变形，形成平坦部。而原来金属表面的凹部则被挤进了润滑剂，承受一部分压力。因此，凹部由于充满着润滑剂而处在液体润滑状态，而平坦部分处于边界润滑状态。因此，平坦率小，意味着液体润滑部分的表面积在总面积中所占的比例大，摩擦表面属于液体润滑状态的部分大，这样就改善了润滑性能，提高了模子的使用寿命。也就是说，平坦率越小，拉拔时的润滑效果越好，模子的寿命就越高。

采用拉拔后制品表面的平坦率作为评价拉拔时润滑性能的指标，不但可以预测模子的寿命，而且可以据此选择适宜的润滑剂。

### 10.4.3 拉拔润滑剂

拉拔时所采用的润滑剂根据其在润滑时作用的不同分为润滑涂层和润滑剂。

#### 10.4.3.1 润滑涂层

由于有些金属构成润滑膜的吸附层很慢或者要求采取大量的措施，或者根本不形成吸附层（如铝及铝合金、银、白金等），因此需要对金属表面进行预先处理（打底），在金属表面覆盖一层润滑膜的载体膜（涂层），以使润滑剂能够均匀而牢固地附着在被拔制的金属表面，保证拉拔时的润滑效果。

有色金属及合金的拉拔生产中常用的润滑涂层有：

（1）氧化-涂层处理膜。即首先把酸洗后除净表面污染膜的湿坯料，放置在室温下潮湿的空气中进行空气氧化或是用阳极氧化法生成氧化膜，然后再浸涂某种涂料，反应生成的预处理膜。钛及其合金拉拔时的润滑即采用此种方法。氧化-涂层处理膜法简便，但易产生粉尘，污染生产环境，故一般仅限于基本上不容许镀其他镀层的情况使用。

（2）硼砂处理膜。即在黄化处理的基础上用硼砂水代替石灰水。硼砂水溶液一般含5%～30%的硼砂。硼砂处理膜的黏附性好，不易剥落，不污染环境，但吸潮性大，不适于湿度大的环境用。该法常用于碳钢和低合金钢丝的拉拔。

（3）水玻璃处理膜。即用水玻璃溶液代替石灰水处理。这种处理可防止车间的灰尘污染，使拉拔后的金属免受大气腐蚀。此法可用于碳钢和低合金钢的拉拔，但不适于使用液体润滑剂的不锈钢的拉拔，以及随后要热镀和涂敷橡胶的线材。

（4）磷酸盐处理膜。此法是将经过除油清洗，表面洁净的坯料置于磷酸锌、磷酸锰、磷酸铁或磷酸二氢锌溶液中，使金属表面形成紧密黏附的磷酸锌薄膜。

（5）氟磷酸盐处理膜。即将除净表面污染膜的金属放入氟磷酸盐溶液中进行处理。

（6）草酸盐处理膜。在镍合金制品的拉拔中，采用此种表面预处理。

（7）金属镀膜。该方法一般用于总变形量较大的制品拉拔。金属镀膜有化学法和电镀法两种，在拉拔不锈钢时一般用电镀。在拉拔有黏附倾向的金属（如钛、钽、锆）时，常采用盐类电解液镀一层厚度在0.1mm以下的锌、锡、铜或镉，并且随后进行磷酸盐处理，作为预处理表面膜。

（8）树脂膜。该法可克服草酸盐膜变形程度有限以及金属镀层难于去除等问题。近年来，使用较多的是用于奥氏体不锈钢中丝和细丝拉拔及弹簧钢丝自动覆膜的氯系树脂及氯化树脂膜。

#### 10.4.3.2 润滑剂

和润滑涂层一样，润滑剂的合理选择或制备对提高润滑效能具有重要作用。在实际生产中，它直接影响着产品的质量、拉拔时的生产率以及模具消耗等重要的技术经济指标。

润滑剂按其形态分为湿式润滑剂和干式润滑剂。

A　湿式润滑剂

湿式润滑剂使用的比较广泛,按其化学成分,分为以下几种。

(1)矿物油。它属于非极性烃类,通式为 $C_nH_{2n+2}$,是石油产品。常用的矿物油有锭子油、机械油、汽缸油,变压器油以及工业齿轮油等。

矿物油与金属表面接触时只发生非极性分子与金属表面瞬时偶极的互相吸引,在金属表面形成的油膜纯属物理吸附,吸附作用很弱,不耐高压与高温,油膜极易破坏。因此,纯矿物油只适合有色金属细线的拉拔。矿物油的润滑性质可以通过添加剂改变,扩大其应用范围。

(2)脂肪酸、脂肪酸皂、动植物油脂、高级醇类和松香。它们是含有氧元素的有机化合物,在其分子内部,一端为非极性的烃基,另一端则是极性基。因为这些化合物的分子中极性端与金属表面吸引,非极性端朝外,定向地排列在金属表面上。由于极性分子间的相互吸引,而形成几个定向层,组成润滑膜,润滑膜在金属表面上的黏附较牢固,润滑能力较矿物油强。因此,在金属拉拔时,可作为油性良好的添加剂添加到矿物油中,增强矿物油的润滑能力。

(3)乳液。乳化液通常由水、矿物油和乳化剂所组成,其中水主要起冷却作用,矿物油起润滑作用,乳化剂使油水乳化,并在一定程度上增加润滑性能。

目前有色金属拉拔所使用的乳液是由80% ~85% 机油或变压器油;10% ~15% 油酸;5% 的三乙醇胺,把它们配制成乳剂之后,再与90% ~97% 的水搅拌成乳化液供生产使用。

B　干式润滑剂

与湿式润滑剂相比较,干式润滑剂有承载能力强,使用温度范围宽的优点,并且在低速或高真空中也能发挥良好的润滑作用。干式润滑剂的种类很多,但最常用的是层状的石墨与二硫化钼等。

(1)二硫化钼。二硫化钼从外观上看是灰黑色、无光泽,其晶体结构为六方晶系的层状结构。

二硫化钼具有良好的附着性能、抗压性能和减摩性能、摩擦系数在0.03 ~0.15 范围内。二硫化钼在常态下, -60 ~349℃时能很好地润滑,温度达到400℃时,才开始逐渐氧化分解,540℃以后氧化速度急剧增加,氧化产物为 $MoS_2$ 和 $SO_2$。但在不活泼的气氛中至少可使用到1090℃。此外,$MoS_2$ 还有较好的抗腐蚀性和化学稳定性。

二硫化钼的缺点是颜色黑、难洗涤和污染环境。

(2)石墨。石墨和二硫化钼相似,也是一种六方晶系层状结构。

石墨在常压中,温度为540℃时可短期使用,426℃时可长期使用,氧化产物为 CO。摩擦系数在0.05 ~0.19 范围内变化。石墨具有很高的耐磨、耐压性能以及良好的化学稳定性,是一种较好的固体润滑剂。

(3)其他。二硫化钨 $WS_2$ 也是一种良好的固体润滑材料,$WS_2$ 比 $MoS_2$ 的润滑性稍好,比石墨稍差。

肥皂粉(硬脂酸钙、硬脂酸钠等)作润滑剂,有较好的润滑性能、黏附性能和洗涤性能。

以脂肪酸皂为基础,添加一定数量的各种添加剂(如极压添加剂、防锈剂等等),可作专用于干式拉拔的润滑剂。

10.4.3.3　各种金属材料拉拔使用的润滑剂

拉拔不同的有色金属与合金的各种制品所采用的润滑剂是不同的。表10 - 15 为部分实际生产中拉拔铜、镍和铝等金属及其合金常用的润滑剂、成分组成和相应的使用范围。

**表 10 - 15　部分实际生产中拉拔铜、镍和铝等金属及其合金**
**常用的润滑剂、成分组成和相应的使用范围**

| 润滑剂类型 | 成分组成及配比/% | 优 点 | 缺 点 | 使用范围 |
|---|---|---|---|---|
| 乳液 | 皂片和水 | 方便,使用广泛 | 润滑性能不太好 | 多次中、细拉 |
| | 1.3 肥皂 + 4.0 机油 + 余量水;或 1.0 肥皂 + 3.0 机油 + 余量水 | 冷却性好,便宜,使用广泛 | 润滑性较差,使用温度不超过70 | 多次拉拔各种金属 |
| | 4.5 三乙醇胺 + 4.0 肥皂 + 7.5 油酸 + 44.0 煤油 + 余量水 | 较经济,制品表面光滑 | 需要专门配置 | 紫铜、黄铜、青铜及铜镍合金 |
| | (8~10)肥皂 + (2~3)机油 + (1~2)油酸 + 0.2 火碱 + 余量水 | | | 光亮紫铜、黄铜管 |
| | (0.5~1.0)肥皂 + (3~4)切削油 + 0.4 油酸 + 余量水 | | | 紫铜、黄铜及镍合金管 |
| | 5 锭子油 + 3 油酸 + 0.15 硫磺 + 0.5 三乙醇胺 + 余量水 | | | 中拉细拉铝材 |
| | 5 肥皂 + 2 硫黄粉(或 1~2 石墨或硬脂酸铝) + 余量水 | | | |
| 油性润滑剂 | 100 剂油,或(81~83)机油 + (11~13)油酸 + (2~4)三乙醇胺 + (1~3)酒精 | 中等润滑及冷却性能 | 污染生产环境 | 单次拉拔各种金属 |
| | 10 油酸 + 85 变压器油 + 5 三乙醇,或 90 植物油 + 10 蓖麻油 | | | 紫铜、黄铜管成品 |
| | (85~95)变压器油 + (5~20)油酸,或 20 牛脂 + 80 气缸油含硫量小于 1% 的硫化矿物油,蓖麻油,鲸蜡醇,硬脂酸等 | | | 粗拉铝线材 |
| | 重油或 60 黑机油 + 40 高级机油 | | | 铝棒型材 |
| 黏稠润滑剂 | 10 石墨 + 10 硫磺 + 余量机油 | 润滑性能好 | 冷却性差,污染环境 | 镍及合金,玻青铜 |
| | 2 肥皂粉 + 3 水胶 + 35 石墨乳液 + 余量水 | 道次加工率大,表面光滑 | 污染生产环境 | 热电偶线 |
| | (10~15)高速机油 + (80.8~86.8)润滑脂 + (3~4)氯代链烷径 + 0.2 三乙醇胺 | | | 粗拉铝材 |
| | 65 煤油 + 20.7 硬脂酸钙 + 7.8 油酸 + 6.5 三乙醇胺 | | | 粗拉铝材 |
| 粉末润滑剂 | 肥皂粉 | 便宜 | 冷却性能差 | 镍及合金 |
| | (3~5)二硫化钼 + 余量肥皂粉 | 润滑效果好,使用时间长 | 表面易出现划道 | 铜镍合金及镍基合金 |
| 固体润滑剂 | 镀铜 + 铜用润滑剂 | 牢固、可靠 | 不经济 | 镍及合金 |

在使用上述这些润滑剂时,有几点应注意:

(1)随金属的强度和厚度增大,要提高润滑剂的稠度;

（2）随拉拔速度的增加,要减小润滑剂的黏度;

（3）拉线时最常用的是乳液,线材越细,所用乳液的浓度应越低;

（4）拉拔啮合金管时,最有效的方法是与不锈钢一样,用草酸盐处理加皂化润滑。

由于含硫的极压添加剂会使铜腐蚀形成锈斑,故在拉铜及其合金时应完全避免使用。此外,在拉拔细线时,过剩的游离脂或碱可能导致模孔堵塞,使制品划伤或断线。

使用润滑油循环系统拉拔铝材时,黏附铝的脱落进入润滑剂内成为铝屑会导致润滑油"黑化",故应采用黏度较小的润滑剂,以减少分离铝屑的困难。

在冷拔钛和稀有金属时,需要先进行氧化处理,氟磷酸盐处理和镀软金属等表面处理,然后用二硫化钼、石墨、皂粉、蓖麻油、天然蜡等润滑剂进行润滑处理。表 10 - 16 为一些钛及稀有金属拉拔时常用的润滑剂及相应的表面处理。钨、钼拉拔使用石墨乳作润滑剂,其不仅起拉拔润滑作用,而且在加热或热拉过程中还可保护丝料表面不被氧化。此外,还有采用玻璃粉、石墨和树脂以及石墨和二硫化钼作为润滑剂进行热拉的润滑处理办法。

**表 10 - 16　钛及稀有金属拉拔时常用的润滑剂及表面处理**

| 金　属 | 拉拔制品 | 表面处理层 | 润 滑 剂 | 使用方法 |
|---|---|---|---|---|
| 钛 | 管 | 氟磷酸盐 | 二硫化钼水剂 | 在已晾干的涂层表面上涂以二硫化钼水剂,然后晾干或在 200 以下烘干后进行拉拔 |
| | | 空气氧化物 | 氧化锌 + 肥皂或石墨乳 | 经空气氧化的表面上涂以氧化锌和肥皂的混合物或石墨乳,晾干或烘干后拉拔 |
| | 棒 | 铜皮 | 20 ~ 30 号机油或气缸油 | 挤压后铜皮不去除,拉拔时按铜的润滑方法进行润滑 |
| 钽和铌 | 粗丝 3.0 ~ 0.6 | 氯化处理 | 固体蜂蜡(70% 蜂蜡 + 30% 石蜡); 20% 肥皂水;5% 的软肥皂水;25% 石墨粉 + 10% 阿拉伯树胶 + 水石墨乳 | 拉拔前坯料表面进行氧化处理 |
| | 细丝 < 0.6mm | 氧化膜层 | 1% ~ 3% 肥皂 + 10% 油脂(猪油) + 水 | 配制成乳液,带氧化膜拉拔 |
| | | | 硬脂酸 9g + 乙醇 15mL + 四氯化碳 16mL + 扩散泵油 40mL | 按此比例配制,适用于无氧化膜拉拔 |
| | 管 | 空气氧化或阳极氧化物层 | 长芯杆拉拔时:内表面用石蜡,外表面用蜂蜡 空拉时:锭子油、机油、氧化石蜡润滑 | 在芯杆上涂石蜡,管材外表面和模孔中涂蜂蜡,并涂均匀 空拉时,把液体润滑剂涂在管子上或边拉边涂 |
| 锆 | 管 | 氟磷酸盐 | 二硫化钼水剂 | 同钛的氟磷酸盐润滑处理施用方法 |
| | 棒 | 铜皮 | 20 ~ 30 号机油或汽缸油 | 同钛的铜皮处理的施用方法 |
| 钼 | 管 | 在热状态下拉拔,不加处理层 | 胶体石墨乳 | 加热前把胶体石墨水剂刷一层在管子上,然后在 200 ~ 300 烘干使用,在拉几道后,在热状态下涂上石墨乳 |

#### 10.4.4　拉拔润滑方式

润滑剂的效果与使用润滑剂的方式有很大关系。一般而言,拉拔的润滑方法有以下几种。

##### 10.4.4.1　干式(粉剂)润滑

干式润滑是指用干式润滑剂即粉状固体润滑剂进行的润滑,如图 10 - 6(a)所示,该方法主要用于拉拔直径大于 0.8 ~ 1.0mm 的粗拉和中拉。一般说来,干式润滑可以在最大的断面减缩率下避免黏模,为了使润滑剂黏附牢固,常常要在坯料上加石灰或可变形膜。

##### 10.4.4.2　湿式(稀油)润滑

湿式润滑是指液体润滑剂如肥皂液、乳浊液等进行的润滑,如图 10 - 6(b)所示,该方法常用于拉拔直径小于 0.8 ~ 1.0mm 的丝材拉拔。湿式润滑可得到更好的表面质量,并在高速拉拔时提供冷却。

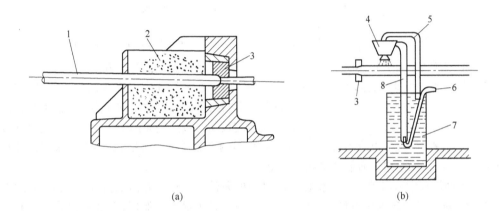

(a)　　　　　　　　　　　　　　　　　(b)

图 10 - 6　一般拉拔润滑方法示意图

(a)干式润滑;(b)湿式润滑

1—被拔制材;2—粉及润滑箱;3—冷拔拉模;4—中间油池;5—过剩油管;
6—压缩空气管;7—润滑油齿;8—输入润滑油管

##### 10.4.4.3　液体润滑

液体润滑是指被拔制金属与模具表面之间由高压液体润滑剂分割开的一种润滑方式,这种润滑方式油膜厚度较大,摩擦系数很低。目前,液体润滑有两种实现方式:流体静力润滑法和流体动力润滑法。

###### A　流体动力润滑法

流体动力润滑法(流体动压润滑法),这是目前在拉拔生产中采用较多的一种液体润滑方式。如图 10 - 7 所示,为流体动力润滑的装置示意图。拉模前面装置一个具有一定长度,其内孔直径略大于制品拔前直径的压力管,当制品和润滑剂一起通过压力管时,液体的流体效应使润滑剂增压然后送入变形区并建立润滑膜。

流体动力润滑按采用润滑剂分为湿式和干式流体动力润滑两种。由于湿式润滑时的液体润滑剂的黏度比干式润滑时的固体润滑剂小,其润滑膜的压力较不易建立,故湿式流体动力润滑需要较长的压力管,否则效果不明显。而对于干式流体动压润滑,由于通常可采用孔径略大于变形前制品直径的拉模模芯充当压力管,故在生产中使用较多。另外,由于使用肥皂粉进行普通干式拉拔时,一般已处在液体摩擦和边界摩擦的混合摩擦状态,所以在干式流体动力润滑拉拔的开始时,也不会出现润滑不良和拉拔过程建立困难的现象。

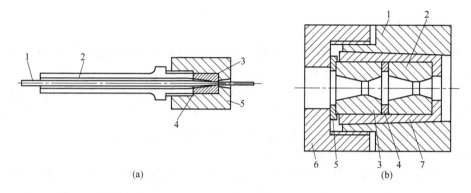

图 10 - 7　流体动压润滑装置

(a)湿式流体动压润滑:

1—被拔制品;2—压力管;3—拉模;4—密封垫;5—模套

(b)干式流体动压润滑:

1—外套;2—拉模模芯;3—压力管模模芯;4—密封垫圈;5—垫圈;6—压紧螺母;7—可卸圆锥形模套

在实际生产中,为了有效地进行干式流体动力润滑,需注意以下几个方面:

(1)流体动力润滑对制品表面粗糙度的影响。由于在流体动力润滑拔制时,变形区完全或大部分区域处在液体摩擦状态,金属表面和模壁不直接接触,靠流体传递压力使金属变形,因此,来料表面的凹凸不平处,会得不到很好的加工,致使拔制后金属表面的平坦度即光洁度可能较普通拔制后的为差,严重的可能出现梨皮状的表面,影响产品质量。所以,必须充分掌握流体动力润滑的条件,以保证金属表面能合乎质量要求。

(2)拔制过程中来料带入干式粉粒状润滑剂的条件。要建立必需的流体动压力,必须保证润滑剂能顺利充分地进入压力管和工作模。干式流体动力润滑拔制时,金属表面光洁度和润滑剂的组成,对润滑剂的带入有影响,拉拔速度对此也有关系。

金属表面比较粗糙时容易带入润滑剂。

(3)拉拔速度的影响。拉拔速度一方面会影响金属带入润滑剂的能力,另一方面对润滑剂的发热温升也有影响。当拉拔速度很高时,由于会产生大量的热,引起润滑剂的发热温升,使其黏度降低影响润滑效果。因此,在高速干式流体动力润滑拉拔时,为了充分发挥其效能,要进行冷却。实践证明,在流体动力润滑拉拔比普通拔制模子寿命增加一倍的情况下,若在流体动力润滑拔制的同时进行冷却,则模子的寿命可提高到两倍。

(4)来料强度及拉拔时断面减缩率的影响。一般来说,来料的强度高,拉拔时的断面减缩率大,拔制时金属上润滑剂的附着量就少,因此,为了获得更厚的润滑膜,增加润滑剂的附着量,必须创造能建立更大动压力的条件。

(5)压力管最佳参数的选择。压力管的参数主要是两个,即它的长度和金属压力管之间的间隙。试验表明,干式流体动力润滑时,随着压力管长度的增加、间隙的减小,拉拔力、金属表面的润滑膜并不是单调的增加或减小,而是有一个最佳的组合范围,因此,使用时应注意合理选择确定。

　　B　流 体 静 力 润 滑

图 10 - 8 为拉拔时的流体静力润滑的装置结构示意图。它有两个拉拔模,加压后的高压液体直接输到两个模子间的腔室中。变形主要在第二个模子中进行。第一个模子起密封作用。当被加工的线材通过充满润滑剂的高压室时,就由于高压室液体的静压作用而形成厚的润滑膜层。由于此法需用两只模子,故又称双模法。

采用流体静力润滑,需要一套高压泵系统;同时,金属尾端离开模子前高压液体供应的及时切断;第一个模子润滑较差可能过早磨损等问题的存在,使流体静力润滑在生产上的应用受到限制。

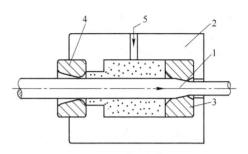

图 10-8　流体静力润滑拉拔示意图
1—线坯;2—模套;3—拉模;4—阻油模;5—高压油

实际生产中,除了上述单纯的流体动压润滑和单纯的流体静压润滑两种以外,还有流体动压和静压相结合的润滑方式。采用这种润滑方式时,工作模前装有压力管,同时配置着泵加压系统。这样,在需要时,可同时利用流体动压和静压,使润滑膜达到足够的压力。这种润滑方式同时还可改善拉拔开始润滑膜尚未形成时的润滑条件。

## 10.5　拉拔时制品的缺陷和消除

产品缺陷是拉拔生产的大敌,它不仅降低了拔制产品的质量,使产品不能发挥其应有的作用,而且会增加产品及各种辅料的消耗,浪费人力、物力和动力,增加产品的加工成本,影响拉拔生产的各项技术经济指标的完成。因此,生产中必须尽可能避免各类缺陷的产生,提高产品质量,降低产品成本,提高劳动生产率。

### 10.5.1　拉拔缺陷的类型

拉拔生产中的缺陷大致可分成三类:

(1)形状尺寸不合格。制品的几何形状不合格,只在非圆形断面的拔制中出现。其产生的原因,除了拉模模孔形状不当以外,有时还会由于工艺不当所致。如用圆形坯料拔制六角钢时,角部未充满现象就是由于坯料选择过小所致。

制品的几何尺寸不合格,是由于拉拔时模孔的尺寸选配不当,对制品在拔制、矫直、抛光等生产过程中的金属膨胀量估计不足或忽视模孔磨损所致。

(2)机械性能和金相组织不合格。这类缺陷形式较多,产生原因也各不相同。但这些缺陷在所供坯料合格的条件下,基本上是由于拉拔、热处理的工艺不当或热处理的具体操作不当引起的。

(3)表面质量不合格等。

### 10.5.2　拉拔缺陷的产生及消除

拉拔生产中的缺陷很多,主要有以下几种。

#### 10.5.2.1　折叠

折叠指的是存在于棒材的外表面或管材内外表面,出现的直线形或螺旋形的、连续或不连续的折合分层。其分布有明显的规律性。

折叠的产生是因坯料质量差引起的,如坯料本身存在折叠或表面有夹杂、严重的刮伤和裂缝,修磨后的管坯有棱角等,这些都可在拔制后延伸成折叠。

折叠缺陷必须通过提高坯料的质量来避免。

#### 10.5.2.2　裂缝(包括裂纹、发纹)

制品表面上出现的直线或螺旋形分布的细小裂纹。其深度在1mm或1mm以上,多与拔制方向一致。裂缝有连续的和不连续的。

裂缝的产生主要是由于：

(1)坯料内有裂纹或皮下气泡、夹杂物；

(2)拉拔变形量选择不当，或存在酸洗氢脆；

(3)热处理制度不合理或操作不当，拉拔后未及时热处理等。

裂缝的避免，须通过两方面来实现：

(1)提高管料的质量；

(2)避免制品在拉拔生产中产生麻点、划道和擦伤等缺陷。

### 10.5.2.3　凹坑

分布在制品表面、面积不一的局部凹陷。其分布有的呈周期性，有的无规律。凹坑缺陷是因氧化皮或其他质硬的污物在拔制或矫直过程中压入管材表面，或者是原来存在于管材表面的翘皮剥落造成的。

仔细检查坯料并除去翘皮等缺陷，保持工作场地、工具和润滑剂等的清洁，防止氧化皮和污物落到制品表面可有效地防止凹坑的产生。

### 10.5.2.4　尺寸超差

制品的直径超出标准规定尺寸要求的范围。尺寸超差包括直径超差、不圆度超差和壁厚超差(管材)。

尺寸超差的产生主要是操作人员的责任心不强，换错模子、更换模子不及时或模子加工超差造成的；另外，拉拔时模子磨损不均、变形不均匀也会造成尺寸超差。

此外，对定壁后空拔道次中的壁厚变化量估计不准，使用弧形外模和锥形芯棒进行短芯棒拔制时芯棒位置调整不当——过前或过后，也是造成尺寸超差的原因。

圆形制品的横截面变椭是由于使用了模孔为椭圆形的拔模，或者是由于制品两端弯曲过大，在矫直过程中上下窜动，制品外径过大推入时卡住、尾部甩动过大以及各对矫直辊之间压下量分配不均等造成的。若制品的变椭是由前者造成的，需及时更换拔模。而对于后者，则应及时消除矫直时造成椭圆的原因。

### 10.5.2.5　拉裂

拉拔时制品表面出现横向裂缝的现象，称为拉裂。拉裂一般多发生在局部，异型产品多在角部出现。

拉裂的产生，是由于：

(1)热处理制度不合理或操作不当；

(2)变形量选择不当(过大)或拔制速度过快；

(3)模具入口锥太大，使变形区太短；

(4)润滑条件不良；

(5)钢质不良或有酸洗氢脆。

### 10.5.2.6　管材壁厚不均

拉拔管材时，管材壁厚不均产生的主要原因是：

(1)坯料壁厚不均过大；

(2)拔制时拔制线和管轴线不一致；

(3)芯棒和拔管模的模孔变椭。

为了减少管材的壁厚不均，管料的壁厚不均应尽可能小，同时仔细检查模具和调整拔管机。

### 10.5.2.7 划道和擦伤

划道和擦伤这种缺陷的特征是制品的表面上呈现纵向的、直线形的、长短不一的、为肉眼可见的划痕,多为沟状,但也有可能是凸起的条纹。划道和擦伤产生的原因是:

(1)制品在生产和运输过程中,与料架、链条等相对移动或互相碰撞造成;

(2)在热处理过程中,不小心被擦伤;

(3)模具黏钢;

(4)模具的强度和硬度不够或不均;

(5)模具出现碎裂和磨损;

(6)锤头不良,锤头过渡部分的尖锐棱角损伤了模具;

(7)矫直时,矫直辊表面不良等。

在生产中,防止划道和擦伤的产生,可从以下几方面入手:

(1)提高拔制前各准备工序的质量;

(2)使用强度及硬度高、粗糙度低的模具。

### 10.5.2.8 拔断

拉断的产生主要是由于:变形量过大;热处理和酸洗润滑的质量不好;锤头不合乎要求;锤头前的加热产生了过热或过烧;拔制线和管的轴线不一致;短芯棒伸出拔管模的定径带过前;开拔速度过快等。

拉拔生产中要避免拔断,应注意以下几点:

(1)拔制前管的尺寸和配模严格按照拔制表的规定;

(2)拔模对正,芯棒的位置正确;

(3)保证拔制前各准备工序的质量;

(4)拔制速度较高时,低速开拔。

### 10.5.2.9 短芯棒拔制时空拔头过长

短芯棒拔制时,管材存在一段不长的壁厚大于规定拔制壁厚的空拔头是正常的。但若空拔头过长就会增加切头量,加大金属消耗。

空拔头过长的原因是由于开拔时芯棒没有及时推入或者芯棒未能被管材带入变形区造成的。对于前一种情况,要注意操作和使用定位器。而对后一种情况,则可在砂轮上打磨芯棒端部倒角,使之有利于带入变形区。

### 10.5.2.10 抖纹

抖纹这种缺陷只产生在短芯棒拔制,其表现为:管材内表面或内外表面上呈现高低不一、数目不同的波浪形环痕,有的是连续的,有的是断续的,有的是整圈的,也有的不是整圈的。抖纹的产生,是由于拔制过程中管和芯棒拉杆发生了抖动。其具体的原因是:

(1)酸洗和润滑质量不好;

(2)拔制时摩擦力增加而且不断变化;

(3)热处理后沿管长度力学性能不一致;

(4)芯棒拉杆过长过细;

(5)芯棒位置过前或过后,以及变形量过大等。

对于抖纹的防止,要从提高酸洗、润滑和热处理的质量、正确调整芯棒的位置、避免使用直径过细的芯棒拉杆等方面入手。

### 10.5.2.11 纵向开裂

管材呈现的穿透管壁的纵向裂开,称为纵向开裂,其具有突发性。纵向开裂一般发生在全长,但有时只发生在靠锤头部分一端。

纵向开裂通常只在空拔管中出现,这是因为空拔后管的外表面存在较大的切向拉伸残余应力的缘故。

造成纵向开裂的原因主要有:

(1)减径量太大,使不均匀变形的程度加剧,残余应力增加;

(2)空拔时连拔道次过多,管子产生了较大的残余应力和加工硬化现象;

(3)退火不当,包括温度过低、温度不均或者时间太短;

(4)锤头后过渡部分的管壁局部凹陷过深或拔制后管的尾端不齐有凹口引起应力集中;

(5)拔制后未及时烘烤或退火,并在搁置时遭到冲击;

(6)管子表面有折叠等缺陷以及氢脆等。

纵向开裂在金属冷加工性能差、管壁较厚和低温下空拔管时发生的倾向更大。管材的纵向开裂是一种无法挽救的缺陷,一旦出现,管材即报废。

对于管材纵向开裂的防止,应从以下几方面入手:

(1)控制空拔道次的减径量和连次次数;

(2)保证热处理和锤头质量;

(3)避免出现氢脆;

(4)拔制后的管材及时退火。

### 10.5.2.12　管壁的纵向凹折

管壁的纵向凹折多发生在空拔薄壁和特薄壁管上,它是由于拔制过程中管子的横截面丧失了稳定性造成的,其具体的原因是减径量过大。当锤头端过渡部分的管壁局部凹陷过深时会增加纵向凹折产生的倾向。

为了防止纵向凹折的产生,在拔制薄壁和特薄壁管时减径量应小一些,锤头质量好一些,或采用双模拔制。

### 10.5.2.13　翘皮

制品表面局部的、与金属基体分离的薄片。其个别的成块状,不连续,在表面上生根或不生根。翘皮不能自然剥落。

翘皮的产生主要是因为:

(1)坯料存在的皮下气泡在拉拔后暴露;

(2)热轧时产生的翘皮带至冷拔;

(3)坯上有较深并具棱角的横向凹坑,在拔制后形成翘皮。

提高坯料质量可以有效地避免翘皮的产生。

### 10.5.2.14　表面夹灰和夹杂

制品表面或表面裂缝中嵌入非金属夹杂造成制品表面质量降低的现象。表面夹灰或夹杂的产生主要是由于:

(1)挤压坯料在挤压时温度过高,造成了严重的氧化;

(2)酸洗后表面冲洗不净;

(3)拉拔时润滑油没有及时过滤更换,油中有杂质;

(4)表面碰伤造成脏物压入。

表面夹灰和夹杂的避免应从控制坯料质量、各辅助工序的质量、保持工作环境清洁入手。

### 10.5.2.15　麻面

管表面呈现的成片的点状细小凹坑缺陷称为麻面。麻面产生的主要原因是酸洗时产生了点状腐蚀,或退火后氧化皮过厚矫直后压入了管材的表面和管材保存不好发生锈蚀等。

### 10.5.2.16 碰(压)凹

碰(压)凹这种缺陷主要产生于薄壁管,它是由于搬运、吊运不当特别在退火后出炉时管子堆放过多、低层管被压凹、矫直时管子甩动、切管时夹持过紧等造成的。

### 10.5.2.17 矫凹

矫凹的表现是外表面有圆滑的或具有尖锐棱角的螺旋状印疤。矫凹的产生是由于矫直辊角度不正确、矫直时擦碰到矫直辊边部的凸肩、矫直辊上有磨损的凹槽或产品两端弯曲过大等。

总之,要避免拉拔缺陷的产生,必须从坯料的质量,拉拔操作等各方面入手,具体问题具体分析,不断总结经验,改进生产工艺,提高产品的质量。

另外,对已产生缺陷的产品,也要根据具体情况认真分析原因,采取相应的技术措施,加以消除或挽救。

## 10.6 拉拔时的金属损耗

拉拔生产中,金属的消耗包括有形损耗和无形损耗两类。有形损耗指锤头、切头、取样和废品等的消耗。无形损耗指酸洗损耗和热处理烧损。

拉拔时因锤头而造成的金属损耗取决于锤头的长度。而锤头长度又与模座结构和拉拔模的尺寸等有关。一般,锤头部分的平均长度为150mm左右。产品长度增加,锤头损耗相对降低。

切头损耗指生产过程中不计在锤头损耗之内的其他中间切头切尾和成品切头切尾的损耗。

热处理烧损为热处理过程中由于氧化而造成的金属损耗。当采用保护气体热处理时,可以降低烧损。

酸洗损耗是由于金属在酸洗过程中的溶解而造成的。酸洗一次,损耗的金属约为酸洗制品重量的0.5%。

成品检验取样的数量与金属的种类和品种有关。不同金属和品种的检验项目不同,取样的数量和造成的金属损耗也不同。

废品中包括拔废的中间废品和成品检验时性能、尺寸和表面质量不合格的产品。一般高标准和精密产品、小口径制品的废品率高于一般用途的、大规格制品的废品率。

## 10.7 特殊拉拔方法

### 10.7.1 无模拉拔

无模拉拔过程,如图10-9所示。首先将坯料的一端夹住不动,另一端用可动夹头夹住拉拔。同时,感应线圈在拉拔夹头附近进行局部加热,实现边加热边拉拔,直至该处出现细颈。当细颈达到所要求的减缩尺寸后,感应线圈和拉拔夹头作相反方向的移动。无模拉拔法利用金属在局部加热的同时进行拉拔时,由于被加热部分变形抗力减小,只在该部分产生颈缩,从而代替

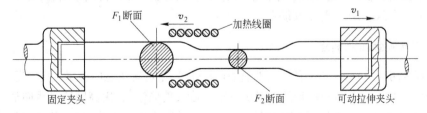

图10-9 无模拉拔示意图

了普通拉拔工艺中所用的模具,使材料直径均匀缩小。

无模拉拔的断面收缩率 $\psi$ 取决于拉拔速度与加热线圈的移动速度。若棒材变形前后的断面积分别为 $F_1$、$F_2$,那么棒料的原始断面 $F_1$ 以速度 $v_2$ 移入变形区,拉拔后的断面 $F_2$ 以速度 $v_1 + v_2$ 离开变形区。根据秒体积不变规律,则 $F_1v_2 = F_2(v_1 + v_2)$,由于制品的断面收缩率为: $\psi = 1 - \dfrac{F_2}{F_1}$,所以

$$\psi = \frac{v_1}{v_1 + v_2} \qquad\qquad (10-17)$$

无模拉拔的特点是完全没有普通拉拔方法中用的模子、模套等工具,用较小的力就可以加工,一次加工就可得到很大的断面收缩率,如钛合金采用无模拉拔的一次断面减缩旅可达80%。而且,无模拉拔时,与工具之间无摩擦,故对低温下强度高塑性低、高温下因摩擦大而难以加工的所谓难加工材料,是一种有效的加工方法。此外,这种加工方法能实现普通拉拔无法进行的加工。例如,可以制造像锥形棒和阶梯形那样的变断面棒材,而且还可以进行被加工材的材质调整。

无模拉拔的速度低,它取决于在变形区内保持稳定的热平衡状态,此状态与材料的物理性能和电、热操作过程有关。为了提高生产率,可以用多夹头和多加热线圈同时拉拔数根料。无模拉拔时的拉拔负荷很低,故不必用笨重的设备。无模拉拔的制品加工精度可达 $\pm 0.013\text{mm}$。

无模拉拔特别适合于具有超塑性的金属材料。

### 10.7.2　集束拉拔

集束拉拔就是将两根以上断面为圆形或异型的坯料同时通过圆的或异型孔模子进行拉拔,以获得特殊形状的异型材的一种加工方法。如把多根圆线捆装入管子中进行拉拔,可获得六角形的蜂窝形断面型材。目前,此种方法已发展成为生产超细丝的一种新工艺。如图 10 - 10 所示,就是生产不锈钢超细丝的集束拉拔法示意图。

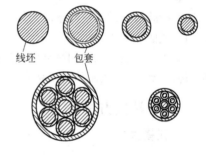

将不锈钢线坯放入低碳钢管中进行反复拉拔,从而得到双金属线。然后将数十根这种线集束在一起,再放入一根低碳钢管中进行多次的拉拔。在这样多次的集束拉拔之后,将包覆的金属层溶解掉,即可得到直径为 0.5mm 的超细不锈钢丝。

图 10 - 10　超细丝集束拉拔法

采用集束拉拔时,包覆的材料应价格低廉,变形特性和退火条件与线坯的相似,并且易于用化学方法去除。管子的壁厚为管外径的 10% ~ 20%。线坯的纯度应高,非金属夹杂物尽可能少。

用集束拉拔法制得的超细丝价格低廉,但将这些丝分成一根根使用很困难,另外丝的断面形状有些扁平呈多角形,这些都是其缺点。

### 10.7.3　玻璃膜金属液抽丝

玻璃膜金属液抽丝,这是一种利用玻璃的可抽丝性,由熔融状态的金属一次制得超细丝的方法(见图 10 - 11)。首先将一定量的金属块或粉末放入玻璃管内,用高频感应线圈加热,使金属熔化,玻璃管产生软化。然后,利用玻璃的可抽丝性,从下方将它引出、冷却并绕在卷取机上,从而得到表面覆有玻璃膜的超细金属丝。通过调整和控制工艺参数,可获得丝径为 1 ~ 150μm、玻

璃膜厚为 2~20μm 的制品。

玻璃膜超细金属丝是近代精密仪表和微型电子器件所必不可少的材料。在不需要玻璃膜时,可在抽丝后用化学方法或机械方法将它除掉。目前用此法生产的金属丝有铜、锰钢、金、银、铸铁与不锈钢等。通过调整玻璃的成分,有可能生产高熔点金属的超细丝。

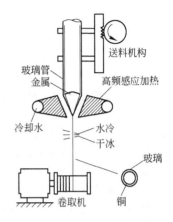

图 10-11 玻璃膜金属液抽丝
工作原理图

### 10.7.4 静液挤压拉线

通常的拉拔,由于拉应力较大,故道次延伸系数很小。为了获得大的道次加工率,发展了静液挤压拉线的方法,如图 10-12 所示。将绕成螺管状的线坯放在高压容器中,并施以比纯挤压时的压力低一些的应力。在线材出模端加一拉拔力进行静液挤压拉线。此法生产的线径最细为 20μm。由于此法拉拔时,金属与模子间很容易地得到流体润滑状态,故适用于易粘模的材料和铅、金、银、铝、钢一类软的材料。目前,国外已生产有专门的静液挤压拉线机。

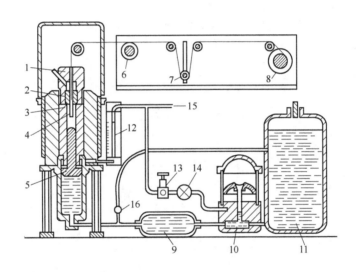

图 10-12 静液挤压拉线机
1—末端螺栓连接;2—模支撑;3—模子;4—卷成螺旋状的线坯;5—增压活塞;6—绞盘;
7—张力调节装置;8—收线盘;9—缓冲罐;10—风动液压泵;11—液罐;12—行程指示板;
13—调压阀;14—截止阀;15—进气口;16—液体排出阀

为了克服在高压下传压介质黏度增加,而使挤压拉拔的速度受到限制,该机采用了低黏度的煤油并加热到 40℃。该设备的技术特性为:

最大压力:1500MPa;

拉丝速度:1000m/min;

线坯重:1.5kg(铜);

成品丝径:0.5~0.02mm;

设备的外形尺寸:1.25m×1.65m×2.5m。

**复习思考题**

10 - 1   什么是拉拔配模,拉拔配模应满足哪些基本要求?

10 - 2   拉拔配模时,如何确定坯料的尺寸?

10 - 3   如何确定拉拔时的中间退火次数及拉拔道次数?

10 - 4   拉拔时各道次的延伸系数通常如何分配?

10 - 5   固定短芯头拉拔 H62 管材,坯料规格为 $\phi39mm \times 2.0mm$,成品尺寸为 $\phi3mm \times 0.5mm$,试对该产品进行配模计算。

10 - 6   什么是拔制工艺表,其包括哪些内容,有何意义?

10 - 7   拉拔时的金属消耗有哪几部分组成?

10 - 8   拉拔中的退火有几种,各放在什么位置?

10 - 9   酸洗的目的是什么,一般金属采用何种酸液酸洗?

10 - 10   使用硫酸酸洗时,应注意哪些事项?

10 - 11   拉拔润滑的目的是什么,拉拔时对润滑剂有哪些要求?

10 - 12   拉拔时的润滑方式有哪几种,各有何优缺点?

10 - 13   拉拔时的缺陷可分为哪几类,棒材拉拔时多出现哪几种类型的缺陷?

10 - 14   管材拉拔时可能出现哪些缺陷,应如何避免?

## 参 考 文 献

[1] 肖亚庆. 中国铝工业技术发展[M]. 北京:冶金工业出版社,2007.

[2] 白星良. 有色金属压力加工[M]. 北京:冶金工业出版社,2004.

[3] 段小勇. 金属压力加工理论基础[M]. 北京:冶金工业出版社,2004.

[4] 温景林,丁桦,曹富荣. 有色金属挤压与拉拔技术[M]. 北京:化学工业出版社,2007.

[5] 王群骄. 有色金属热处理技术[M]. 北京:化学工业出版社,2008.

[6] 马怀宪. 金属塑性加工学——挤压、拉拔与管材冷轧[M]. 北京:冶金工业出版社,1998.

[7] 黄守汉. 塑性变形与轧制原理[M]. 北京:冶金工业出版社,2002.

[8] 《重有色金属材料加工手册》编写组. 重有色金属材料加工手册(第1、3、4、5分册)[M]. 北京:冶金工业出版社,1979.

[9] 《轻金属材料加工手册》编写组. 轻金属材料加工手册(上、下册)[M]. 北京:冶金工业出版社,1980.

[10] 《稀有金属材料加工手册》编写组. 稀有金属材料加工手册[M]. 北京:冶金工业出版社,1984.

[11] 刘静安. 轻合金挤压工具与模具(上、下册)[M]. 北京:冶金工业出版社,1990.

[12] 赵志业. 金属塑性变形与轧制理论[M]. 北京:冶金工业出版社,1980.

[13] 中国冶金百科全书总编辑委员会《金属塑性加工》卷编辑委员会. 中国冶金百科全书:金属塑性加工[M]. 北京:冶金工业出版社,1998.

[14] 郑璇. 民用铝板、带、箔材生产[M]. 北京:冶金工业出版社,1992.

[15] 杨守山. 有色金属塑性加工学[M]. 北京:冶金工业出版社,1985.

# 冶金工业出版社部分图书推荐

| 书　名 | 作　者 | 定价(元) |
|---|---|---|
| 楔横轧零件成型技术与模拟仿真 | 胡正寰　等著 | 48.00 |
| 铝合金无缝管生产原理与工艺 | 邓小民　著 | 60.00 |
| 轧制工程学(本科教材) | 康永林　主编 | 32.00 |
| 材料成形工艺学(本科教材) | 齐克敏　等编 | 69.00 |
| 加热炉(第3版)(本科教材) | 蔡乔方　主编 | 32.00 |
| 金属塑性成形力学(本科教材) | 王　平　等编 | 26.00 |
| 金属压力加工概论(第2版)(本科教材) | 李生智　主编 | 29.00 |
| 材料成形实验技术(本科教材) | 胡灶福　等编 | 16.00 |
| 冶金热工基础(本科教材) | 朱光俊　主编 | 30.00 |
| 塑性加工金属学(本科教材) | 王占学　主编 | 25.00 |
| 轧钢机械(第3版)(本科教材) | 邹学祥　主编 | 49.00 |
| 炼铁设备及车间设计(第2版)(国规教材) | 万　新　主编 | 29.00 |
| 炼钢设备及车间设计(第2版)(国规教材) | 王令福　主编 | 25.00 |
| 机械工程实验教程(本科教材) | 贾晓鸣　等编 | 30.00 |
| 机械制图(本科教材) | 田绿竹　等编 | 30.00 |
| 机械制图习题集(本科教材) | 王　新　等编 | 28.00 |
| 机电一体化技术基础与产品设计(本科教材) | 刘　杰　等编 | 38.00 |
| 机械优化设计方法(第3版)(本科教材) | 陈立周　主编 | 29.00 |
| 金属塑性加工学——轧制理论与工艺(第2版)(本科教材) | 王廷溥　等编 | 39.80 |
| 塑性变形与轧制原理(高职高专规划教材) | 袁志学　等编 | 27.00 |
| 通用机械设备(第2版)(职业技术学院教材) | 张庭祥　主编 | 26.00 |
| 冶金技术概论(职业技术学院教材) | 王庆义　主编 | 26.00 |
| 机械安装与维护(职业技术学院教材) | 张树海　主编 | 22.00 |
| 金属压力加工理论基础(职业技术学院教材) | 段小勇　主编 | 37.00 |
| 参数检测与自动控制(职业技术学院教材) | 李登超　主编 | 39.00 |
| 有色金属压力加工(职业技术学院教材) | 白星良　主编 | 33.00 |
| 黑色金属压力加工实训(职业技术学院教材) | 袁建路　主编 | 22.00 |
| 轧钢车间机械设备(职业技术学院教材) | 潘慧勤　主编 | 32.00 |
| 轧钢工艺润滑原理技术与应用 | 孙建林　著 | 29.00 |
| 轧钢生产实用技术 | 黄庆学　等编 | 26.00 |
| 板带铸轧理论与技术 | 孙斌煜　等著 | 28.00 |
| 小型型钢连轧生产工艺与设备 | 李曼云　主编 | 75.00 |
| 矫直原理与矫直机械(第2版) | 崔　甫　著 | 42.00 |